花樣織片的魅力在於一下子就能鉤織完成，而且造型都很可愛。

織片有著各式各樣的形狀，可以選用各種顏色，織好一片就讓人覺得好開心。

鉤織了許多花樣織片後，只要一片片地接縫在一起，就會變得更加有趣。

若是持繼地增加織片數量，甚至還能拼接成毯子或床罩……

本書對於織片的鉤織方法與拼接技巧都有非常詳盡的解說。

織片的花樣變化可說是多到數也數不清，

但是只要熟悉共通的鉤織重點，就能廣泛應用。

了解結構就能大幅拓展鉤織花樣的範疇，

看到喜歡的織片花樣時，一定要挑戰一下自己的織片拼接技巧喔！

Contens

鉤織花樣織片前

花樣織法

花樣織片拼接法

以1枚花樣開始拼接的生活小物

應用花樣來鉤織看看吧！

鉤織花樣織片的必要工具

鉤織花樣織片前

剛開始時，初學者只要準備「最基本」的工具就夠了。
首先是鉤針、織線，以及完成後用於藏線與接合織片的毛線針。
雖然剪刀可以使用手邊現有的，
不過，還是建議準備一把小巧銳利的手工藝專用剪。
若有段數環會更方便，可鉤在針目上作記號。

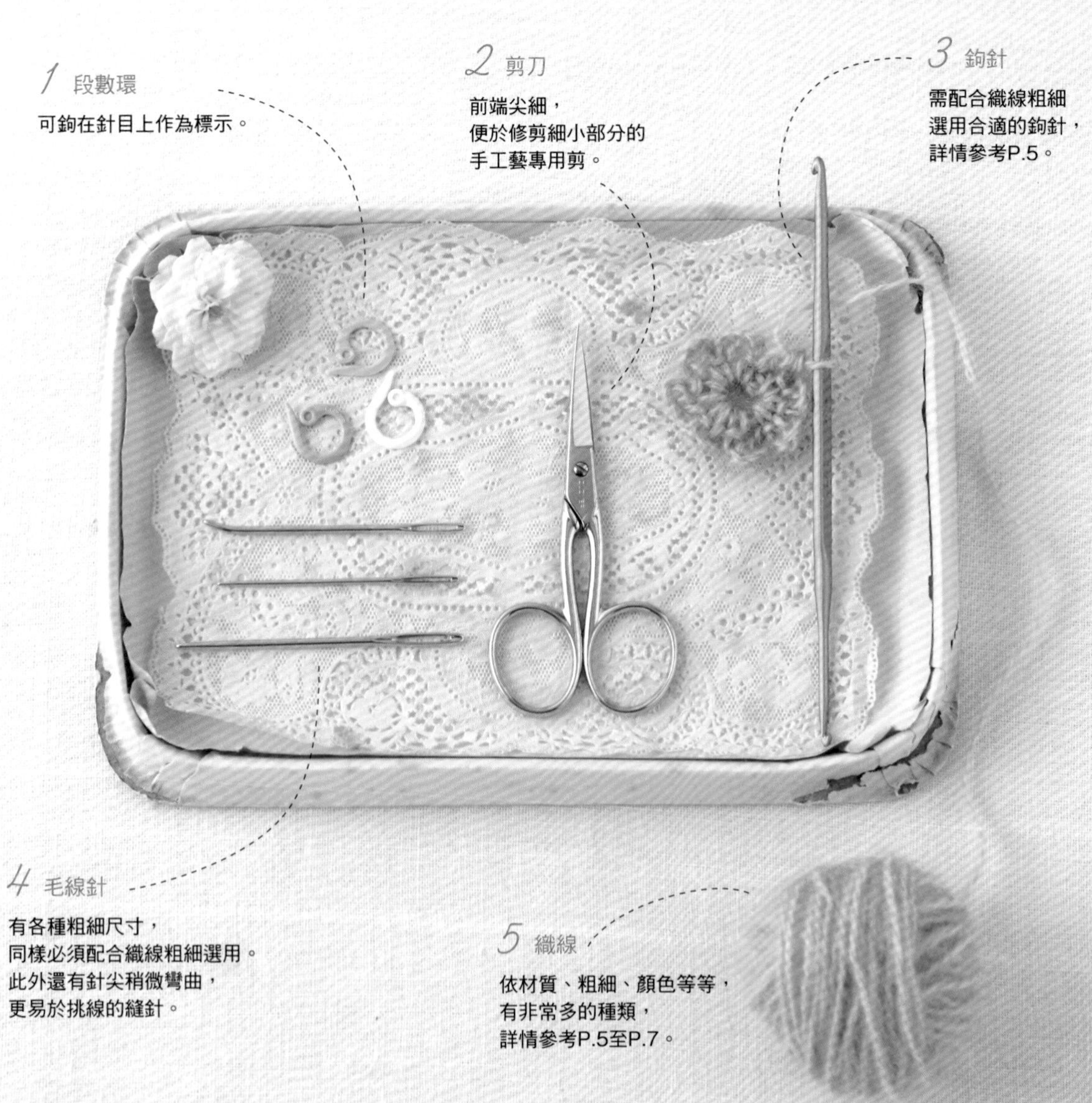
1 段數環
可鉤在針目上作為標示。
2 剪刀
前端尖細，
便於修剪細小部分的
手工藝專用剪。
3 鉤針
需配合織線粗細
選用合適的鉤針，
詳情參考P.5。
4 毛線針
有各種粗細尺寸，
同樣必須配合織線粗細選用。
此外還有針尖稍微彎曲，
更易於挑線的縫針。
5 織線
依材質、粗細、顏色等等，
有非常多的種類，
詳情參考P.5至P.7。

鉤針＆織線

鉤織時，必須配合使用線材的粗細，選用合適的鉤針。織線的材質、外形、粗細各不相同，通常毛線標籤上都會記載建議針號，以該針號為參考基準即可。

鉤針＆蕾絲鉤針

鉤針為針尖呈鉤狀，以該處掛線鉤織作品的編織工具。比較細的鉤針稱為蕾絲鉤針。鉤針柄標示的2/0、3/0等即為針號，數字越大鉤針越粗。蕾絲鉤針柄同樣會標示0號、2號等數字，但數字越大鉤針越細。

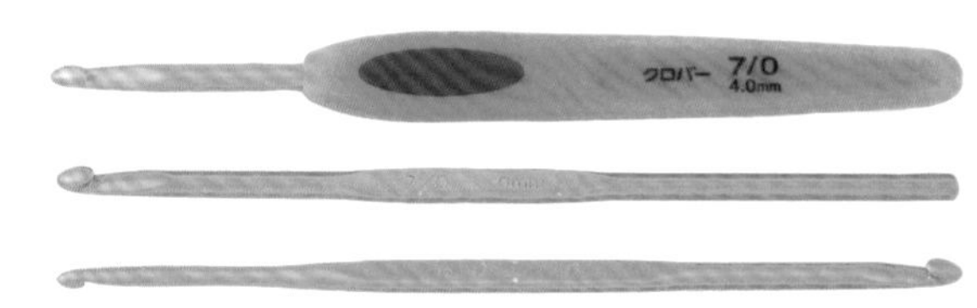

上圖為一般常見的單頭鉤針、兩端針號不同的雙頭鉤針等基本款鉤針。握柄較粗的鉤針比較好握，長時間鉤織時也比較不會疲累。

鉤針　實物原寸

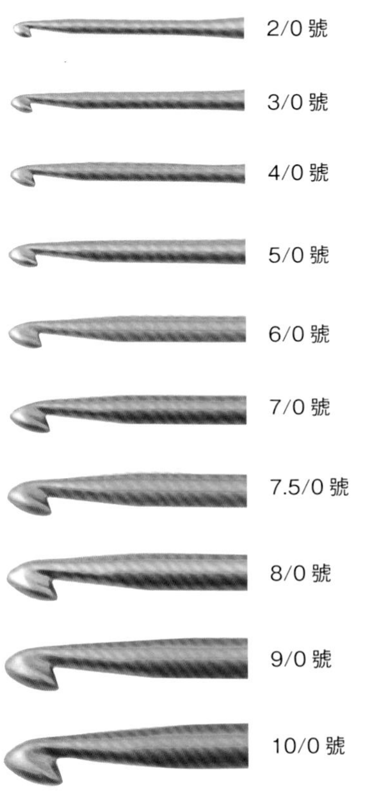

蕾絲針　實物原寸

0 號
2 號
4 號
6 號
8 號
10 號
12 號
14 號

線

根據織線材質、粗細、外形的不同，鉤織的成品也會呈現各式不同的樣貌。建議初學者先準備適合5/0號鉤針左右的平直線材。右圖的極細、合細……等，即為標示織線粗細的規格。

實物原寸

極細
（蕾絲針 4～0 號）

合細
（蕾絲針 0～3/0 號）

中細
（2/0～4/0 號）

合太
（3/0～5/0 號）

並太
（5/0～6/0 號）

極太
（6/0～8/0 號）

超極太
（8/0～10/0 號）

標籤說明

線球標籤上都會記載著織線相關資訊，購買後別急著丟掉喔！鉤織完成後再丟也不遲。

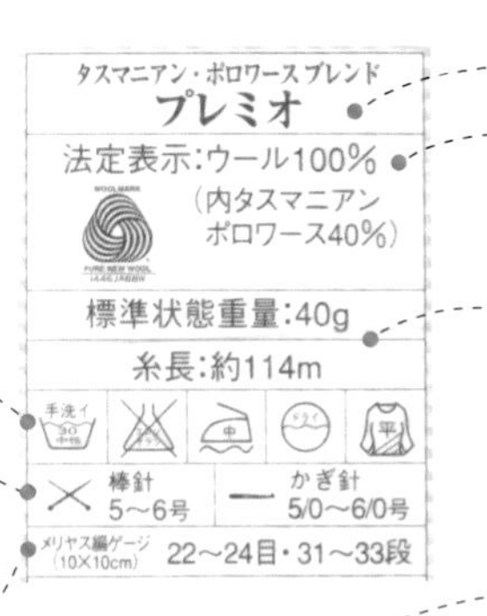
タスマニアン・ポロワースブレンド
プレミオ
法定表示:ウール100%
（内タスマニアン ポロワース40%）
標準状態重量:40g
糸長:約114m
棒針 5～6号
かぎ針 5/0～6/0号
メリヤス編ゲージ（10×10cm） 22～24目・31～33段

織線名稱

織線成分

織線的重量＆長度

相同重量時，織線越細，長度越長。

織線洗滌注意事項

適用針號

鉤織針目的狀況或喜好會因人而異，選用針號只是參考，不必完全遵照標示也無妨。

標準密度

表示以棒針編織10cm正方形平針試織片時的針數與段數，可作為製作時的參考。

プレミオ　01
色番 5　ロット M
4 971451 459456

色號

批號

織線染色時的染鍋編號。相同色號的織線還是可能因批號不同而出現些許色差，購買織線時請留意這一點。

看看各種線材的鉤織效果吧！

雖然統稱為毛線，實際上線的種類卻非常多。
除了羊毛、棉、麻等素材差異外，線的形狀也變化多端。
即便是鉤織相同的花樣，也可能出現全然不同的感覺。

※ Loop（圈圈紗）

簡單編織就能完成甜美可愛作品的線材。

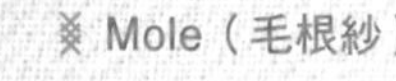

※ Mole（毛根紗）

圓形毛根紗（Mole Yarn）可織成渾圓飽滿的立體花樣。

※ Tape（帶子紗）

扁平狀的線材能織出風格獨具的花樣。

※ 彩色毛線

花線或段染線，只要一條織線就會出現許多顏色，編織的樂趣也因此提昇了。

※ Mohair（毛海）

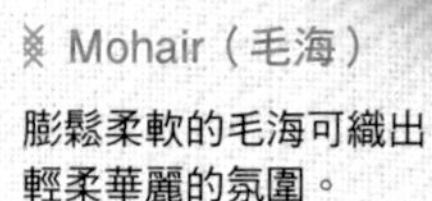

膨鬆柔軟的毛海可織出輕柔華麗的氛圍。

※ Tweed（花呢毛線）

線材上隨機分布著裝飾的彩色顆粒。

看看不同粗細線材的鉤織效果吧！

本頁圖為
實物原寸

只是使用不同粗細的織線，完成尺寸就有這麼大的差異。
使用捻線（將紗捻成線）不是很緊實，或因材質關係而較膨鬆的織線時，
也可能出現織線看起來很粗，鉤織後才發現很細的情形。

極細
蕾絲針 0 號

合細
2/0 號

中細
3/0 號

合太
4/0 號

合太
5/0 號

並太
6/0 號

並太
7/0 號

極太
8/0 號

超極太
10/0 號

拿起鉤針&織線吧！

從線球中央拉出線頭

從線球中央拉出線頭，使用這端開始鉤織。找不到線頭時，可拉出一小團織線找找看。若是從繞在線球外的那一端開始鉤織，編織時會因為線球滾來滾去而造成妨礙，這一點需留意。

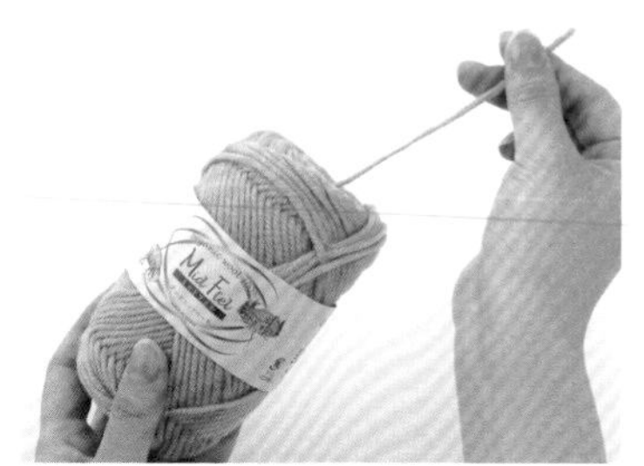

繞成長形的線球，同樣也是從中央拉出線頭使用。若是不必取下標籤就能拉出線頭的情況，就可以一直讓標籤套在線球上。

蕾絲線等，將織線直接繞在硬芯上的線球，就必須使用線球外側的那一端開始鉤織。

掛線方法（左手）

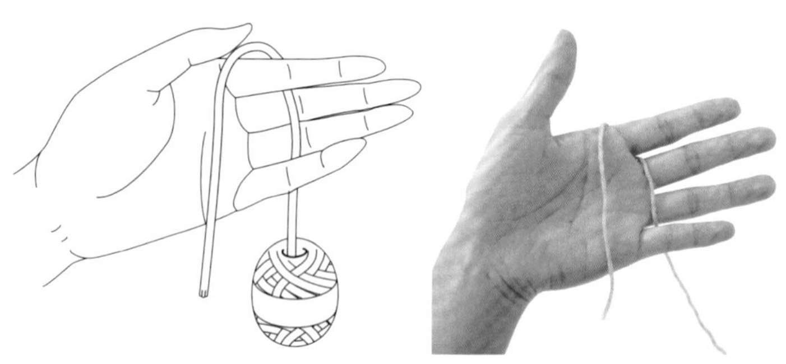

1. 將織線如圖掛在左手上，線頭穿過中指和無名指的內側，垂在掌心側。

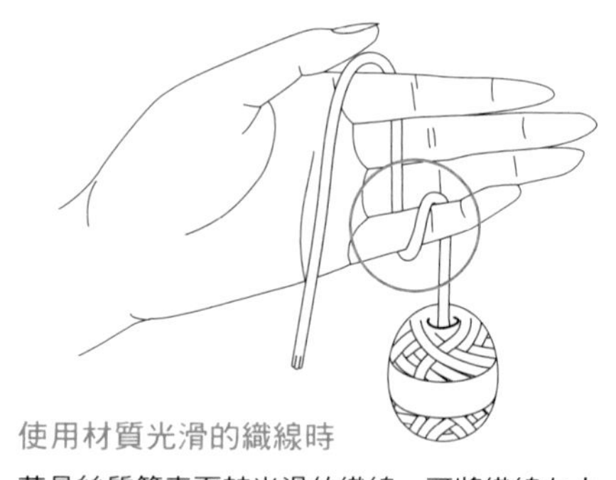

使用材質光滑的織線時

若是絲質等表面較光滑的織線，可將織線在小指上多繞一圈，讓鉤織時的線材更穩定。

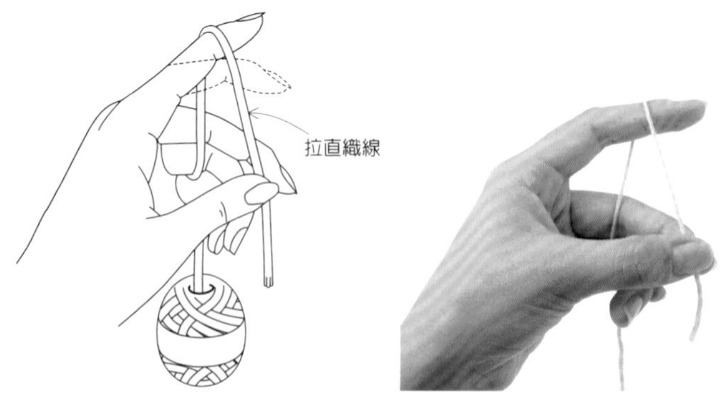

2. 以拇指和中指捏住線頭端，然後伸直食指以繃緊織線。

鉤針拿法（右手）

以右手的拇指和食指輕輕捏著鉤針，再將中指靠在旁邊。針尖的鉤狀部位始終都要朝著下方。不需要用力，輕鬆地運用鉤針吧！

試試鉤針編織最基本的針法「鎖針」吧！

拿好鉤針和織線後，先起針（最初的鉤織起點），
再試著鉤織鎖針吧！
鎖針是鉤織任何花樣都會用到的基本針法。

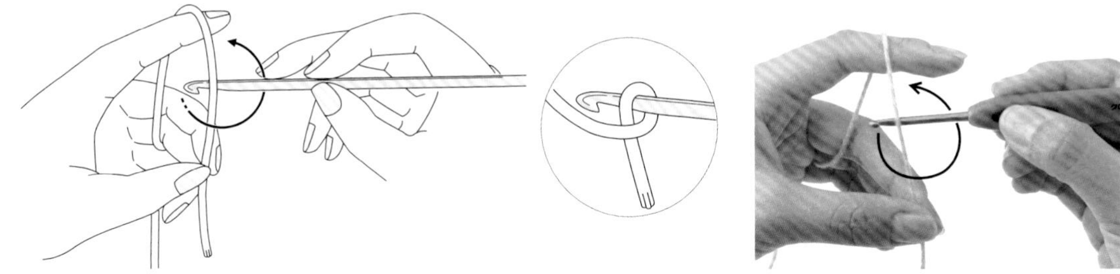

1. 左手掛線，右手拿好鉤針後，如箭頭指示旋轉鉤針。

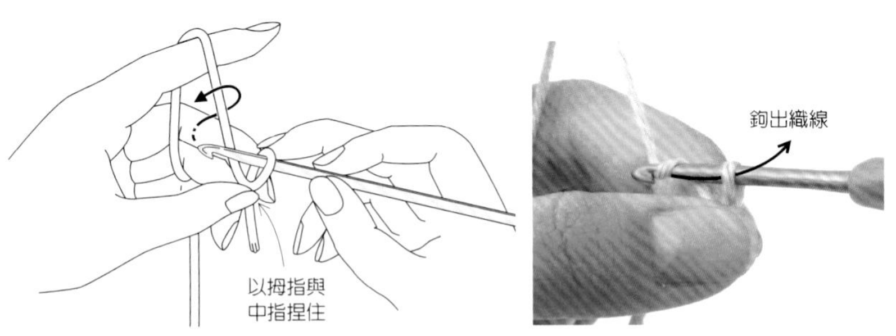

2. 以拇指與中指捏住步驟1的線圈交叉點，再如圖示在鉤針上掛線，接著從線圈中鉤出織線。

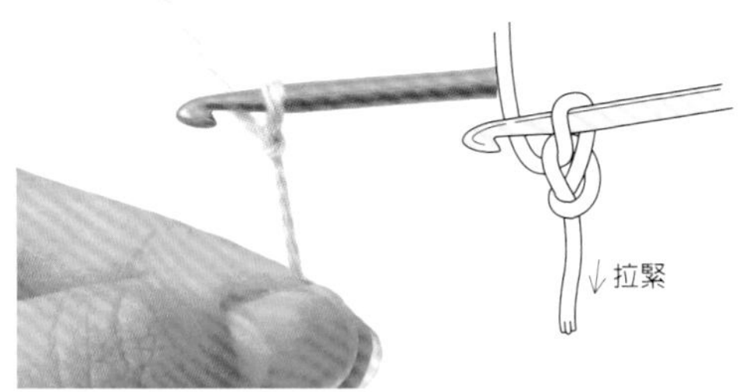

3. 拉住線頭收緊織線，完成第一個針目（此針目不計入針數，可想成鉤織鎖針的基座）。

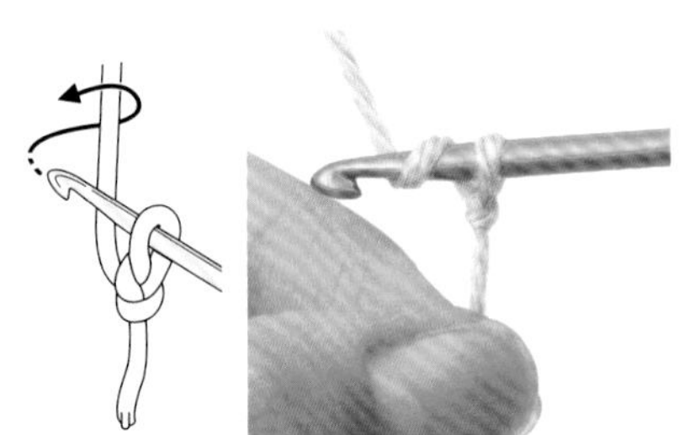

4. 鉤針依箭頭指示掛線。

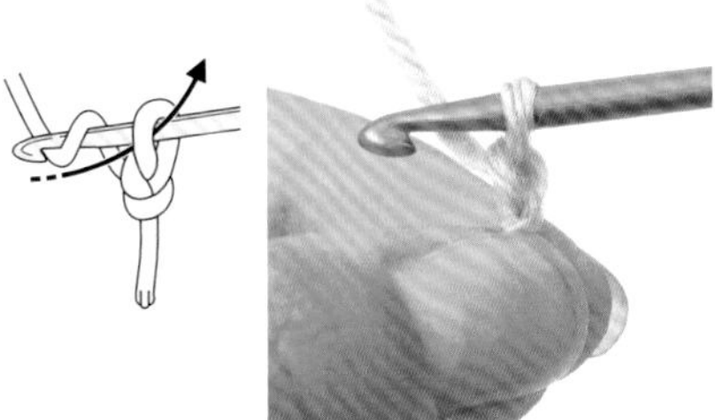

5. 將織線從掛在針上的針目中鉤出。這樣就完成了1針鎖針。

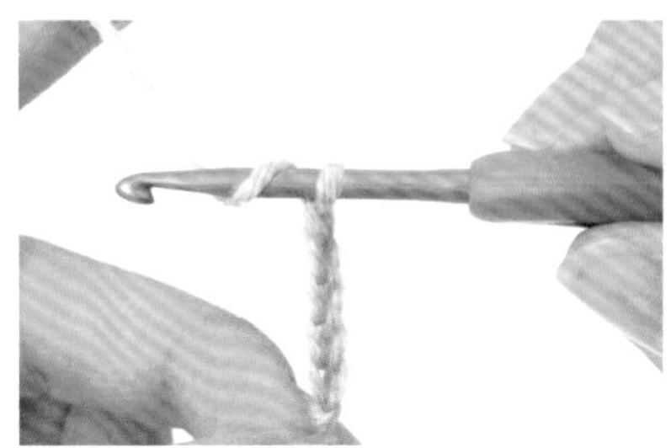

6. 重複步驟4、5，鉤織必要針數。

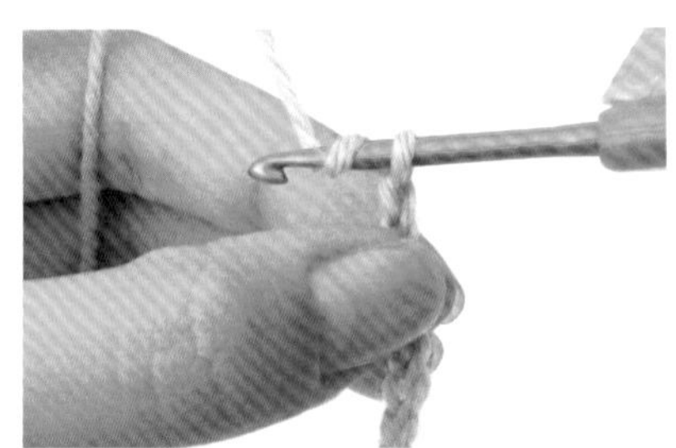

7. 針數增加後，左手拇指和中指必須跟著移動位置，以支撐穩定正在鉤織的部分。

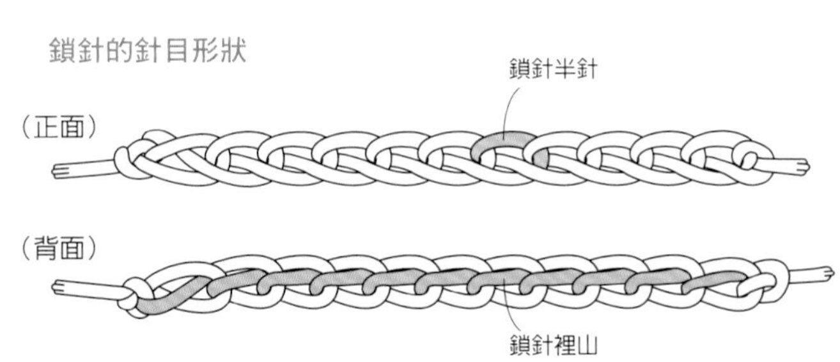

花樣織法

先試著鉤織簡單的花樣織片吧！

花樣織片的鉤織要點大致可分成三項，
分別為起針方法、各段的鉤織起點與終點，以及收針時的藏線。
書中介紹的花樣都是看著織片正面，朝著同一個方向一段段鉤織就能完成。
織法簡單，但其中包含了許多鉤織各式花樣織片共通的基本鉤織技巧。

A

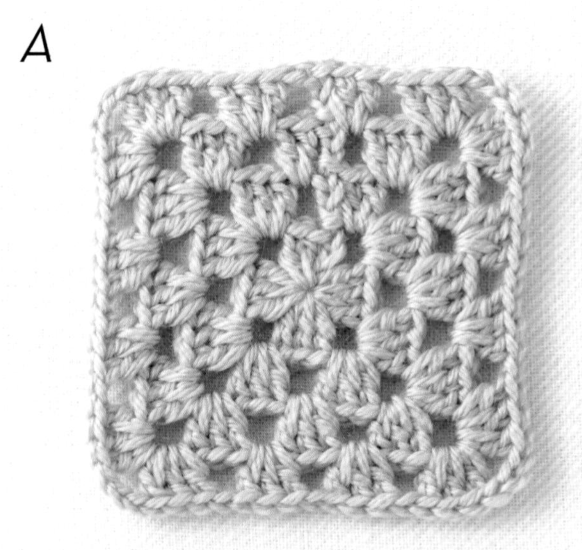

B

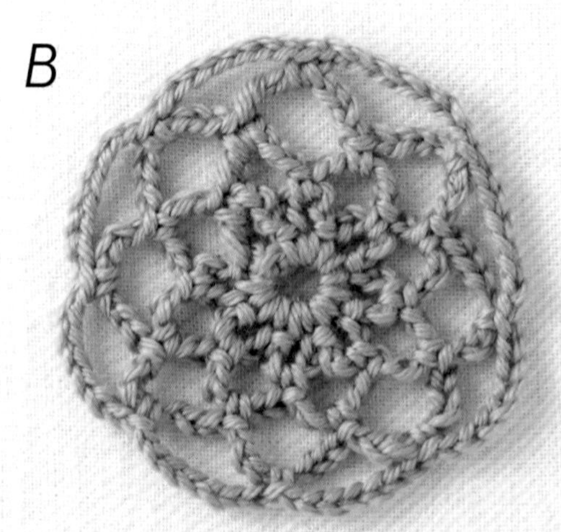

關於記號圖

彙整了鉤織必要資訊的圖像就是記號圖（亦稱織圖）。
記號圖就是標示著鎖針、短針、長針等鉤織相關資訊的「針目記號集合體」。
中央的綠色圈圈表示鉤織起點（起針），粉紅色表示各段的鉤織起點（立起針），橘色則表示鉤織終點。
基本上必須照著記號圖上的記載，依逆時鐘方向鉤織針目。

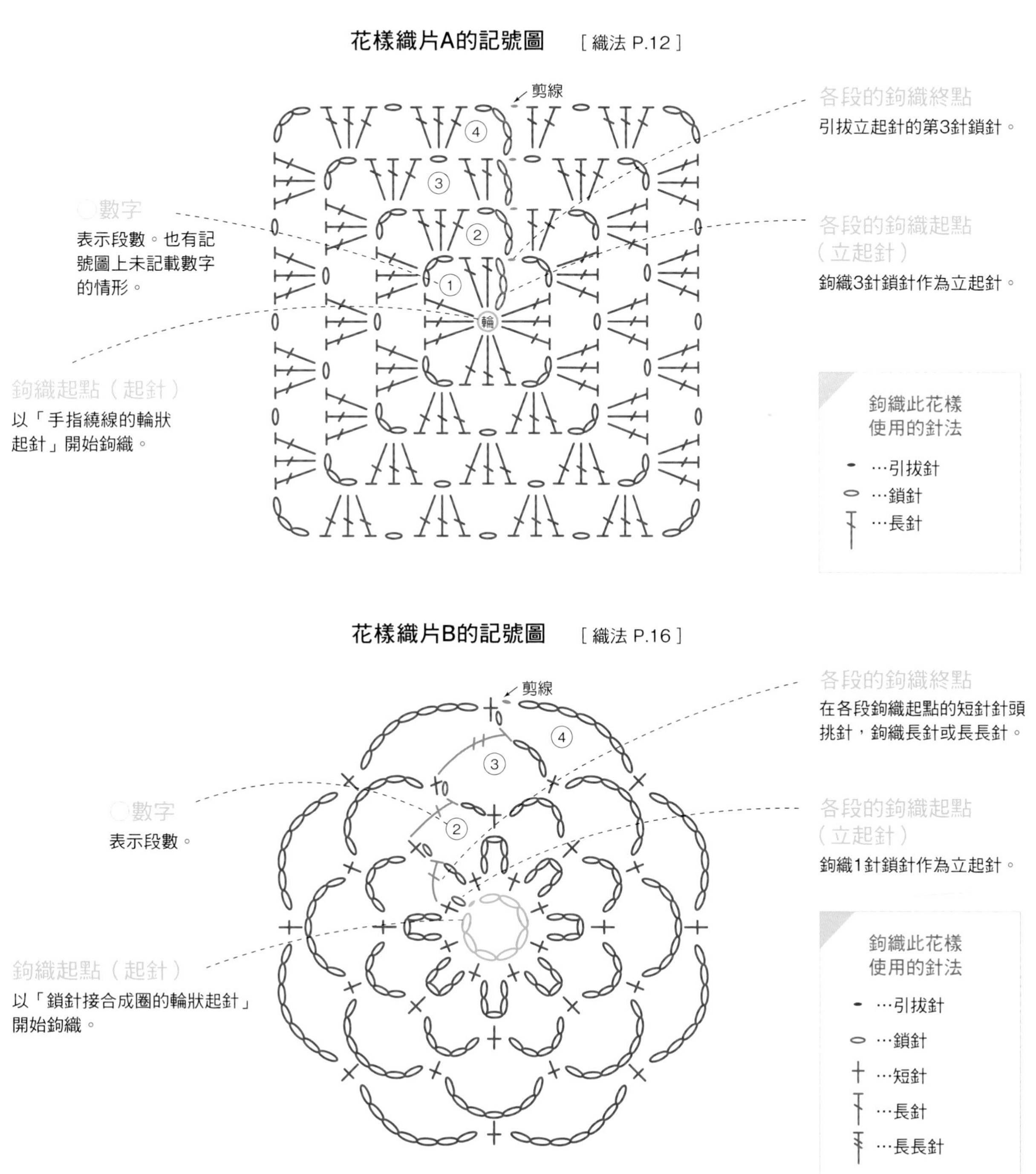

＊針目記號詳細解說（織法）請參考P.105、P.106。

花樣織片A的織法

Step 1 鉤織起點(起針)

以「手指繞線的輪狀起針」開始鉤織花樣。這種起針方式在完成第一段後，必須收緊中心成圓形織片，因此會成為中央密實的花樣織片。

起針的標示方式…輪（也可能只標示著◯）

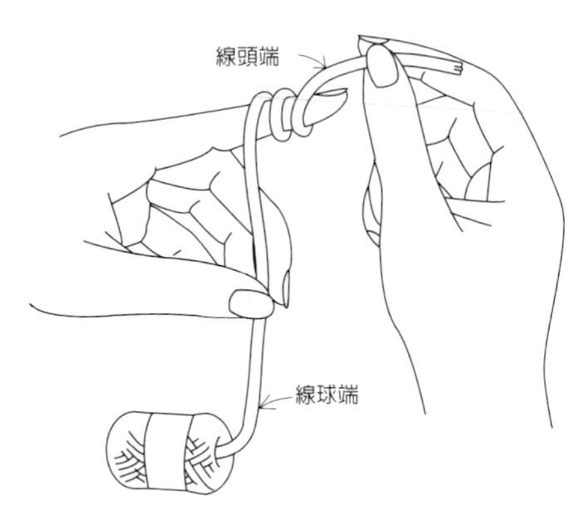

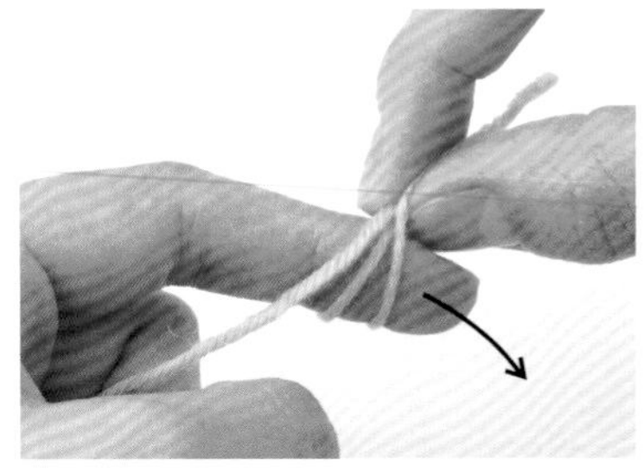

1. 如左圖所示，在左手食指上由內往外繞線2圈。捏住線圈交叉點以免鬆開，將手指上的線圈取下。

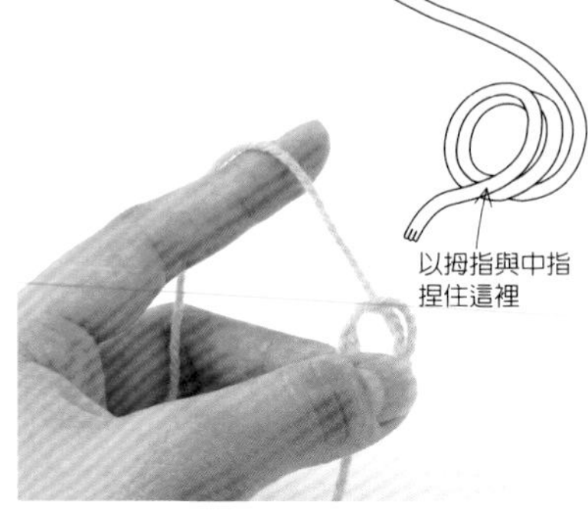

2. 左手掛線後接過步驟1的線圈。此時左手拇指與中指同樣必須捏緊交叉點。

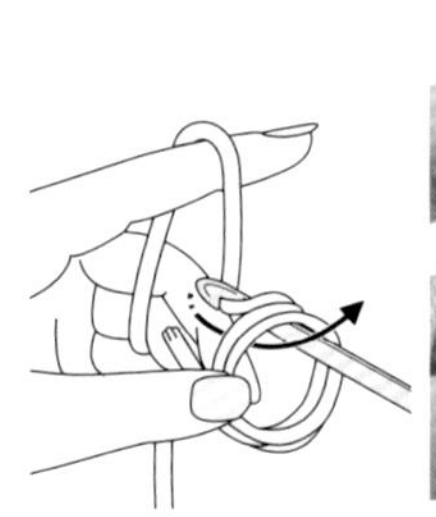

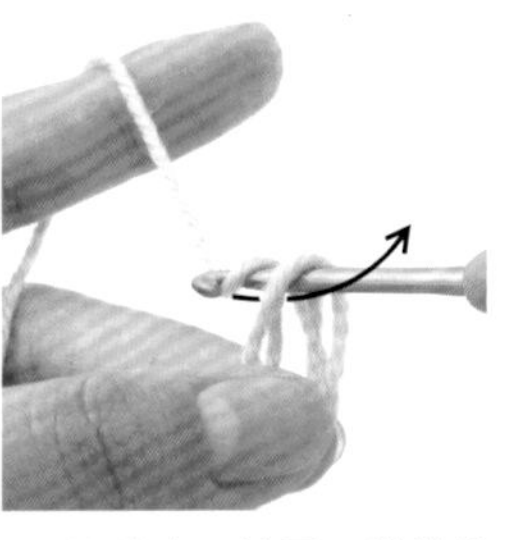

3. 鉤針穿入線圈，掛線後鉤出織線。

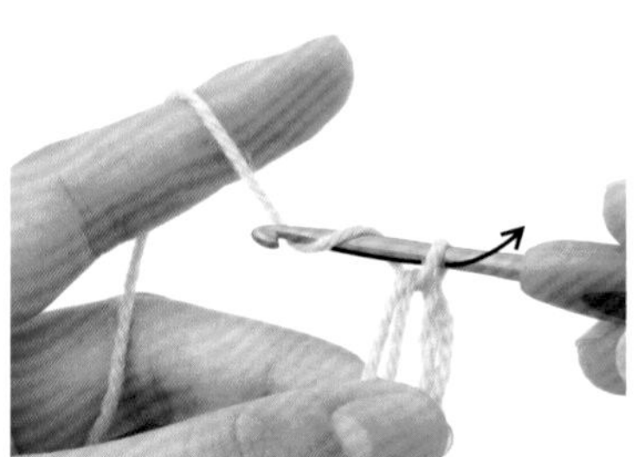

4. 鉤針再度掛線後鉤出。

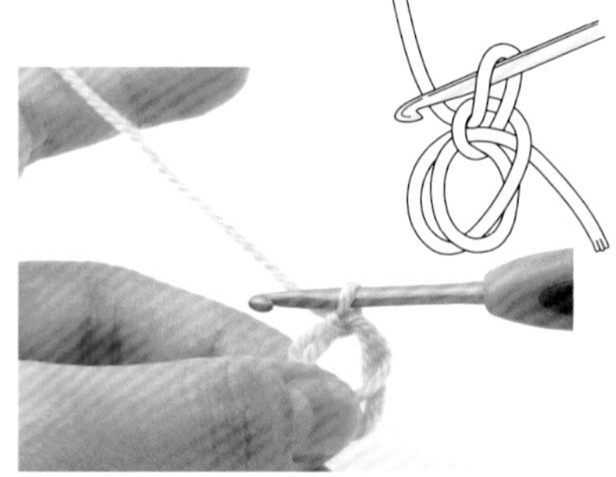

5. 收緊鉤好的針目，完成「手指繞線的輪狀起針」。

Step 2 一邊參考記號圖一邊鉤織

試著參考P.11的記號圖進行鉤織吧！
以逆時鐘的方向鉤織，因此是往左側的針目記號依序鉤織。

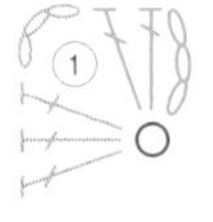

1. 首先鉤織3針鎖針（立起針）。鉤針掛線後穿入輪，然後再鉤織2針長針。

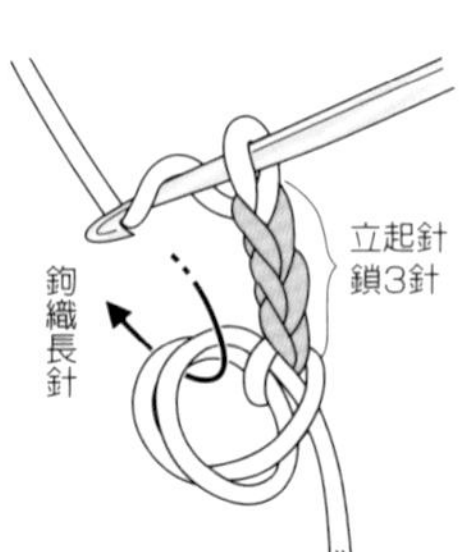

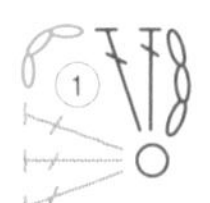

2. 完成長針後，接著鉤織3針鎖針。

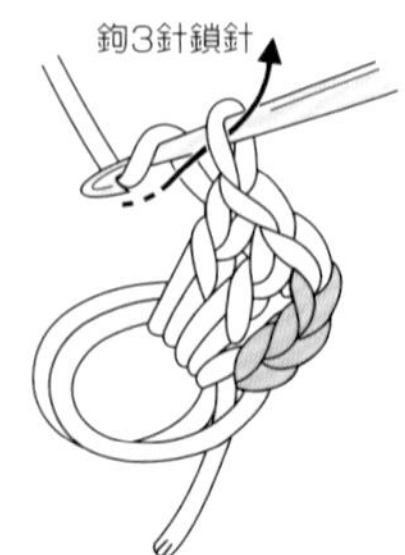

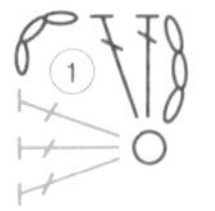

3. 完成鎖針後，鉤針同步驟1穿入輪，鉤織3針長針。

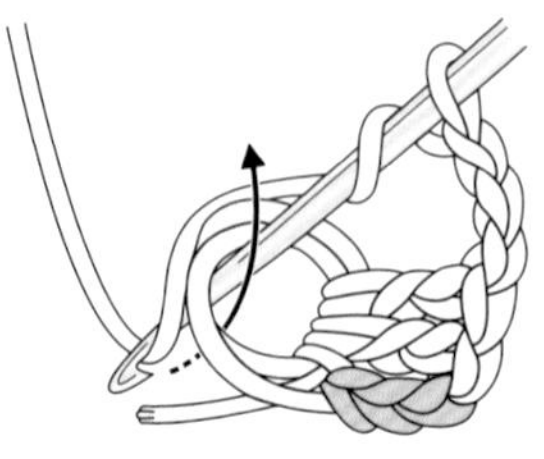

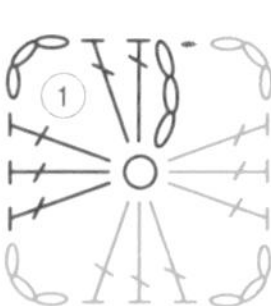

5. 看著記號圖鉤織至最後的3鎖針，完成後收緊起針的輪（參考P.13）。

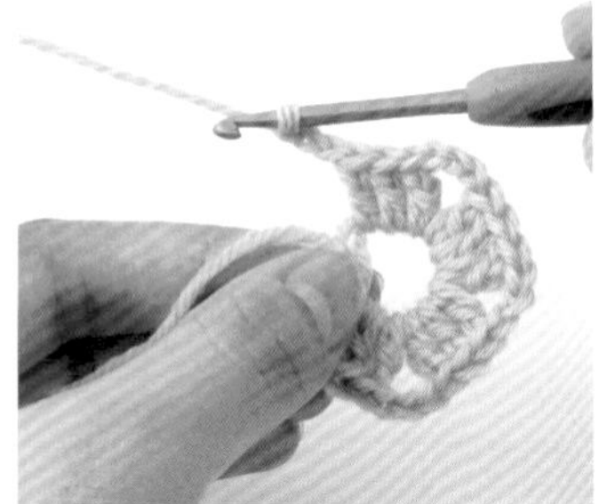

Point!

若是以手指繞線的輪狀起針鉤織，務必在這個階段收緊起針的輪。

1. 取下鉤針，慢慢拉動線頭。線圈的2條線之中，一定有1條線會連動。

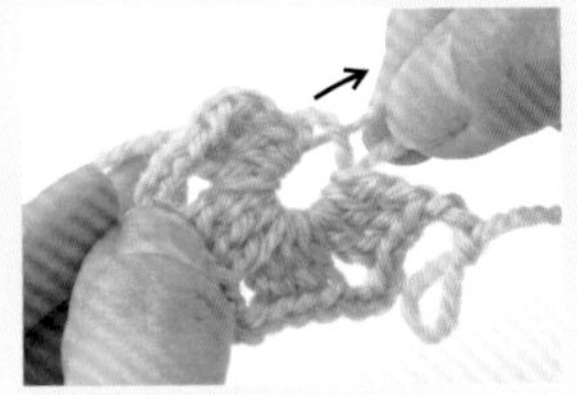

2. 拉住連動的那條線，朝外拉緊織線，至中央輪完全收合為止。

3. 再拉一次線頭，將步驟2的另一條線圈織線收緊。

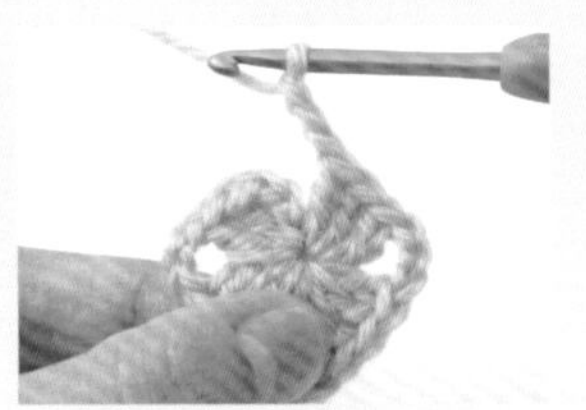

4. 鉤針重新穿入原本針目，繼續鉤織。

Step 3 本段鉤織終點&下一段鉤織起點

從第1段的最後，繼續鉤織到第2段、第3段吧！
此時的重點技巧為，鉤織終點的引拔針與下一段的立起針。

第1段的鉤織終點

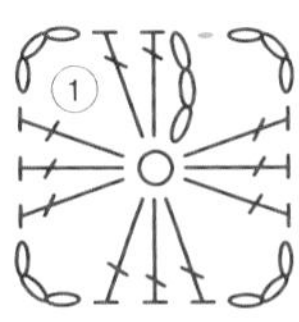

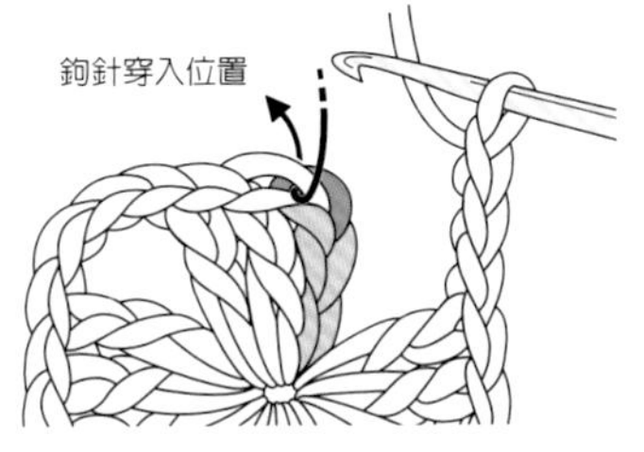

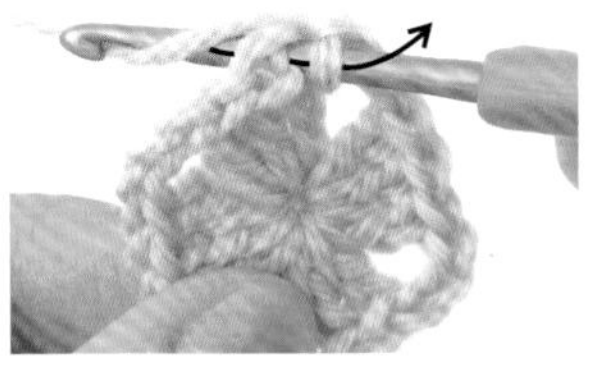

1. 鉤針穿入第1段立起針第3針鎖針的半針與裡山，掛線引拔。

2. 織好引拔針的模樣。第1段完成！

第2段

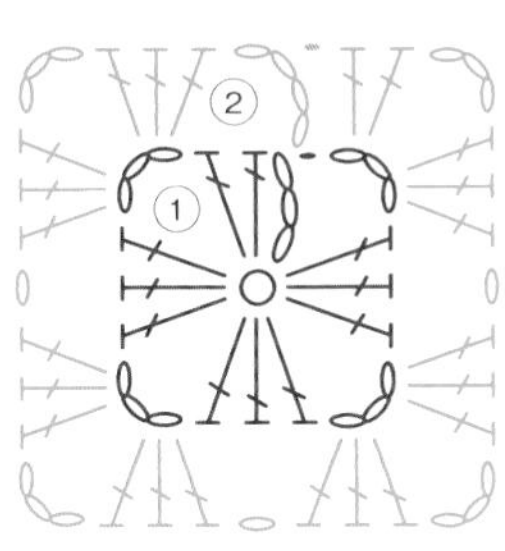

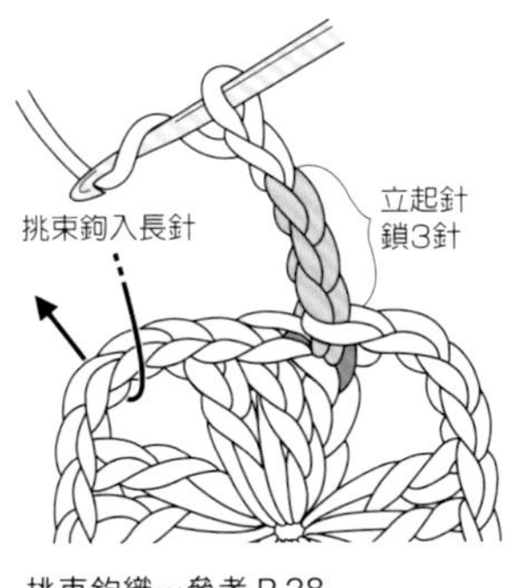

挑束鉤織…參考 P.28

3. 鉤織立起針的鎖3針和接下來的1針鎖針。接著在前段四角上的空間，依序挑束鉤織3長針、3鎖針、3長針。

4. 依記號圖以逆時鐘方向進行，一直織到最後的2長針為止。

第2段的鉤織終點

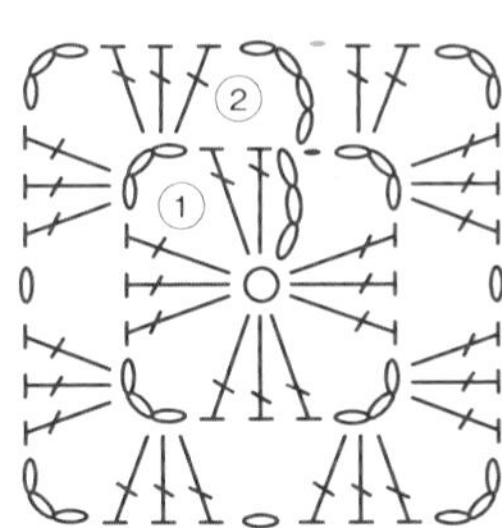

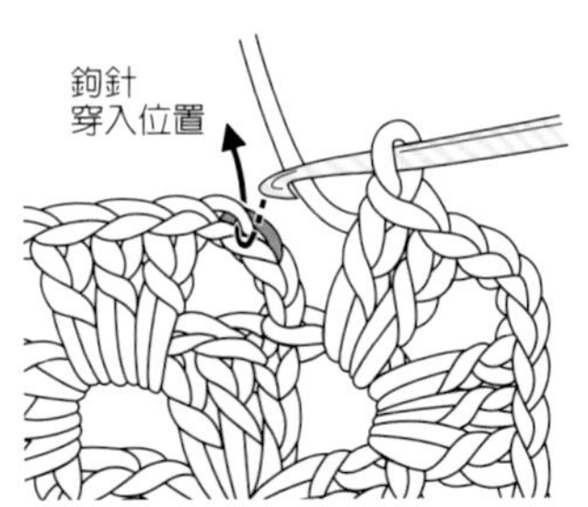

鉤針穿入第2段立起針第3針鎖針的半針與裡山，鉤織引拔針，完成第2段。接下來的第3段與第4段，也以相同要領依記號圖鉤織。

Step 4 鉤織結束的收針方法

鉤織完成後，要使用毛線針來藏線收針。先將織片翻至背面，再將縫針穿過織片，藏線時要小心穿針，以免線頭出現在正面。

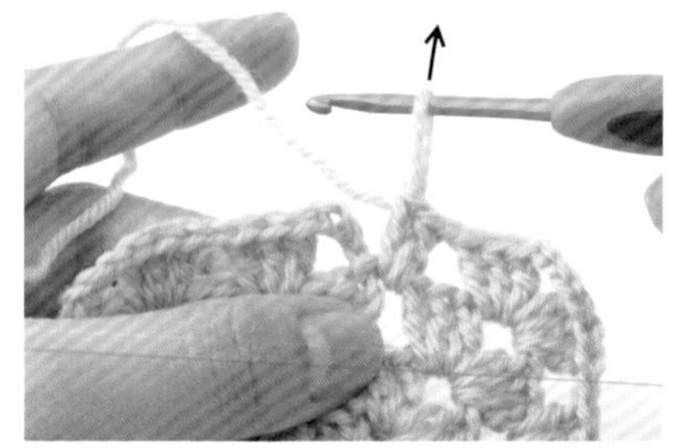

1. 完成最後的2長針後，預留約10cm線段剪線，直接引拔針上的線圈。

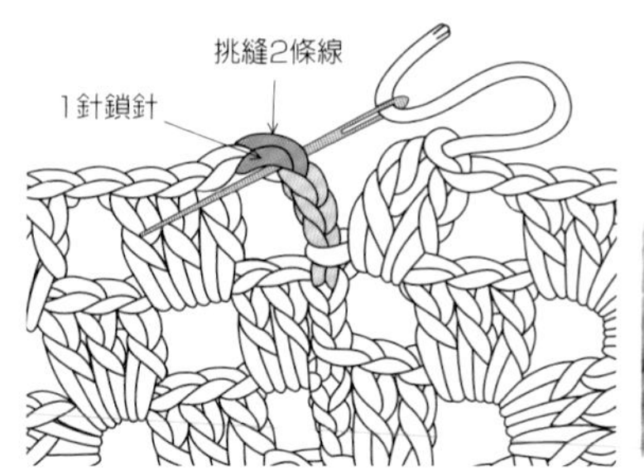

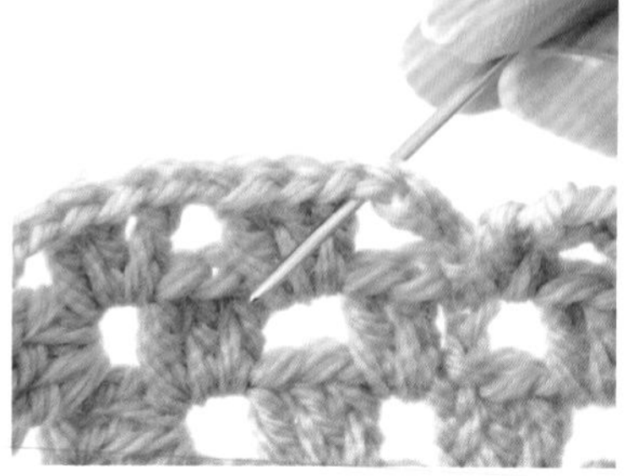

2. 縫針穿線，由外往內穿過立起針的下一個針目（示範圖為鎖針）。

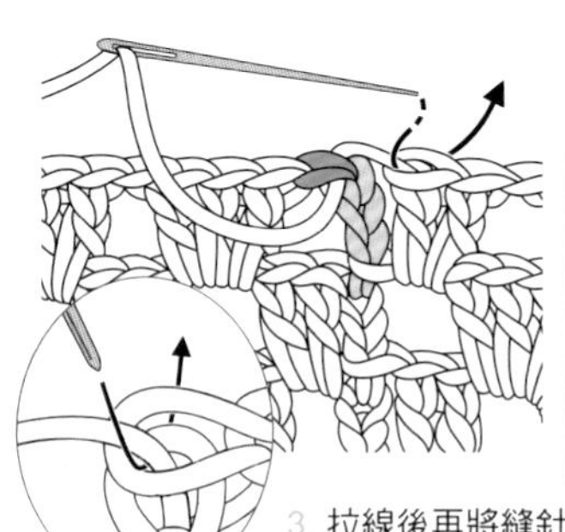

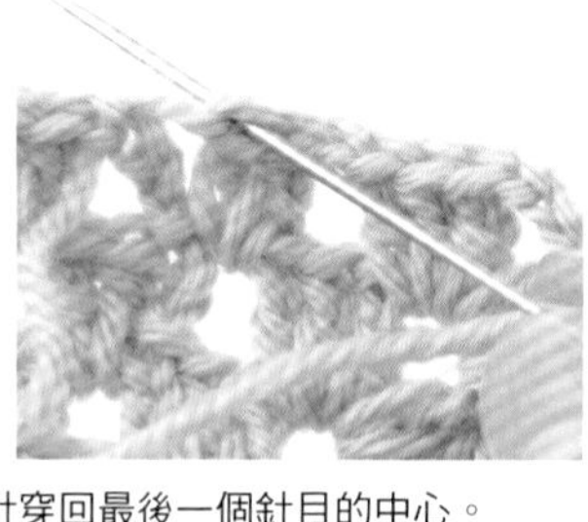

3. 拉線後再將縫針穿回最後一個針目的中心。

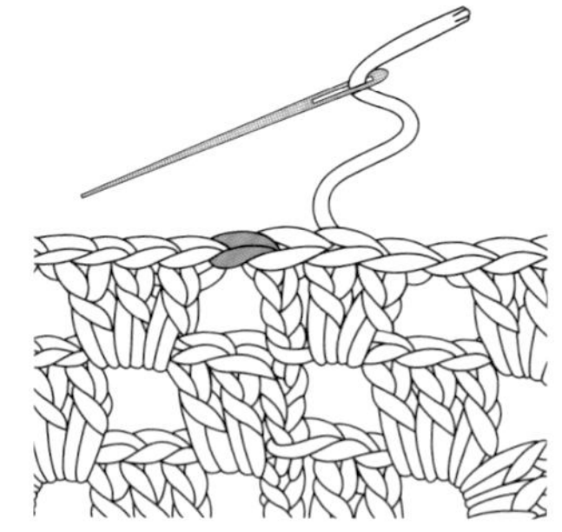

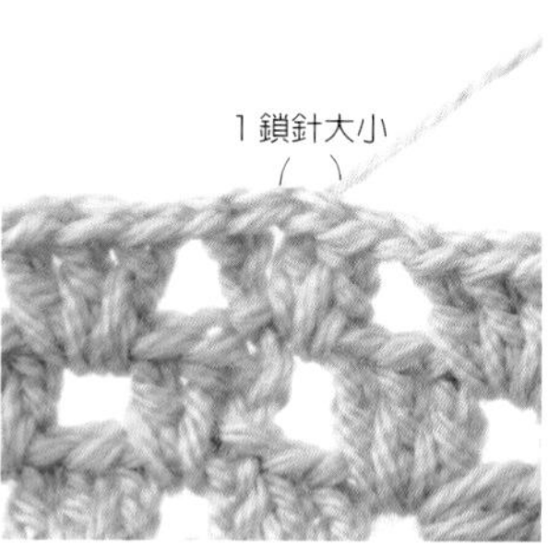

4. 將縫線調整成1鎖針的大小。

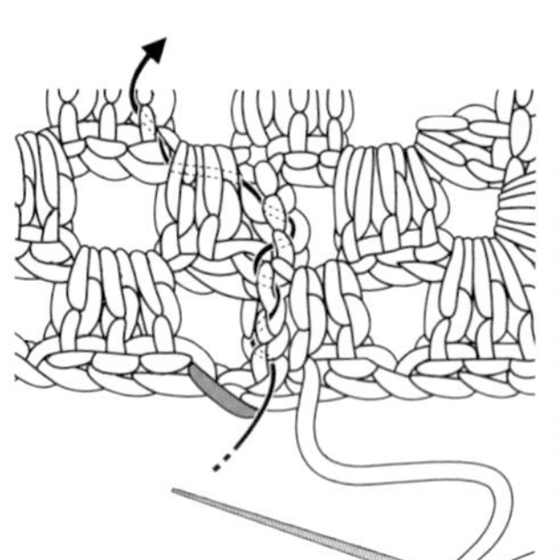

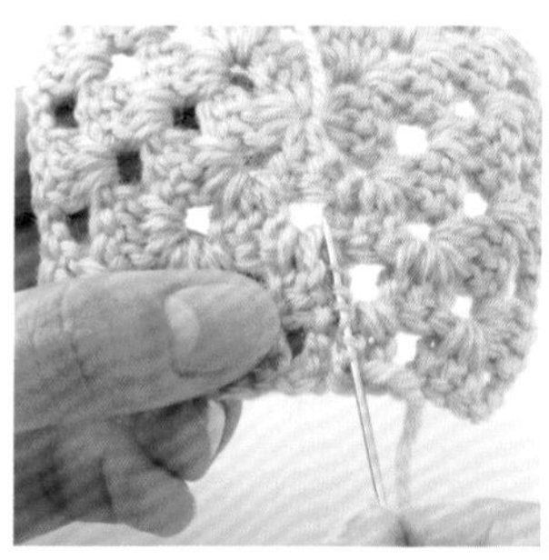

5. 花樣織片翻至背面，在不影響正面美觀的前提下，將縫針朝著織片中心穿過針目。

Point!

結束鉤織時亦可使用引拔方式收針

步驟1～4的收針，也可以使用在立起針的鎖針上鉤織引拔的方式（同P.13）取代。但是手縫收針的方式比較漂亮。引拔收針比較適合大量鉤織小型花樣織片等狀況。步驟5～7則是所有織片都適用。

起針處的線頭也要藏線

6. 起針處的線頭穿入縫針，再將縫針穿過第1段長針的針腳。

Point!

起針處的藏線方法

若是針目較密實的花樣織片，可於鉤織第2段之際，將起針處的線頭一併包入鉤織。但是像本次的示範織片有很多鏤空情況時，包入織線鉤織的方式反而很難處理得漂亮，因此建議完成後再藏線。

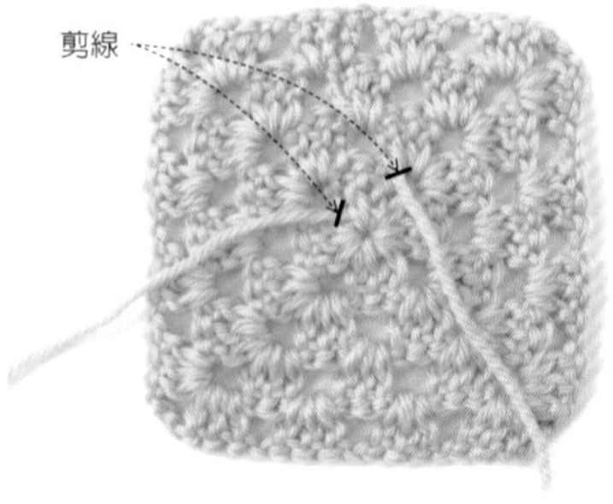

7. 圖為花樣織片背面。起針與收針線頭，都貼著織片剪斷多餘部分。

關於立起針的鎖針數量

開始鉤織下一段時，必須先以鎖針織好必要高度的立起針。鎖針的針數，取決於立起針位置原本的針目。以花樣織片A為例，立起針的位置原本該織長針，因此鉤織相當於1長針高度的3鎖針。短針之外的立起針都算1針。

針目記號與個別針目高度的鎖針數量對照

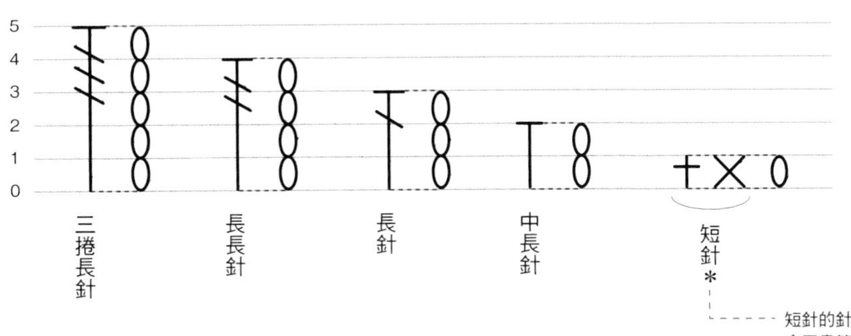

短針的立起針為1針鎖針，但不同於其他針目，鎖針不能取代1針短針。段的鉤織終點也一樣，要注意必須引拔短針，而不是引拔起立針的鎖針。

短針的針目記號，
會因書籍而有不同的標示方式。
織法則是完全一樣。
＋…本社記號　　×…JIS記號

依據花樣不同也有不織立起針的情況

以短針鉤織花樣時，也有不織立起針的情形。織片會從中心點開始呈現宛如螺旋的模樣。鉤織時較不易看清段與段的交界處，因此建議加上段數環或記號線再繼續鉤織。

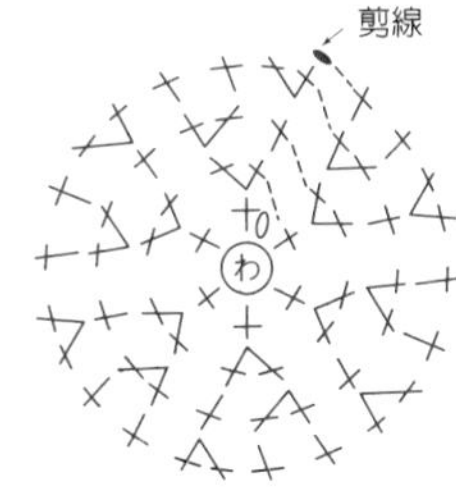

［不織立起針的記號圖］

［不織立起針］

［織立起針］

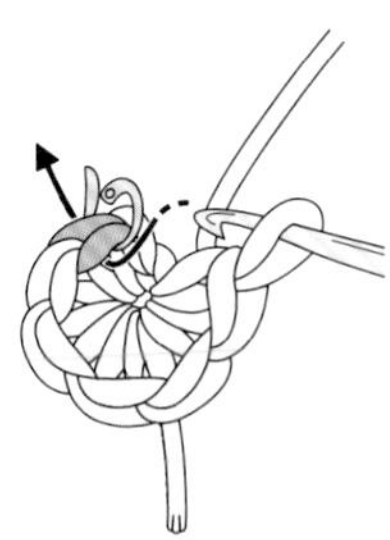

1. 織完第1段後，將段數環加在鉤織起點的第1針短針上，然後在該針目上鉤織短針。

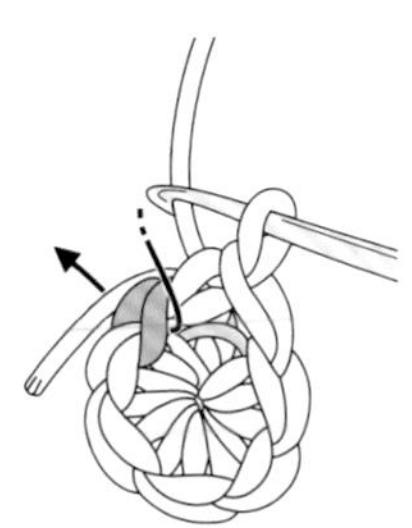

2. 如記號圖所示，鉤針再次穿入同一個針目鉤織短針。

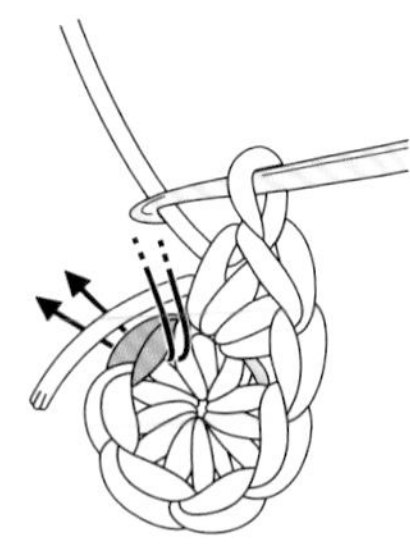

3. 之後皆在前段的每個針目上鉤織2針短針。

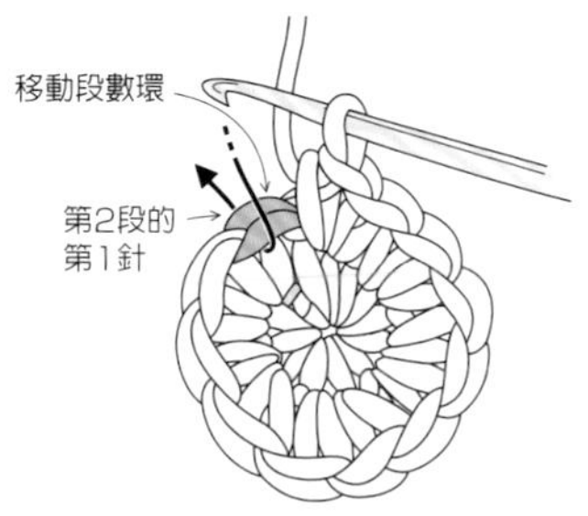

4. 完成第2段後，先將段數環鉤在第2段的第1針短針上，再開始鉤織第3段。之後皆是先將段數環移動至第1針上，再繼續鉤織。
※或是在鉤織第1針後，立即將段數環鉤在該段的第1針上。

花樣織片B的織法

Step 1 鉤織起點(起針)

以「鎖針接合成圈的輪狀起針」開始鉤織。
這種起針方式會在中央形成圓孔，大小則依鎖針針數而定。

起針的標示方式… （也可能加上針數如 8）

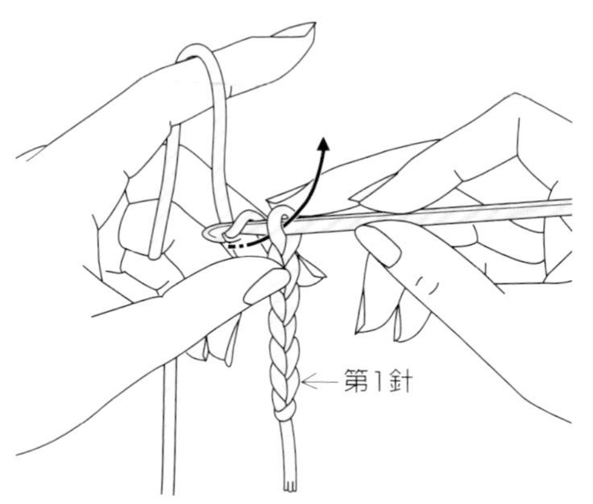

1. 參考P.9的鎖針起針，鉤織必要針數。此花樣需鉤織8針鎖針。

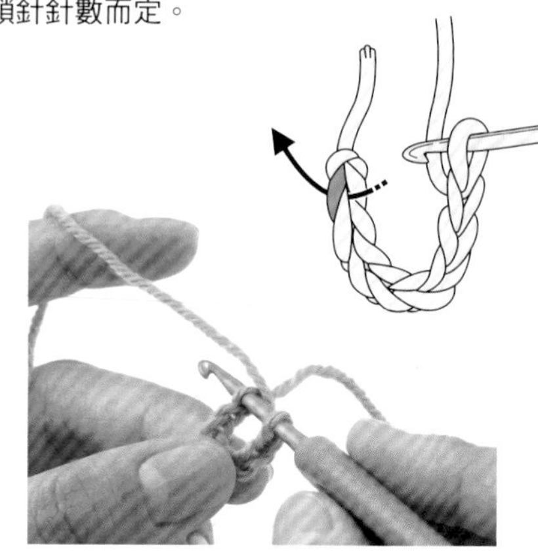

2. 鉤針由鎖針正面入針，挑第1針的半針與裡山。

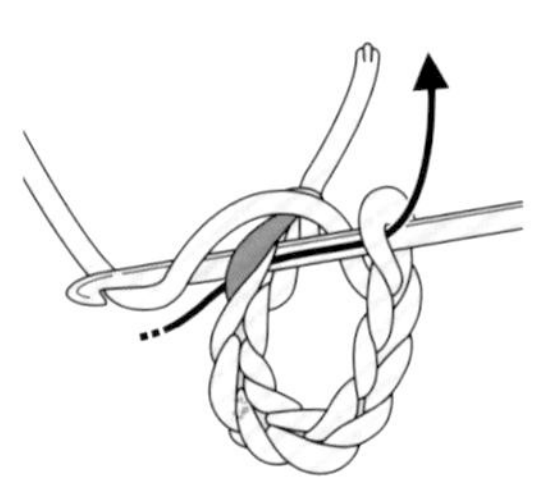

3. 鉤針掛線引拔，即完成起針。

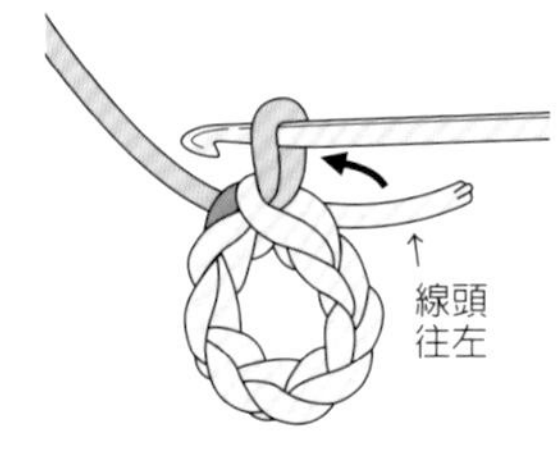

4. 將線頭拉到左邊。

Step 2 一邊參考記號圖一邊鉤織

先從鉤織立起針的鎖1針與1針短針開始。
同時一邊將起針線頭包入，一邊以逆時鐘方向鉤織。

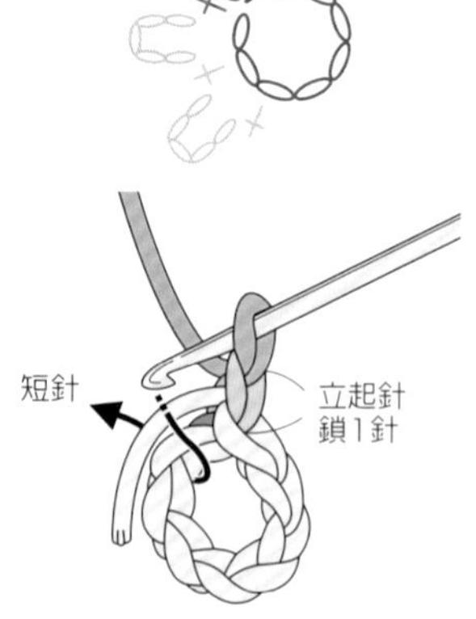

1. 鉤織立起針的鎖1針後，將鉤針穿入環，一邊將線頭包入一邊鉤織短針。

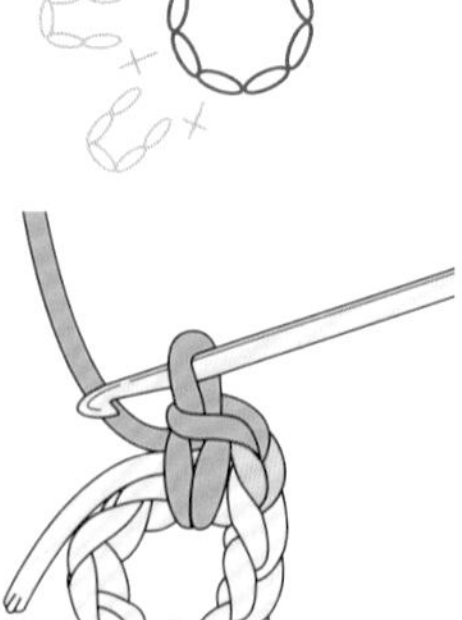

2. 完成短針。

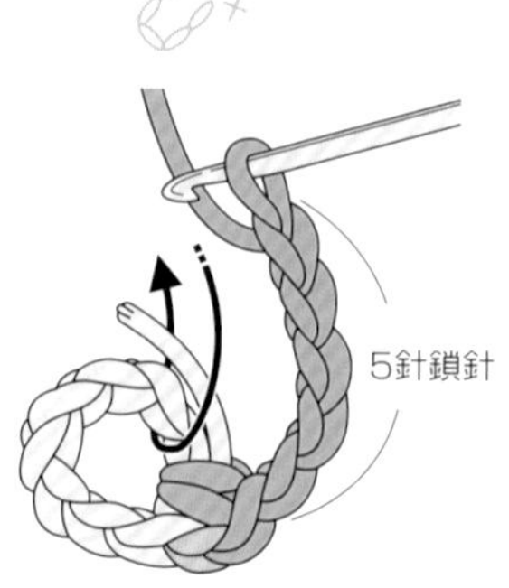

3. 直接鉤織5針鎖針，接著同步驟1，將鉤針穿入環，鉤織短針。

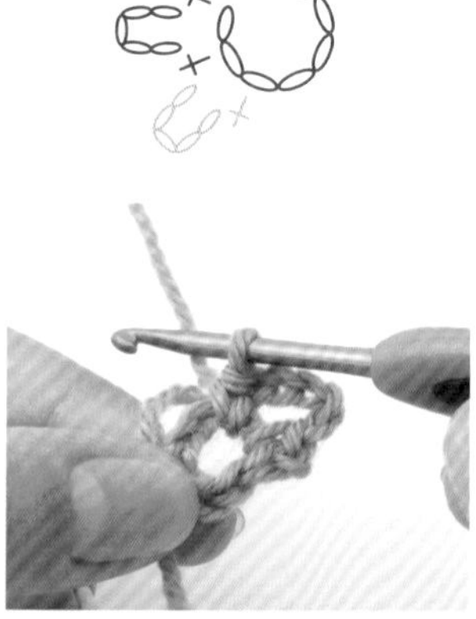

4. 完成1個山形花樣。一邊參考記號圖一邊鉤織其餘6個山形花樣吧！

Step 3 本段鉤織終點&下一段鉤織起點

以鎖針與短針一邊鉤織一邊形成山形（網狀編），
下段起點的立起針，
是在前段山形中央的終點挑束鉤織。

第1段的鉤織終點

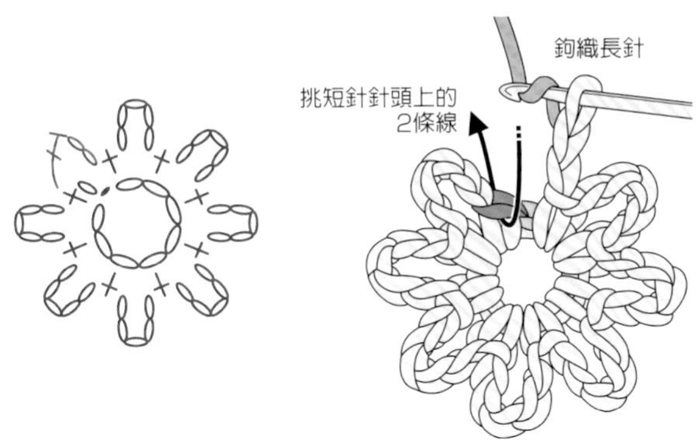

1. 鉤織最後一個山形，先鉤2針鎖針，再將鉤針穿入第1段鉤織起點的短針針頭，挑2條線鉤織長針。

2. 完成長針。織好第1段。

第2段的鉤織起點

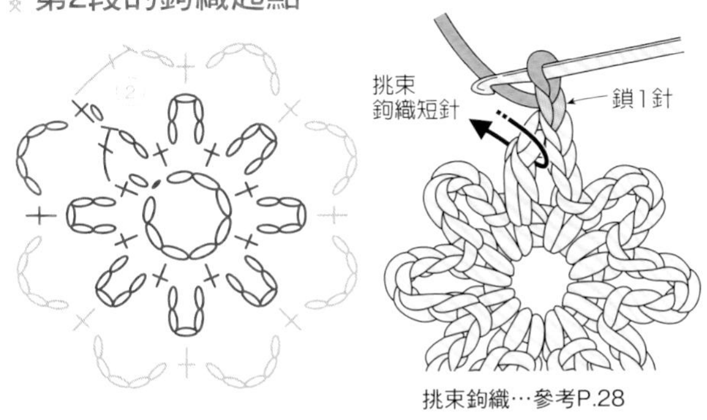

挑束鉤織…參考P.28

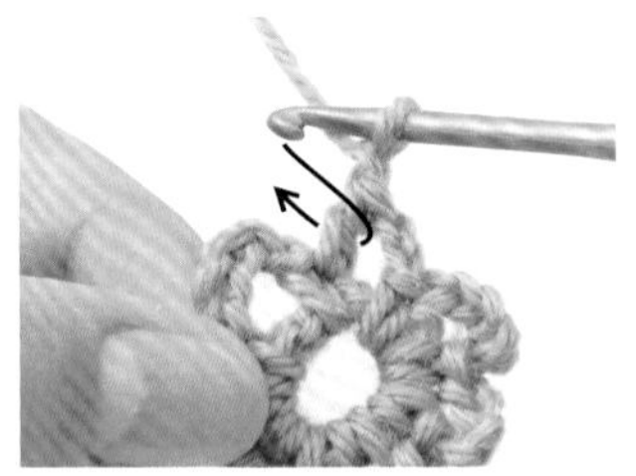

1. 鉤織立起針的鎖1針，鉤針穿入長針下方的空間，挑束鉤入短針。

2. 重複鉤織「5針鎖針、1針短針」，圖為完成1個山形的模樣。

第2段的鉤織終點&第3段的鉤織起點

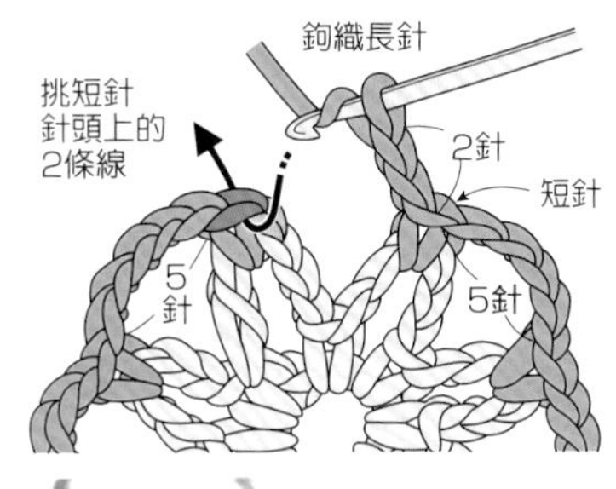

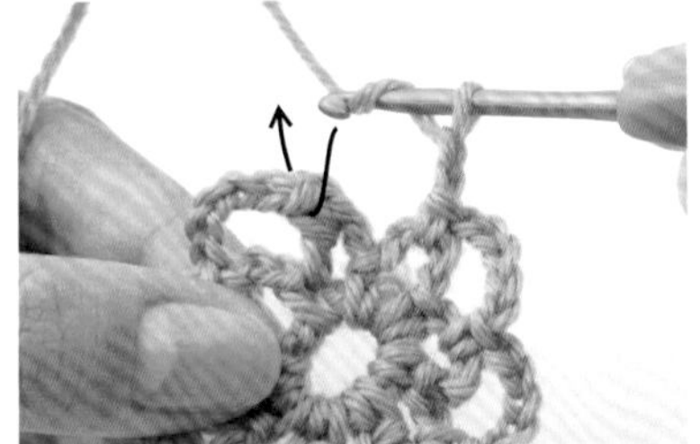

1. 鉤織第2段的最後一個山形時，同第1段先鉤織2鎖針，再將鉤針穿入第2段鉤織起點的短針針頭，挑2條線鉤織長針。

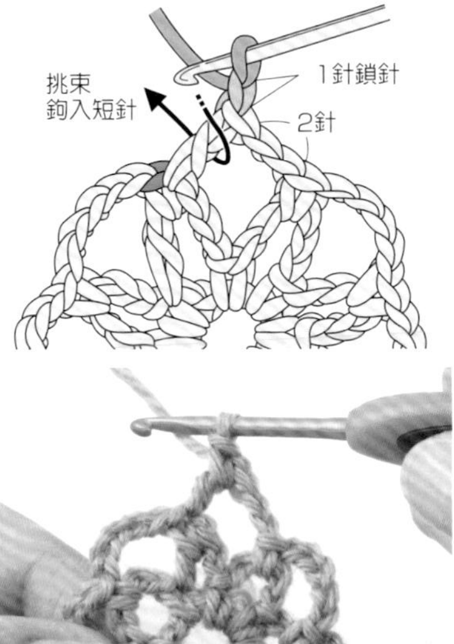

2. 鉤織第3段的鉤織起點時，也是同第2段，先鉤織1針鎖針與1針短針。然後依序重複鉤織7鎖針與1短針，進行第3段。

第3段的鉤織終點

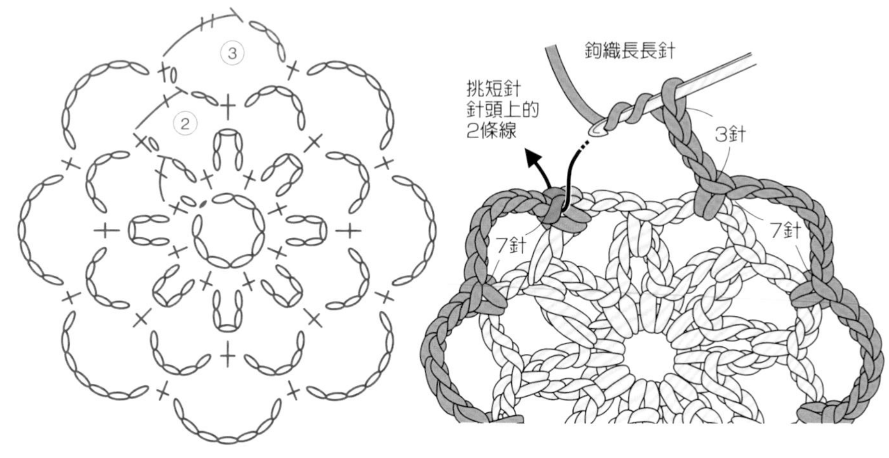

3. 鉤織3鎖針後，鉤針先掛線，再穿入第3段鉤織起點的短針針頭2條線，鉤織長長針。

網狀編的立起針必須在山形中央

各段的鉤織終點為鎖針與長針或長長針的組合。這是為了方便將立起針織在鎖針山形中央的織法，每一段的組合方式則取決於形成山形的鎖針數，例如：第1段山形為5鎖針，因此是2鎖針＋長針（3鎖針高度）的組合。第3段山形為7鎖針，因此是3鎖針＋長長針（4鎖針高度）的組合。

4. 鉤織長長針後，完成狀似7鎖針的山形。接著同第2、3段，鉤織立起針的鎖針與短針，再開始鉤織第4段。

最後一個山形只鉤織鎖針時

若記號圖上的最後一個山形只鉤鎖針時，必須在前段的鎖針上鉤織引拔，
移動到下一個山形的中央之後，才鉤立起針。記號圖上也會標示著引拔針的記號。

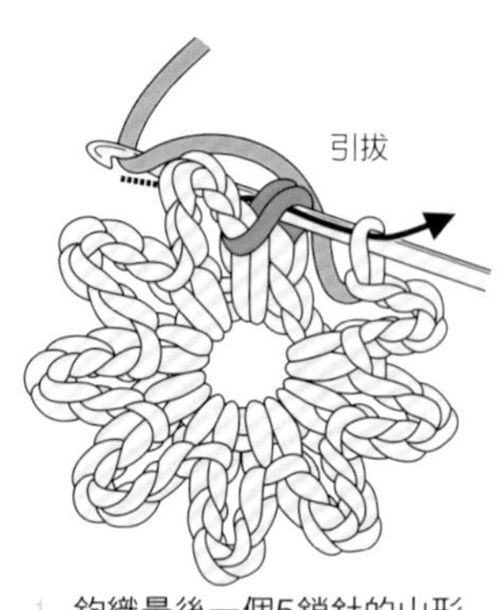

1. 鉤織最後一個5鎖針的山形後，引拔鉤織起點短針針頭上的2條線。

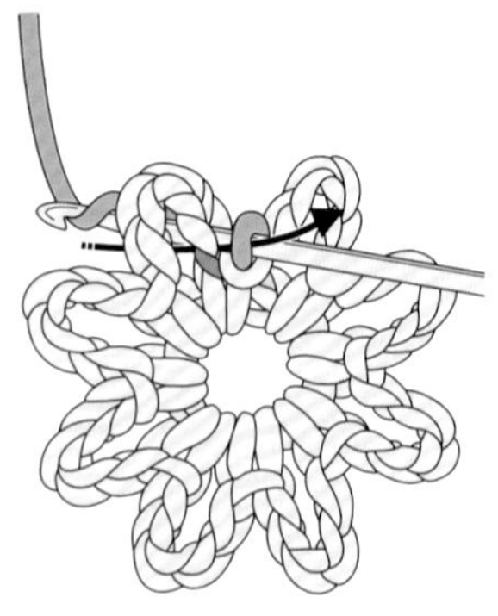

2. 鉤針穿入下一個鎖針中央後，鉤織引拔。接下來的鎖針也以相同方式鉤引拔針。

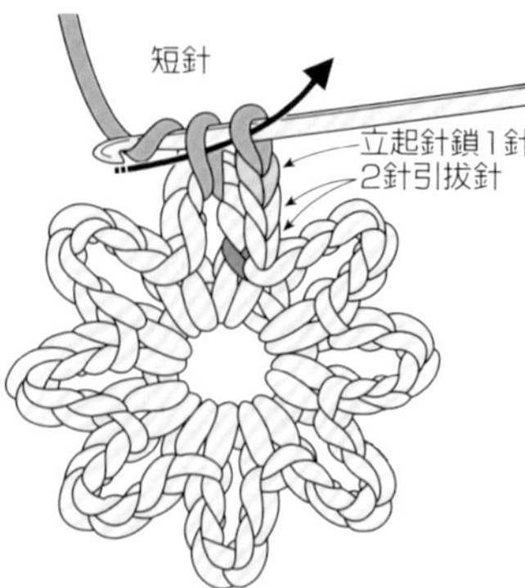

3. 鉤織立起針的鎖1針，鉤針穿入前段鎖針下的空間，挑束鉤織短針。

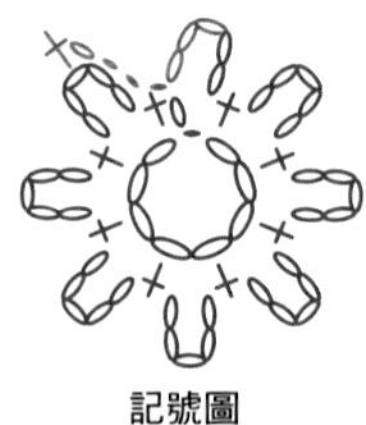

記號圖

4. 完成短針的模樣。

Step 4 結束鉤織的收針方法

網狀編花樣的收針要點為，鉤織的鎖針數必須比記號圖少1針，接著以毛線針穿入短針針頭，縫製1個針目。只有最終段是網狀編的情況也一樣。

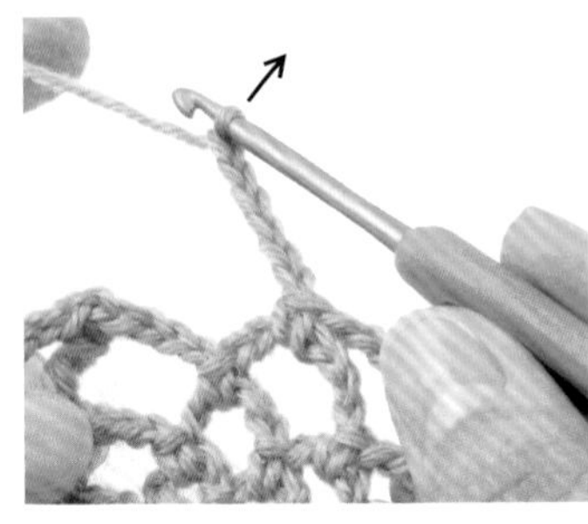

1. 鉤織6針鎖針後，預留約10cm線段剪線，直接引拔針上的線圈即可取下鉤針。

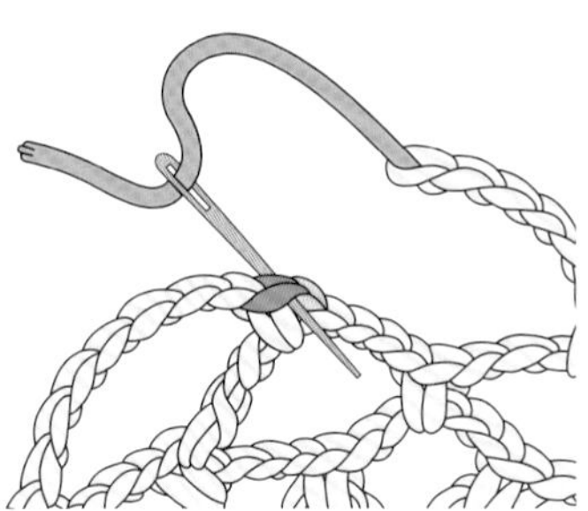

2. 縫針穿線，由外往內穿入第4段第1個短針針頭的2條線。

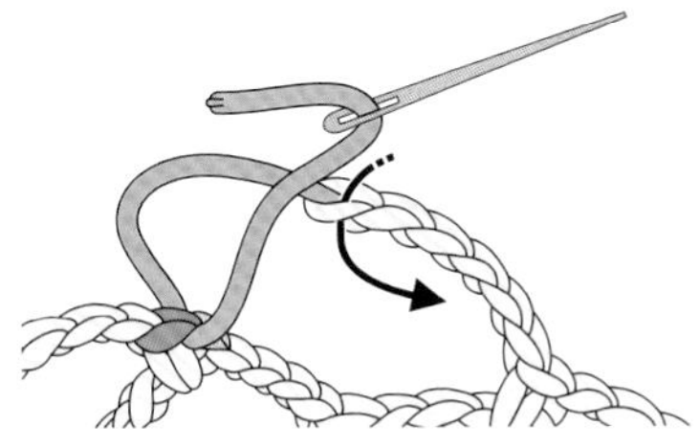

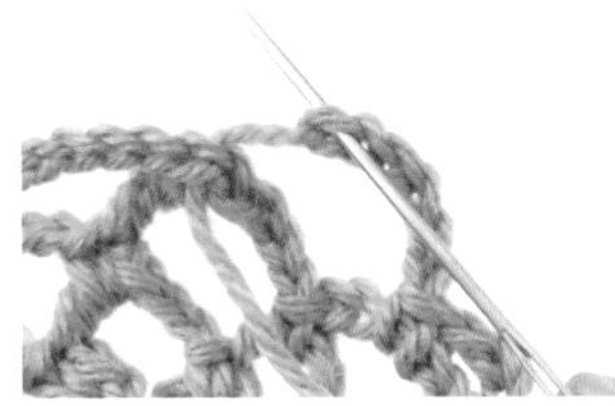

3. 拉線後，再將縫針穿回第4段最後的鎖針中心。

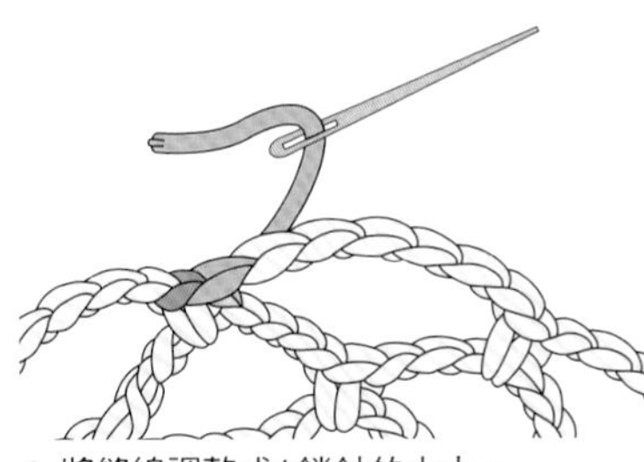

4. 將縫線調整成1鎖針的大小。

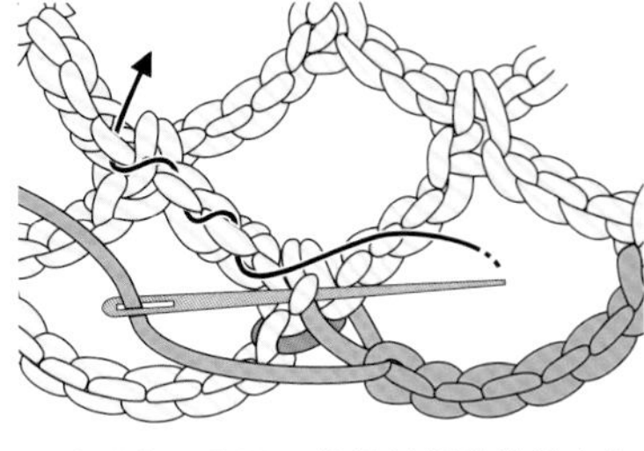

5. 織片翻至背面，將縫針朝著織片中心，穿過前段鉤織終點的長長針。

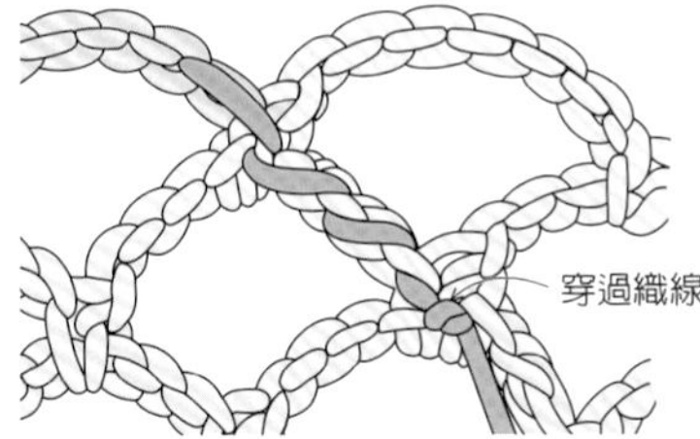

6. 最後，將織線穿過短針的針腳2～3次後剪線。

這時該怎麼辦？

Q 縫線無法順利穿入縫針時？

A 小小的針孔還是有辦法穿入較粗織線的。沒有穿針器依然能輕鬆穿線，請您一定要試試這個方法。

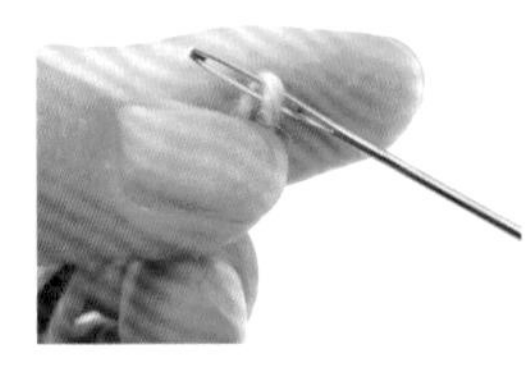

1. 織線對摺後夾住縫針針孔，用力拉緊套住縫針的織線。

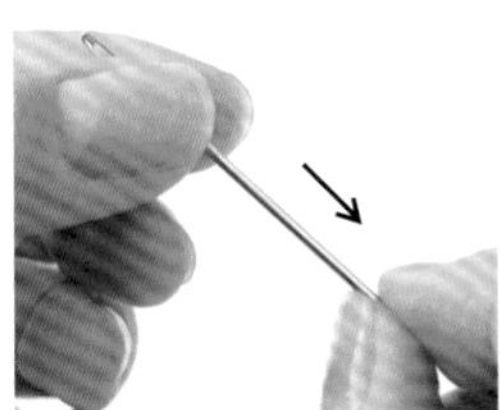

2. 拇指與食指捏住針孔處的織線，再抽出縫針。

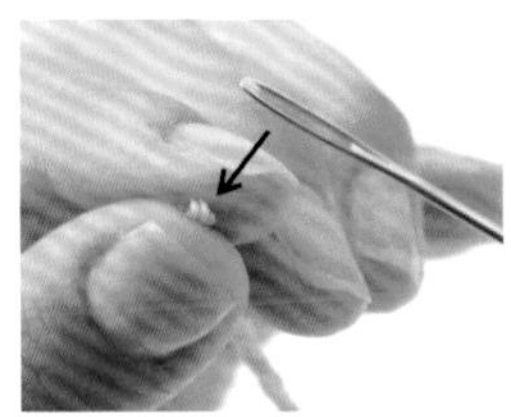

3. 拇指與食指微微張開，就這樣將線穿過針孔。

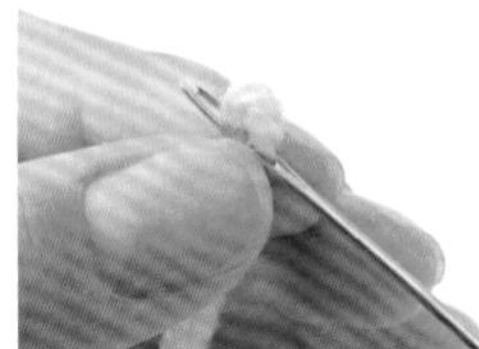

4. 穿線成功！將一端線頭抽出即可。

必須將織片翻面才能繼續鉤織的情形

雖然大部分花樣都是看著織片正面，朝同方向鉤織。
但也會因為花樣設計的關係，碰到必須將織片翻面鉤織（來回編）的情形。
看記號圖就可以知道，是否該以來回編鉤織。

記號圖

各段的鉤織起點（立起針）

鉤織第3段時，必須留意立起針的1針鎖針與下1個短針引針的排列順序。

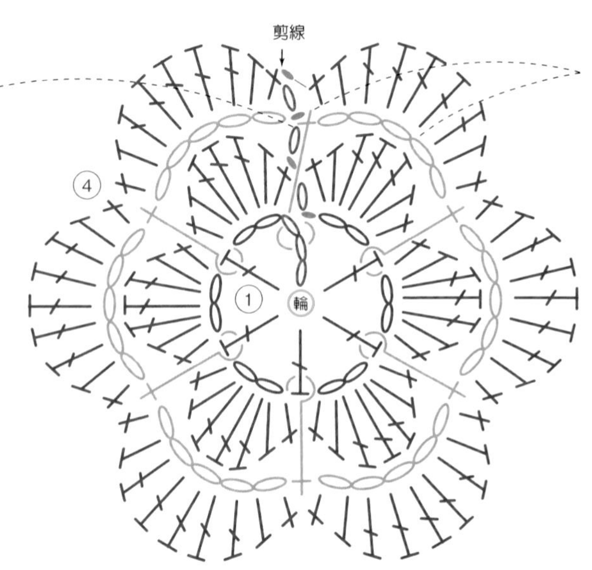

織片翻至背面鉤織的段

看著織片背面鉤織裡引短針與鎖針。

鉤織此花樣使用的針法

- ●…引拔針
- ○…鎖針
- ＋…短針
- T…中長針
- Ŧ…長針
- …裡引短針

＊針目記號詳細解說（織法）請參考P.105、P.106、P.110。

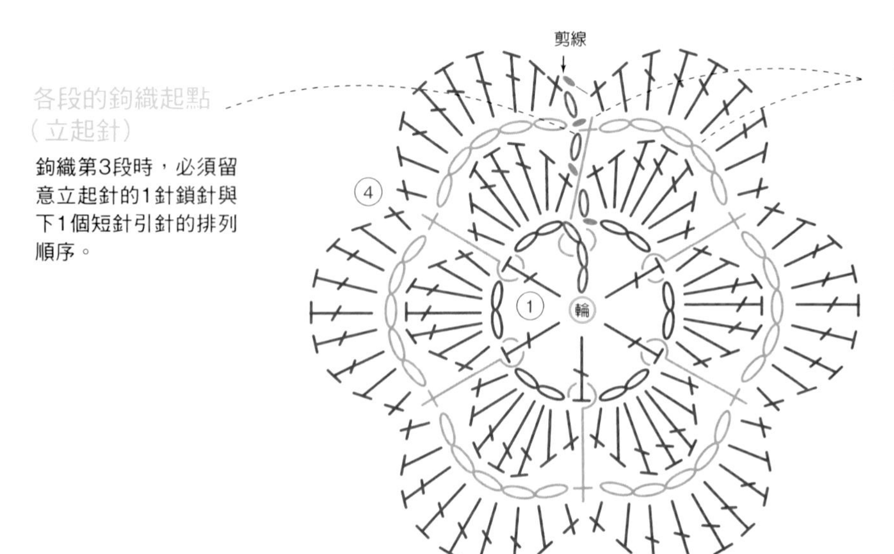

來回編花樣的織法

Step 1 從起針開始鉤至第2段

依照織圖試著鉤鉤看吧！
部分可應用花樣織片A的織法（P.12、P.13）。

從起針到第1段

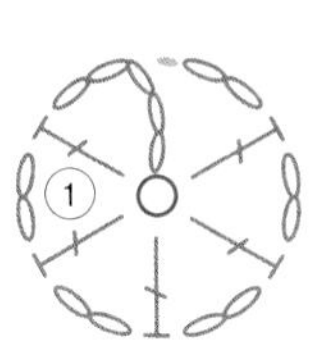

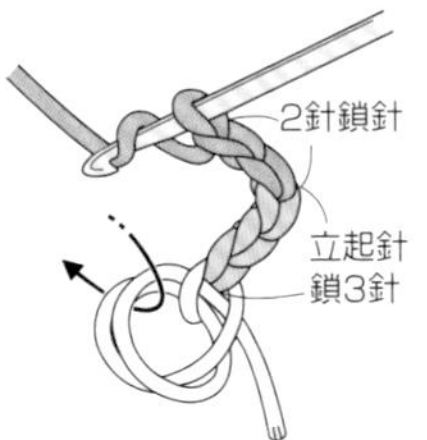

1. 以「手指繞線的輪狀起針」（參考P.12）開始鉤織，立起針3針鎖針後，接著鉤織2針鎖針，再將鉤針穿入輪中鉤織長針。

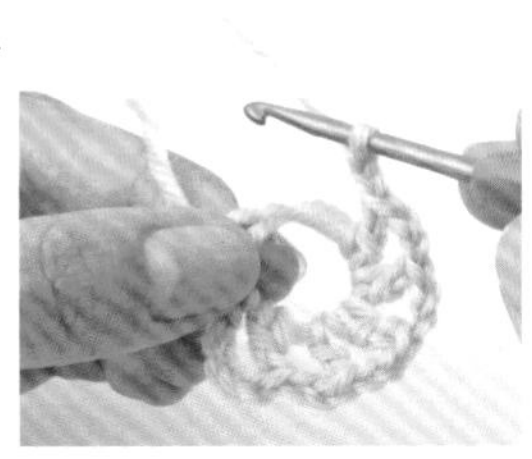

2. 如記號圖依序鉤織2針鎖針與長針。圖為完成最後2鎖針的模樣，這時開始收緊起針的輪（參考P.13）。

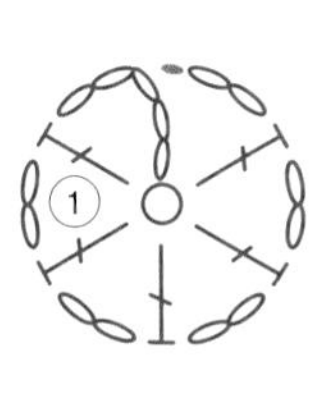

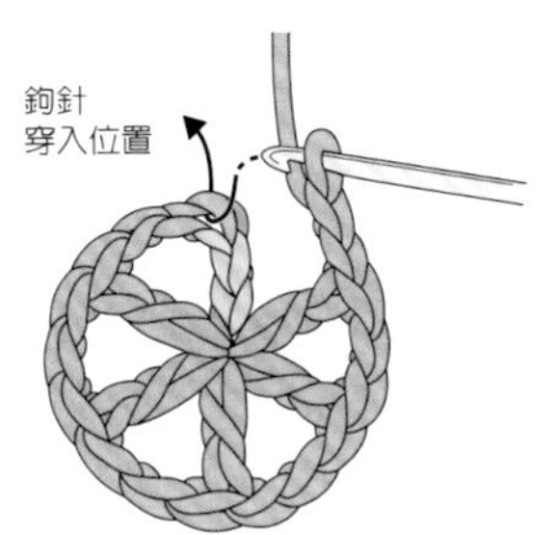

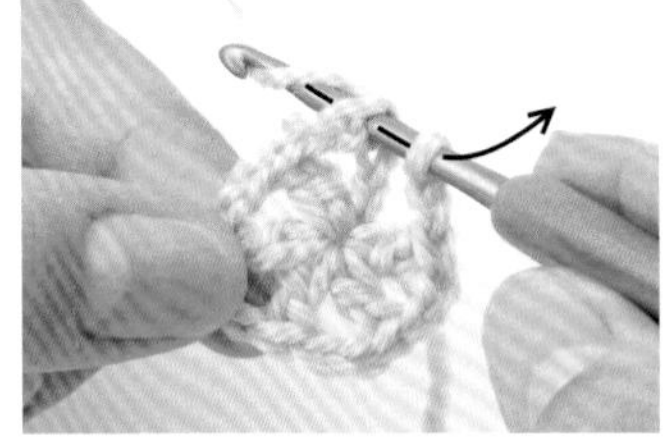

3. 鉤針穿入第1段立起針的第3鎖針，挑半針與裡山後掛線引拔。

4. 完成引拔。織好第1段。

第2段

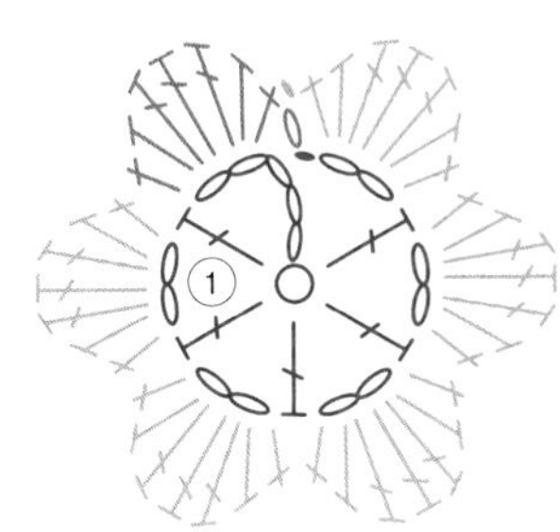

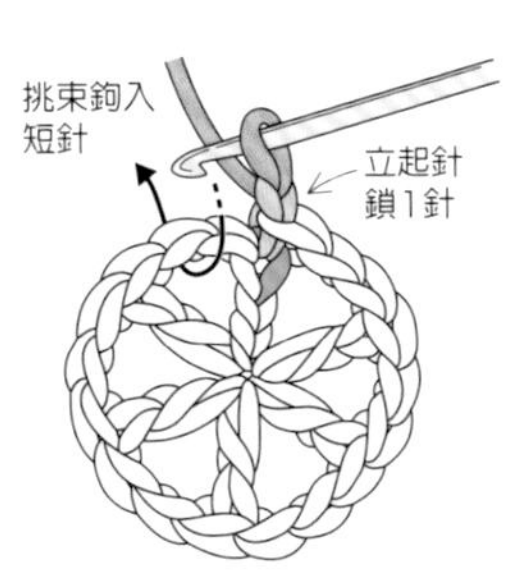

挑束鉤織…參考 P.28

1. 鉤織立起針的鎖針，如插圖所示，將鉤針穿入前段鎖針下方的空間，挑束鉤織短針。

2. 在同一個空間內挑束鉤織1中長針、3長針、1中長針、1短針，其餘空間也以相同方式鉤織。

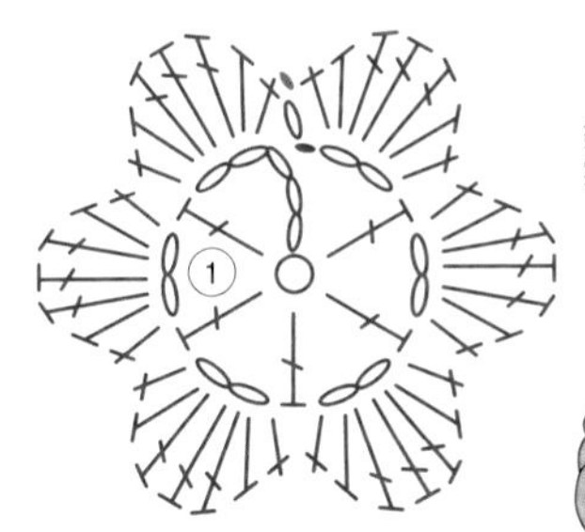

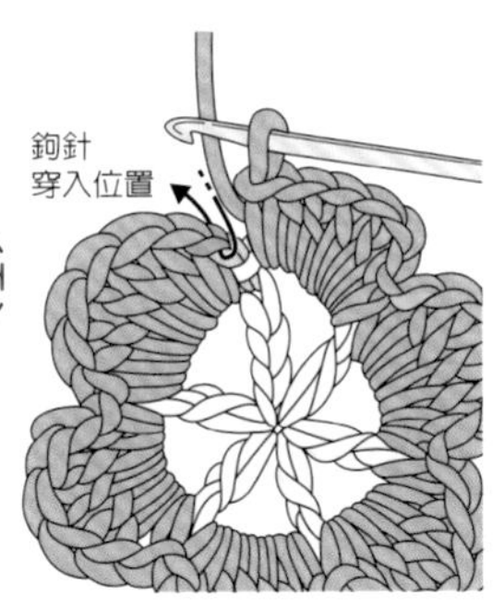

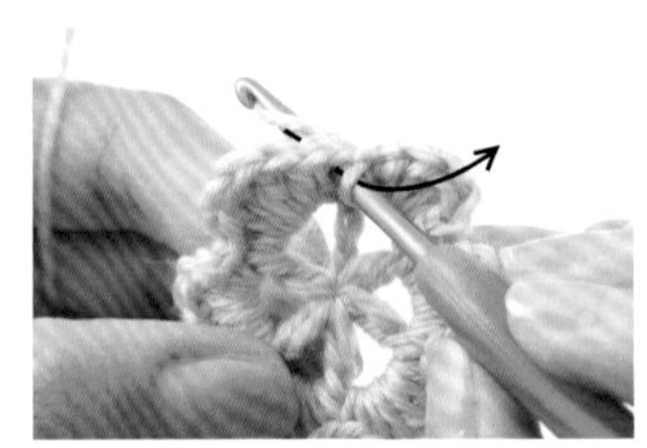

3. 完成最後1個短針後，鉤針穿入第2段第1個短針針頭的2條線，掛線引拔。

4. 完成引拔針的模樣。

 將織片翻至背面鉤織第3段

記號圖的看法和之前相反，必須往順時鐘方向鉤織。
由於織片翻至背面鉤織，因此記號圖上的「裡引短針」，
實際鉤織時，應該要鉤織「表引短針」。

第3段

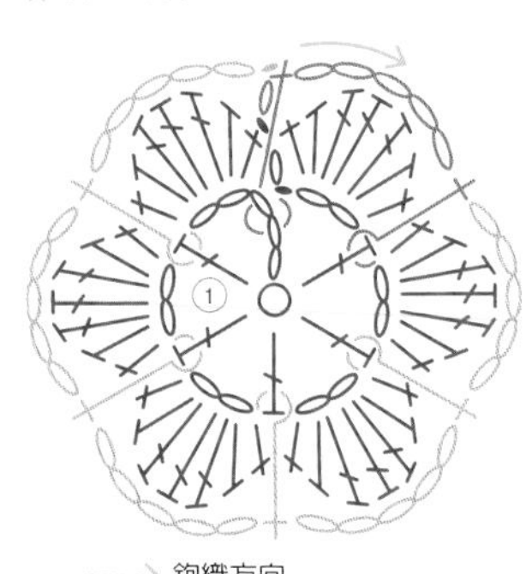

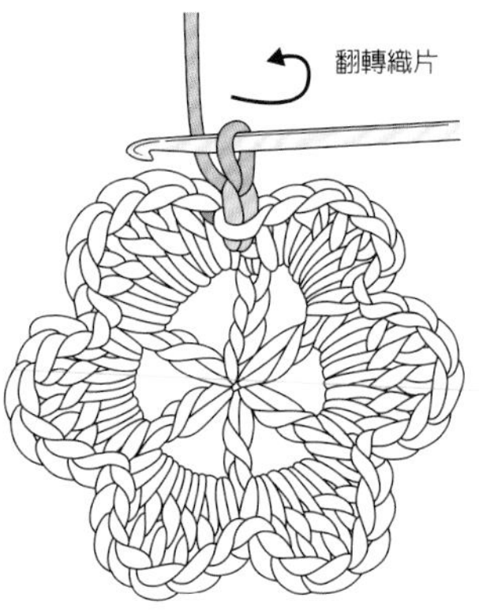

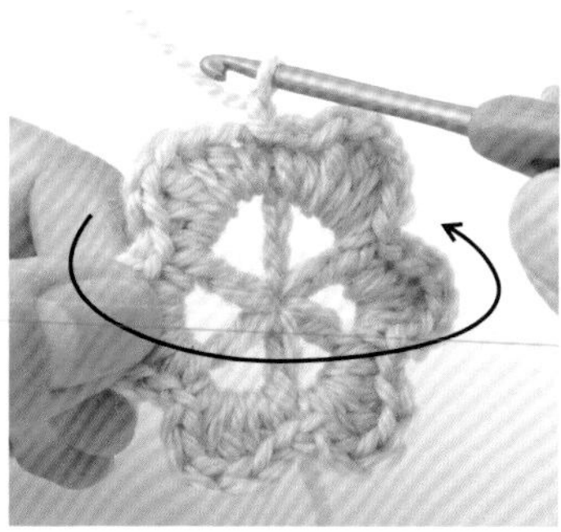

1. 鉤織立起針鎖1針後，將織片往右旋轉就能翻至背面。

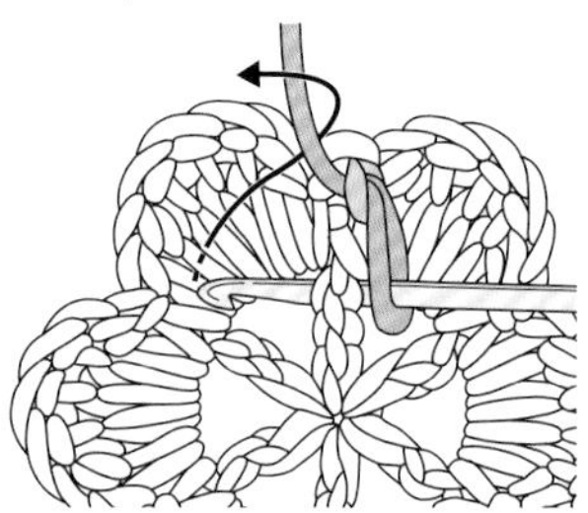

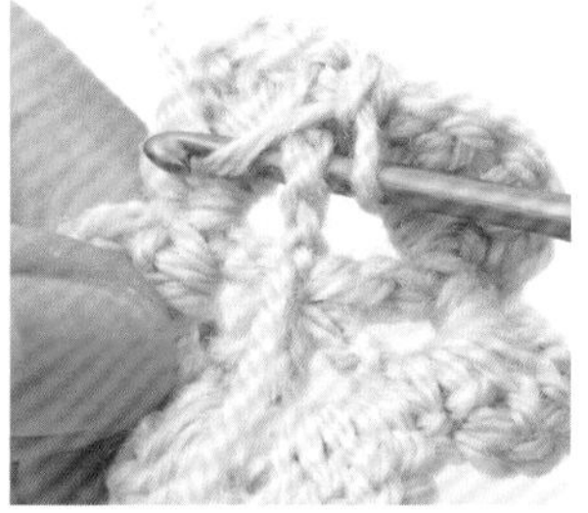

2. 鉤織表引短針。鉤針在第1段立起針的3鎖針挑束後掛線。

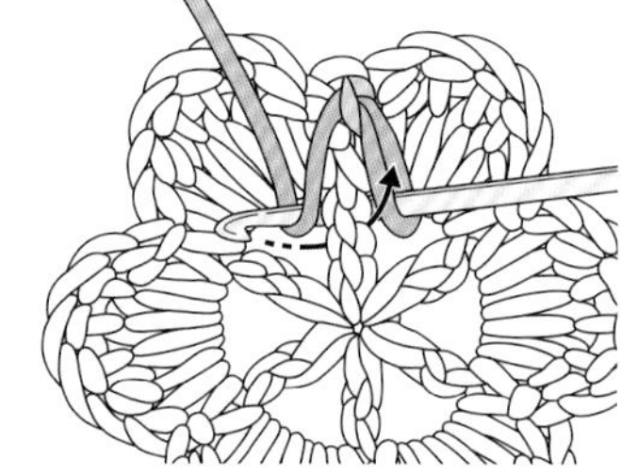

3. 直接鉤出織線。

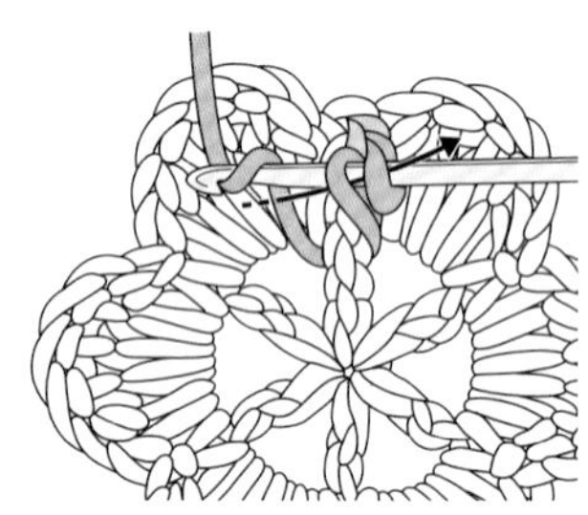

4. 鉤針再次掛線，如插圖方向引拔，完成表引短針。圖為完成後的模樣。

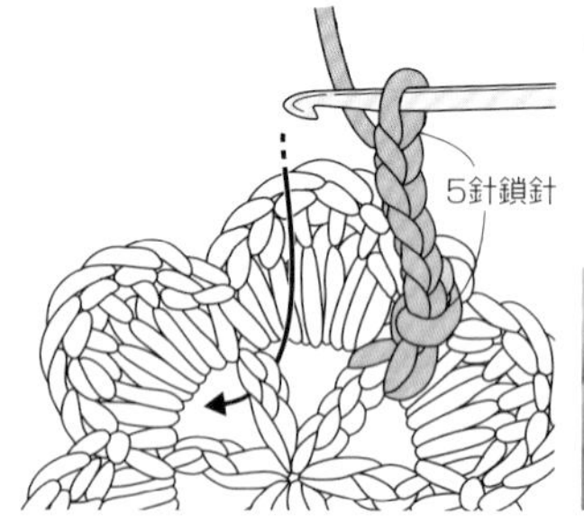

5. 鉤織5針鎖針，接著挑下一個長針的針柱，重複步驟**2**～**4**鉤織鎖針和引上針，繼續完成第3段。

Point!

從立起針的針目記號順序看出鉤織方向

以立起針鎖1針開始鉤織短針時，記號圖通常是鎖針在右、短針在左，因此必須往左看記號圖。但此花樣的記號圖，只有第3段立起針的鎖針右側有短針（此圖為引短針）記號。這是因為織片翻至背面後，鉤織時必須往右看記號圖的關係。

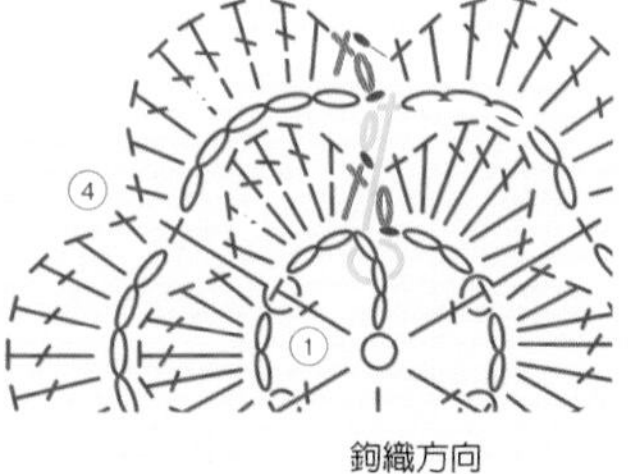

Point!

記號圖標示的針目都是以織片正面呈現的為準

編織品的記號圖，通常是標示「從織片正面看到的針目狀態」。引針記號的織法會因為在正面、背面而有所不同，此花樣也是，實際鉤織時雖然是表引針，但從正面看到的狀態卻是裡引針，因此記號圖也就標示著裡引針。

第3段的鉤織終點

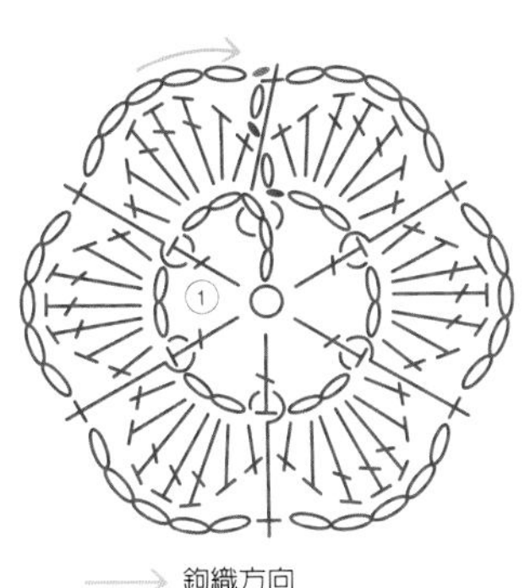

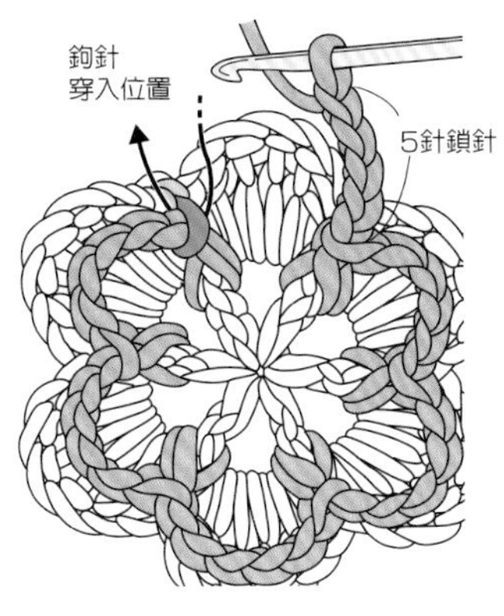

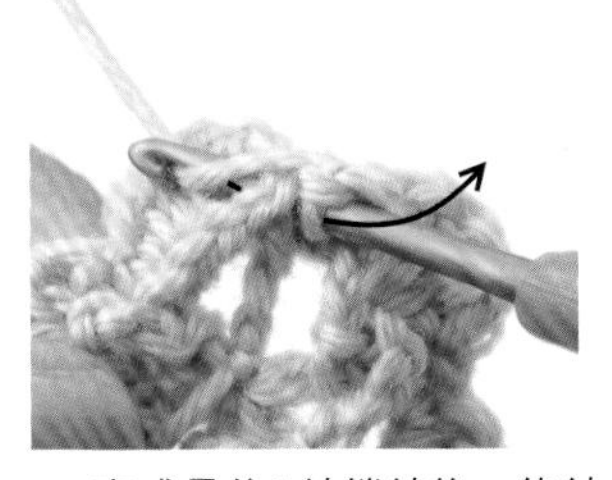

1. 完成最後5針鎖針後，鉤針穿入第3段鉤織起點的引針（短針）針頭2條線，掛線引拔。

2. 完成引拔。織好第3段的模樣。

Step 3 將織片翻回正面後鉤織第4段

第4段同樣是將織片翻面鉤織，
因此最後一段就是再翻回來看著正面鉤織。

第4段

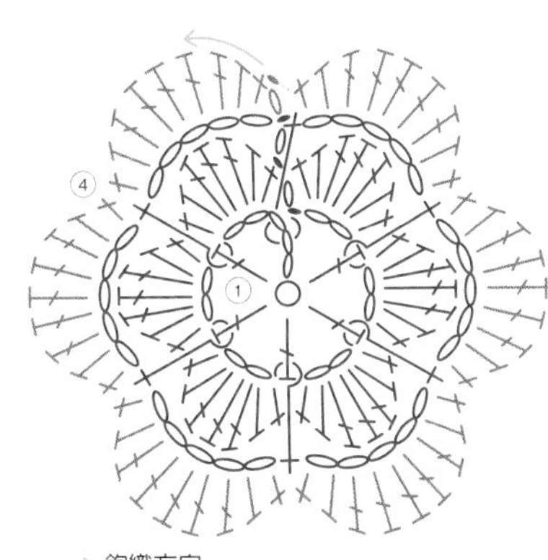

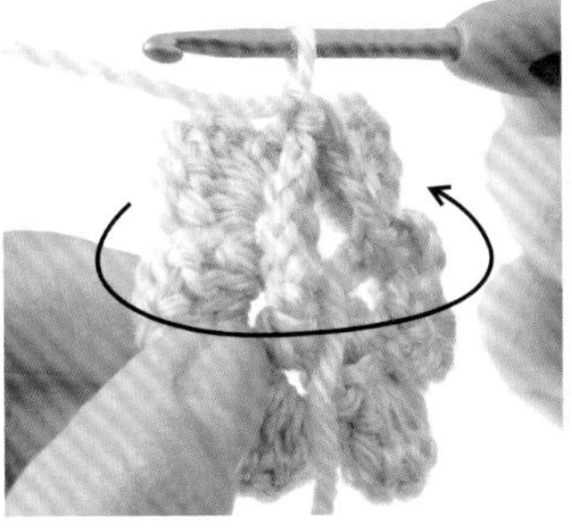

1. 鉤織立起針的鎖1針後，將織片翻回正面。

翻轉織片時，一定是
「鉤織立起針後再往右旋轉」

鉤織中必須翻轉織片時，一定要遵照「先鉤織立起針，再將織片往右旋轉翻面」的原則。以固定的鉤織順序統一翻轉方向，才能織出漂亮的花樣。

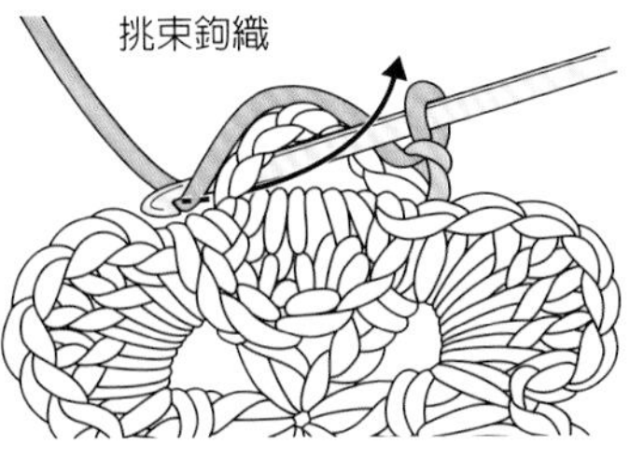

2. 先將第2段往前壓下，再將鉤針穿入第3段鎖針下方，依序挑束鉤織1短針、1中長針、5長針、1中長針、1短針。剩下的5個山形也以相同要領鉤織。

結束鉤織的收針方法

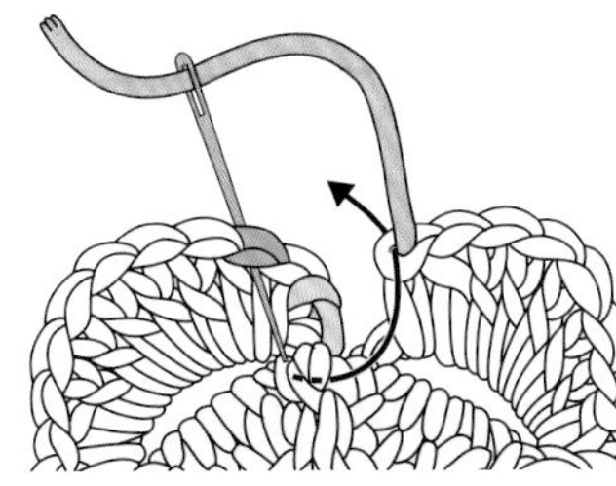

1. 縫針穿線，如插圖由鉤織起點第2個中長針針頭的2條線入針，再將縫針穿回最後一個短針的針目中心，最後將縫線調整成1鎖針的大小。應用花樣織片A的收針方法（參考P.14）。

2. 織片翻至背面，將縫針小心地穿入針目中藏線，注意要避免線頭出現在正面。起針處也以相同要領藏線。

出現變形花樣織片時

將花樣織片接合成作品時，可能會因為造形設計的關係，
出現圓形改織成半圓，方形織成三角形等組合情形。
本單元將以花樣織片A（P.10）為基礎的三角形織片為例，來看看織法吧！

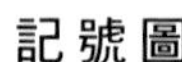
記號圖

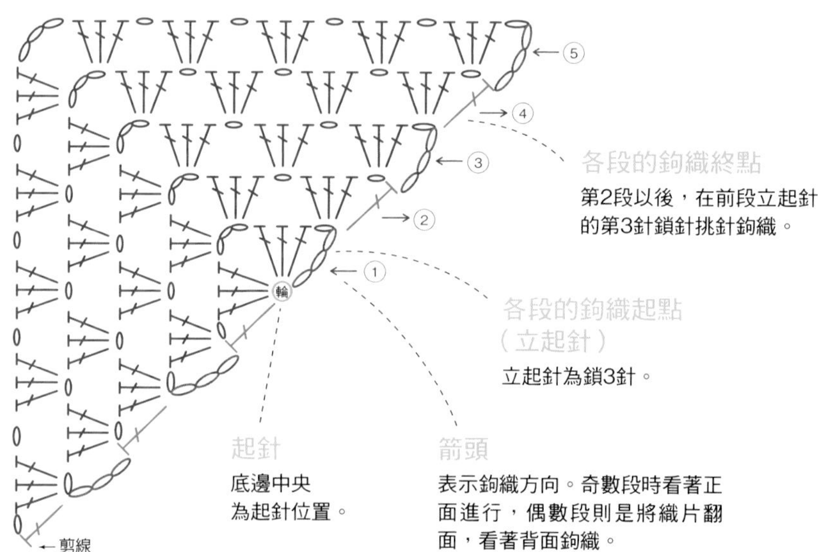

鉤織此花樣使用的針法

○…鎖針
T…長針

＊針目記號詳細解說（織法）請參考P.105、P.106。

變形花樣的織法

此花樣必須翻轉織片，以來回編鉤織。
由於不是往同方向鉤織的花樣，所以每段的鉤織終點不鉤引拔。

第1段

輪狀起針（參考P.12），鉤織立起針的3鎖針後，依記號圖進行。收緊輪狀後即完成第1段。

第2段

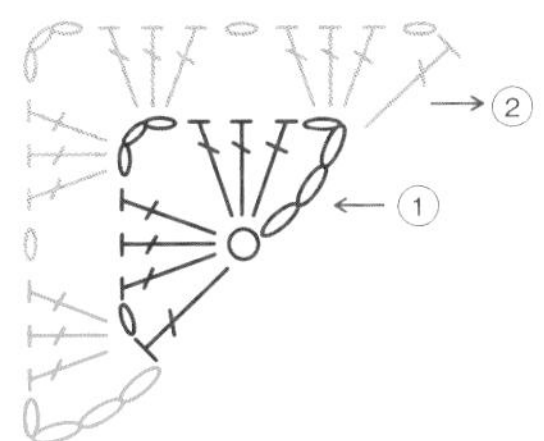

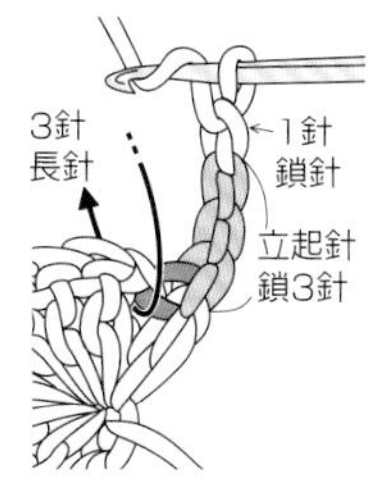

1. 鉤織立起針鎖3針後，將織片往右翻轉至背面。

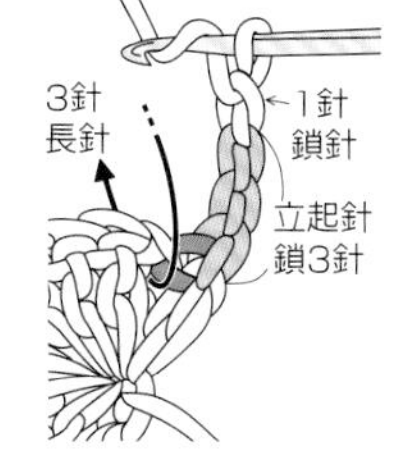

2. 先鉤織1針鎖針，再將鉤針穿入前段鎖針下方空間，挑束鉤織3針長針。接著依記號圖鉤織第2段。

第2段的鉤織終點 & 第3段

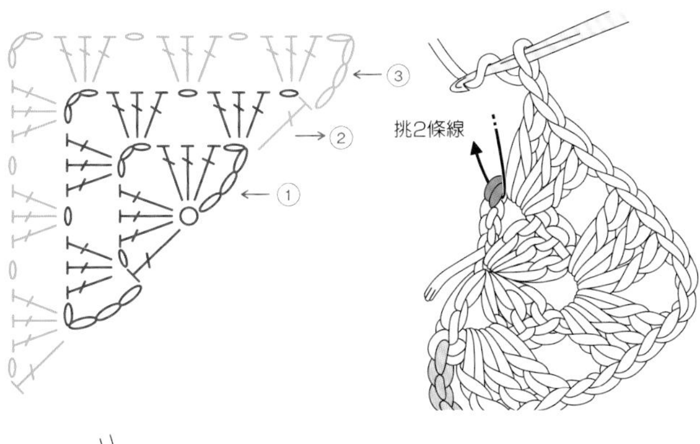

1. 鉤織第2段最後一針時，如左圖將鉤針穿入前段立起針第3鎖針，挑裡山與半針鉤織長針。上圖為鉤織針目途中掛線的模樣。

2. 完成長針後，再鉤立起針的鎖3針，將織片翻面，同第2段按圖鉤織第3段。

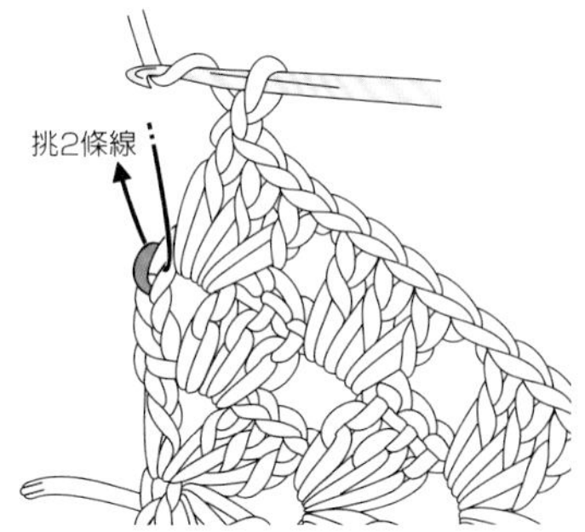

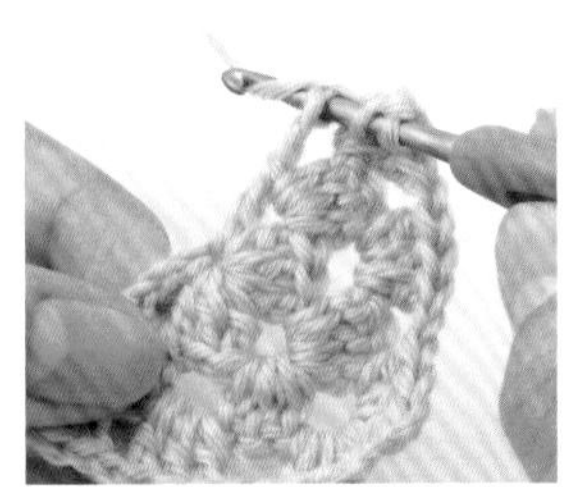

3. 第3段最後的長針，也是將鉤針穿入前段立起針第3鎖針的半針與裡山鉤織。

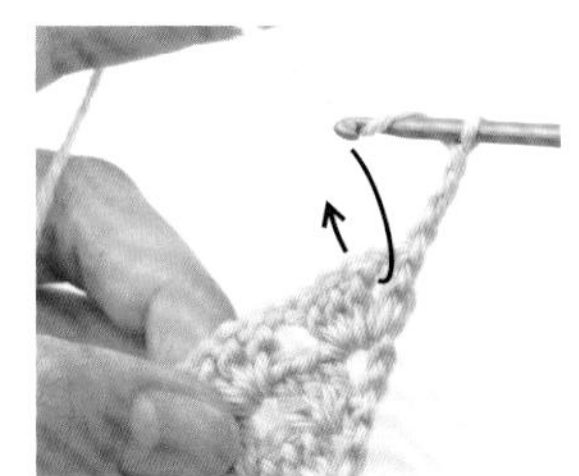

4. 鉤織長針、立起針，然後將織片翻面。再以相同要領鉤織第4、第5段。

結束鉤織的收針方法

1. 完成最後一針長針後，先鉤1針鎖針再引拔線。

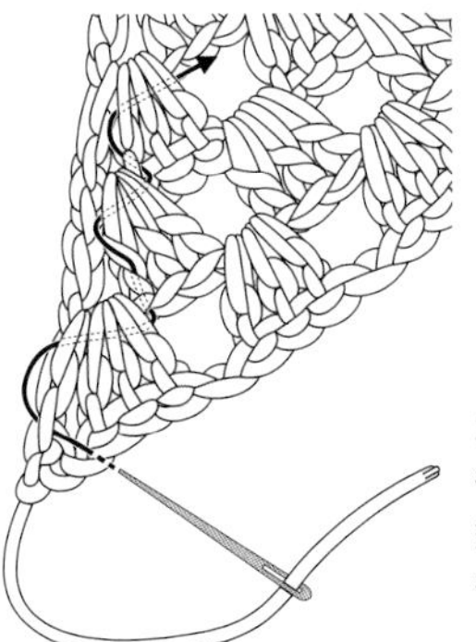

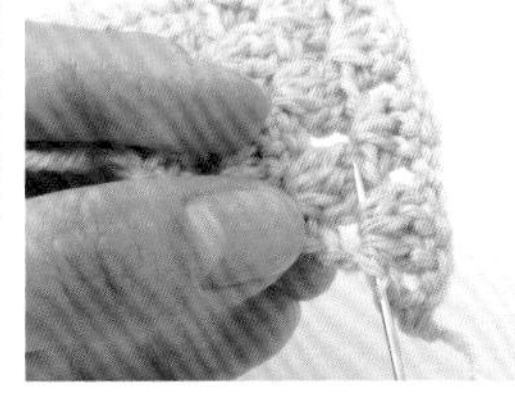

2. 縫針穿線，織片翻至背面後，將縫針穿過鉤織針目。起針處的線頭也穿入針目，藏線後剪掉多餘部分。

這時該怎麼辦？

Q 花樣織片的形狀不漂亮？

A 因為各人鉤織力道不同，可能會出現底邊拉太緊的情形。這時建議將立起針的鎖針織鬆一點，鉤織每段最後一針的長針時稍微拉長一點，以此調整看看吧！

鉤織彩色花樣！學習配色技巧

鉤織花樣充滿樂趣的理由之一，就是繽紛色彩的組合與運用。
本單元將介紹鉤織任何花樣都適用的配色技巧。

記號圖

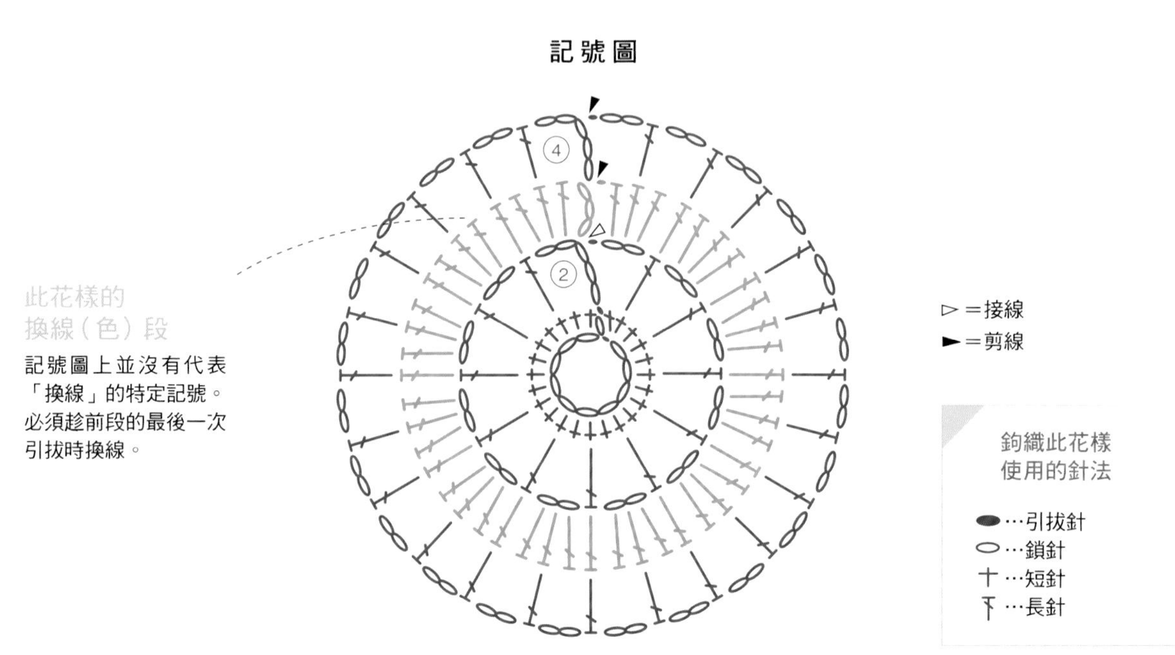

此花樣的
換線（色）段

記號圖上並沒有代表「換線」的特定記號。必須趁前段的最後一次引拔時換線。

鉤織此花樣使用的針法

●…引拔針
○…鎖針
十…短針
长…長針

＊針目記號詳細解說（織法）請參考P.105、P.106。

配色花樣的織法

Step 1 鉤織至換線為止

一邊應用P.10花樣織片A或B的織法，
一邊依記號圖鉤織看看吧！

第1段

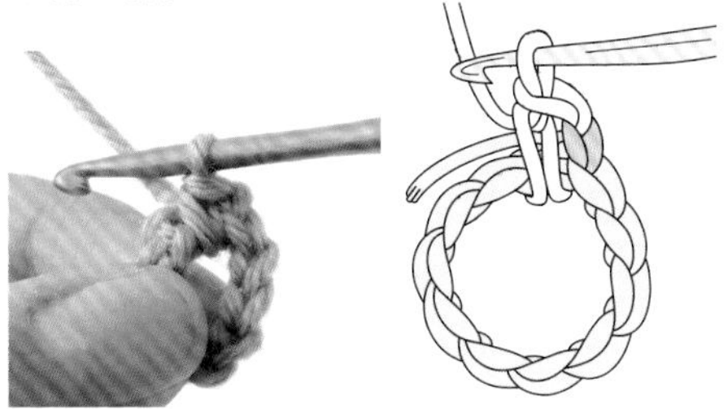

1. 以「鎖針接合成圈的輪狀起針」開始，鉤織立起針鎖1針與短針。一邊包裹線頭一邊鉤織短針。

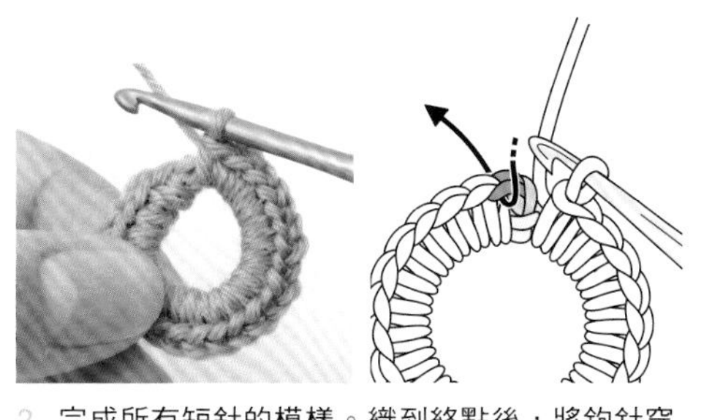

2. 完成所有短針的模樣。織到終點後，將鉤針穿入鉤織起點短針針頭的2條線，再掛線引拔。

3. 引拔後的模樣。完成第1段。

第2段

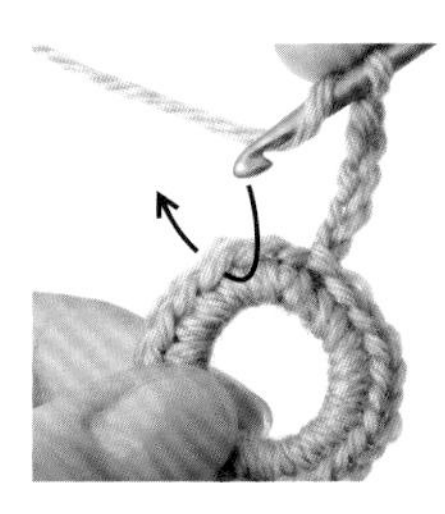

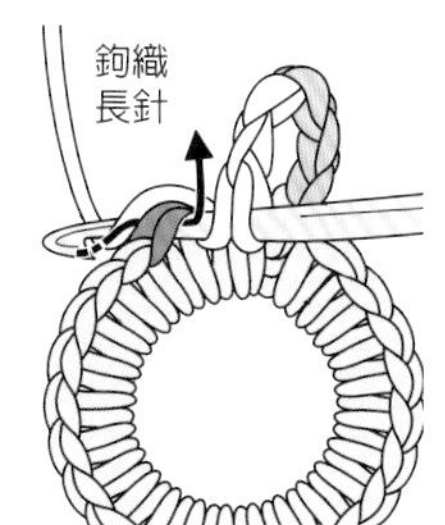

3. 鉤織立起針鎖3針與接下來的2針鎖針，鉤針掛線，跳過1針不織，挑短針針頭鉤織長針。

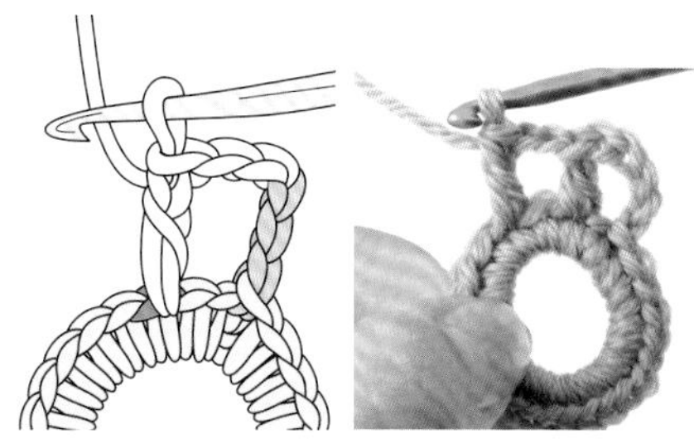

2. 依記號圖重複鉤織2鎖針與1長針，直到最後的引拔針，圖為鉤織第2次長針的模樣。

Step 2 換線

配色的重點在於換線時機與掛線方式。
學會後就能廣泛應用於各種花樣。

第2段的鉤織終點

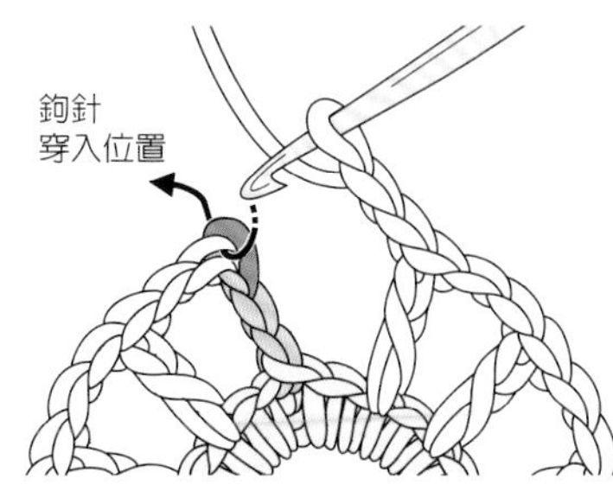

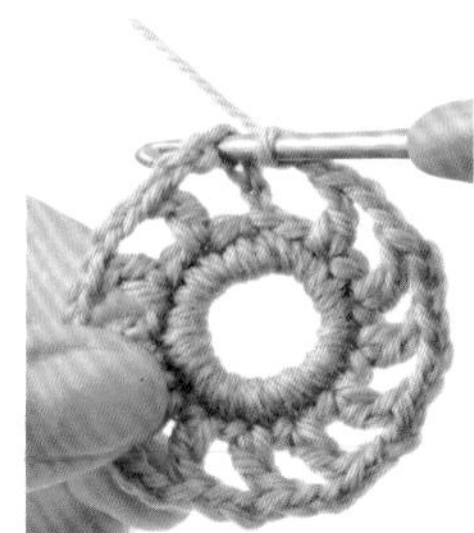

1. 織到終點後，將鉤針穿入鉤織起點立起針第3鎖針的半針與裡山。

2. 先不鉤引拔，將織線如圖示由內往外掛在鉤針上。

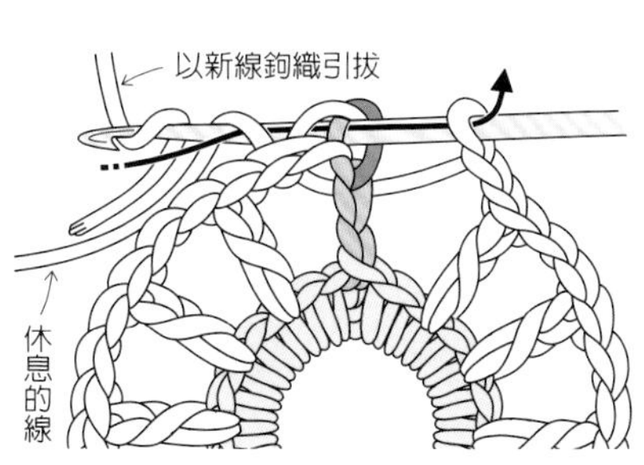

3. 鉤針掛新線，一次引拔針上所有線圈。

4. 引拔後的模樣。換線後預留7至8cm的線段。

Step 3 一邊包裹線頭一邊鉤織下一段

第3段是以剛換的配色新線鉤織。
若直接包裹線頭鉤織，結束後就不必藏線。
原來的織線第4段時還會再使用，所以放著休息不必剪斷。

第3段

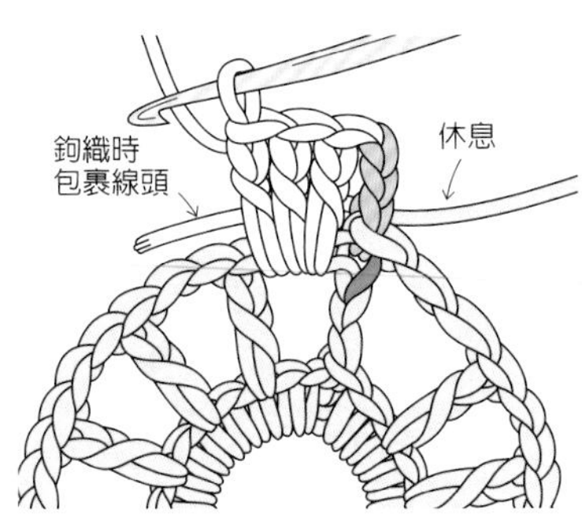

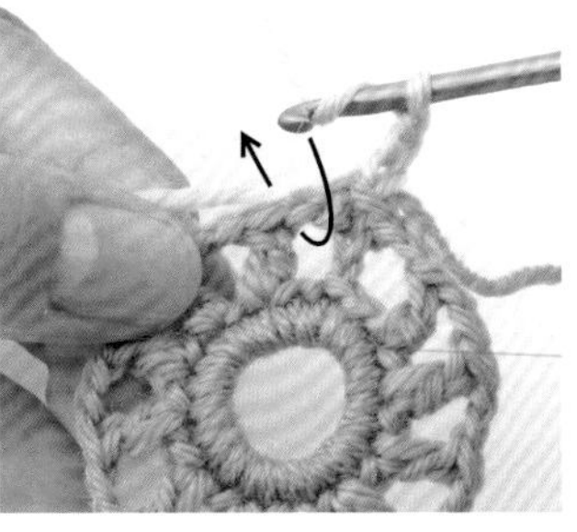

1. 鉤織立起針鎖3針，挑束時連同新線線頭一起包入，鉤織3針長針。

Point!

線頭的處理

鉤織鏤空花樣時，無法以包裹線頭的方式藏線。因此結束鉤織後，再利用縫針將線頭藏入織片背面吧！（參考P.30）

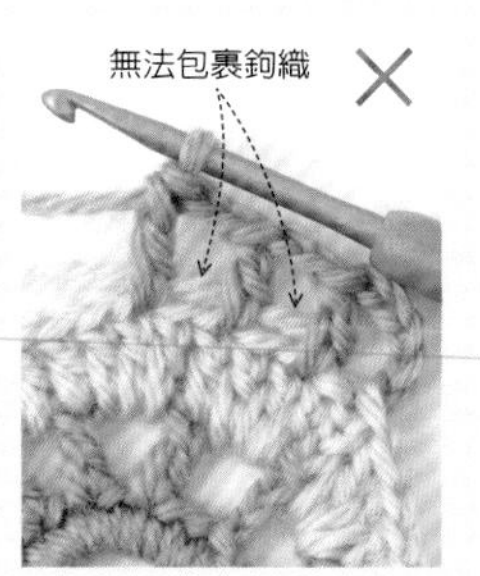

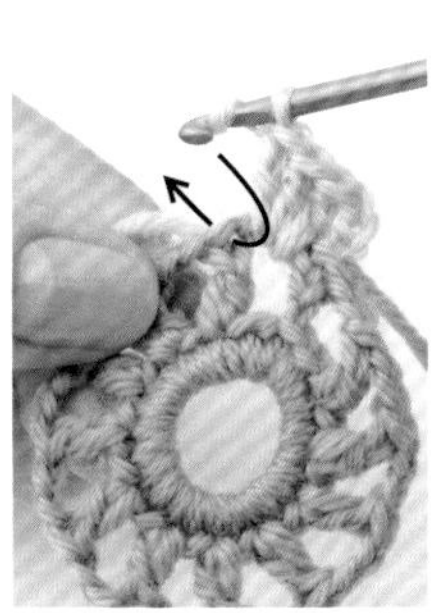

2. 接著挑前段長針針頭的2條線。此時一併挑起線頭，將線頭包入針目裡。

3. 完成長針的模樣。依記號圖繼續鉤織第3段。包裹鉤織的線頭約5cm，多餘的部分剪掉。

4. 鉤織到最後的引拔針為止。

「束」&「針」

鉤針穿入前段鎖針下方空間的織法，稱為「挑束鉤織」、「挑束鉤入」或「挑束」。
相對地，挑短針或長針等針頭2條線的織法稱「挑針鉤入」、「挑針鉤織」。

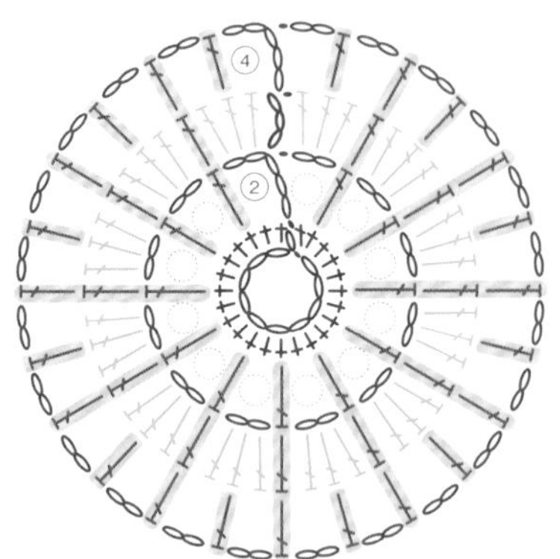

…挑束鉤織的入針位置

…挑束鉤織的針目

…挑針鉤織的針目

畫在前段短針或長針正上方的針目記號，就是挑針鉤織，鎖針上方有針目記號時，則是挑束鉤織的針目。前述章節中出現過的花樣織片也一併確認看看吧！

例：第3段的織法

［挑束鉤織］

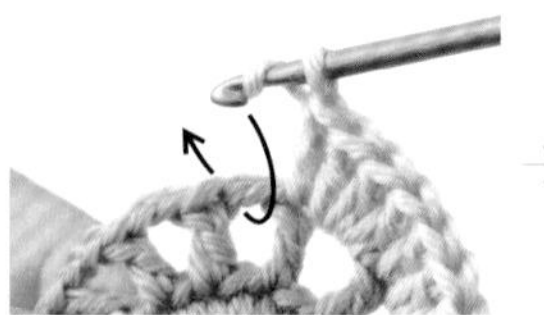

鉤針完全穿過鎖針下方空間 → 鉤好的模樣

［挑針鉤織］

將鉤針穿入長針針頭的2條線下方 → 鉤好的模樣

Step 4 再次換線

第4段同樣是換線後繼續鉤織。方法同Step 2，
但不是換新線，而是再度使用織到第2段為止的織線。

第3段的鉤織終點

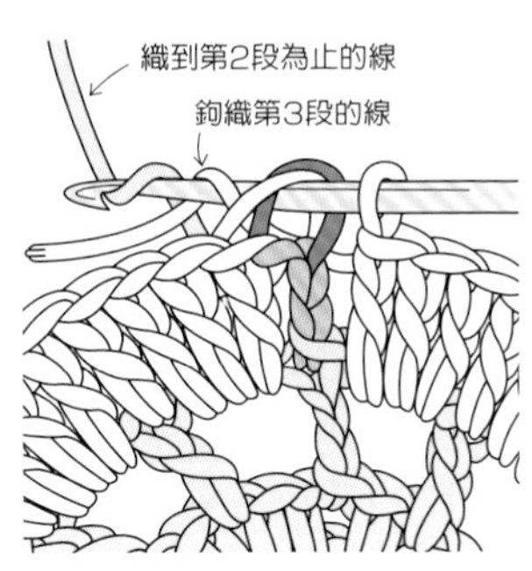

1. 鉤針穿入立起針第3鎖針的半針與裡山，然後拉起休息的那條織線，在鉤針上掛線。

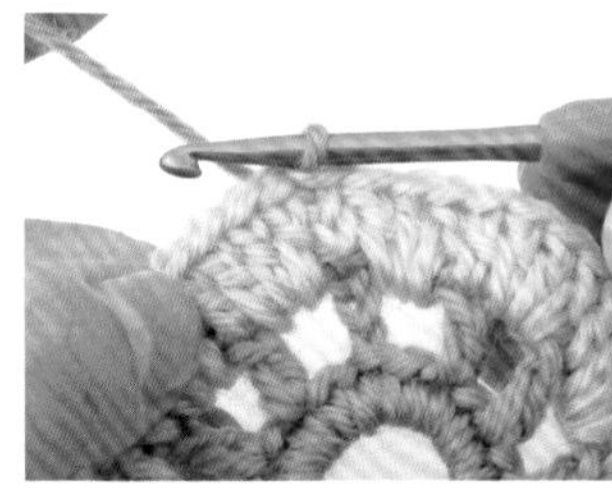

2. 一次引拔掛在針上的線圈。第3段的織線預留10cm後剪斷。

織片背面的模樣

垂直往上拉起織到第2段為止的線。

第4段

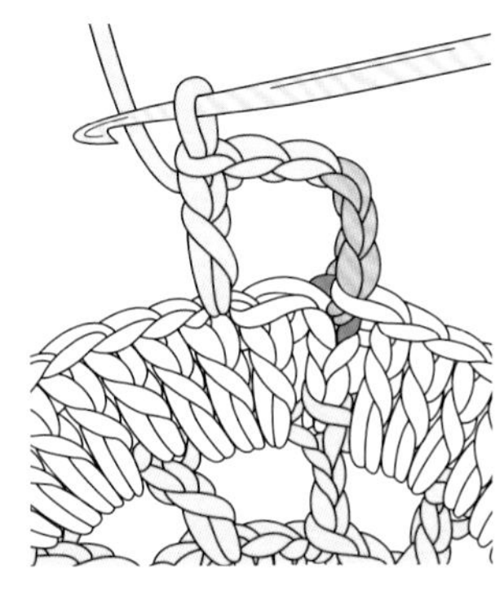

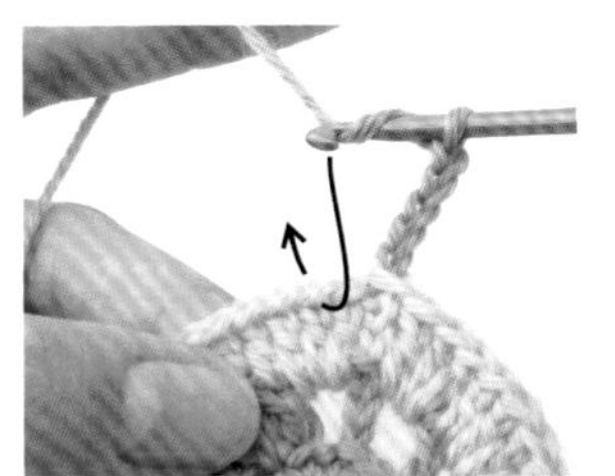

1. 鉤織立起針鎖3針與下一個2鎖針後，跳過1針，將鉤針穿入前段長針針頭的2條線，鉤織長針。

2. 鉤好長針的模樣。接著依記號圖，重複鉤織2針鎖針與1針長針，直到最後的引拔前。

3. 織到最後2鎖針為止的模樣。

Point!

學會換線技巧「立起針前的引拔」！

鉤織網狀編等花樣時，也會出現段的鉤織終點不鉤引拔的情形。以鉤織長針時為例，
掛線鉤出後，再度掛線引拔即完成，但若是希望於下段換線時，必須在最後一次引拔時改換新線鉤織。

例：試著在花樣織片B（P.10）的第2段換線鉤織。

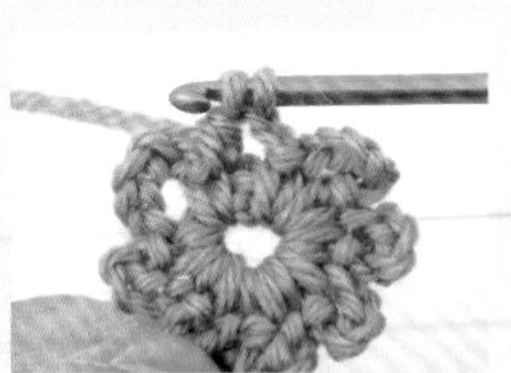

1. 先織到第1段最後一針的長針中途（再引拔一次就完成）。

2. 將原本的織線由前往後掛在鉤針上，再以新線掛在鉤針上。

3. 一次引拔針上所有線圈。完成換線的模樣。

4. 以新線開始鉤織下一段的立起針。圖為完成立起針鎖1針與短針的模樣。

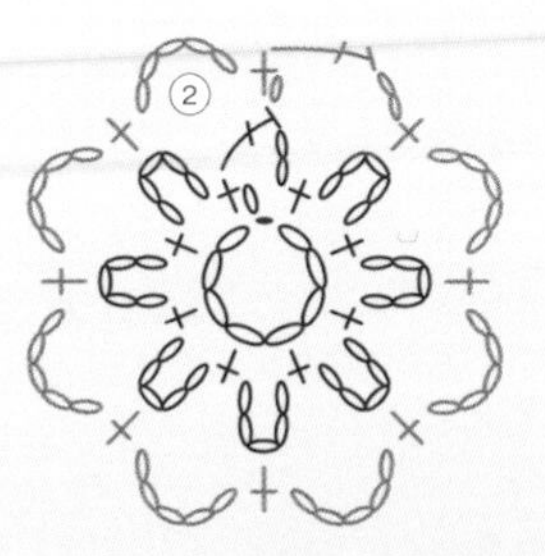

Step 5 鉤織結束的收針方法

依照記號圖試著鉤鉤看吧！
部分可應用花樣織片A的織法（P.12、P.13）。

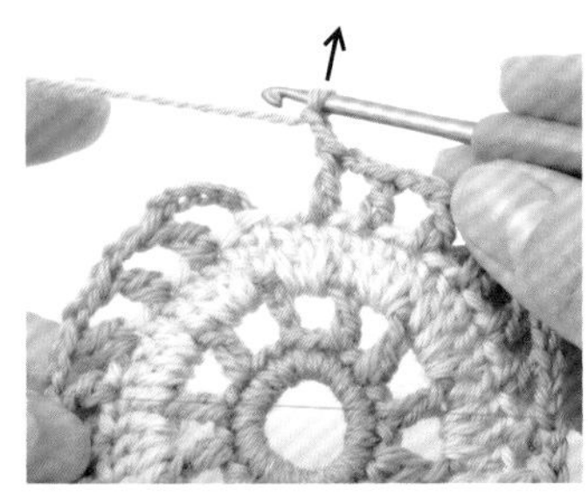

1. 預留約10cm線段後剪線，引拔針上的線圈，再將縫針穿入織線。

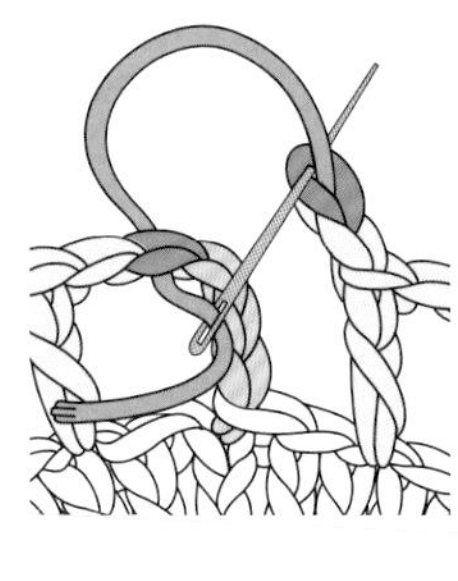

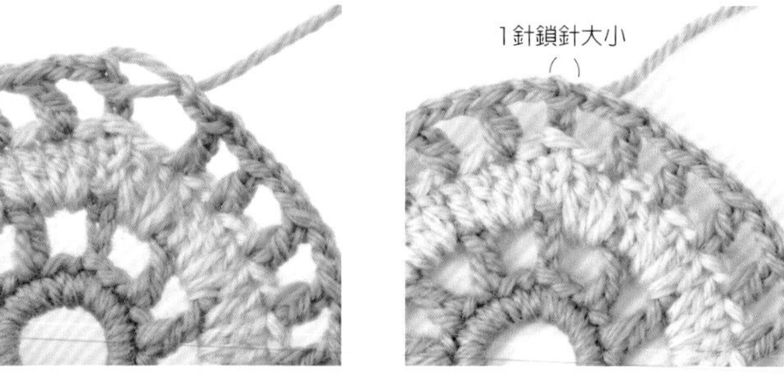

2. 如插圖所示，縫針穿入立起針鎖3針的下一個針目，再穿回第4段最後一個鎖針的中心後，拉緊織線。

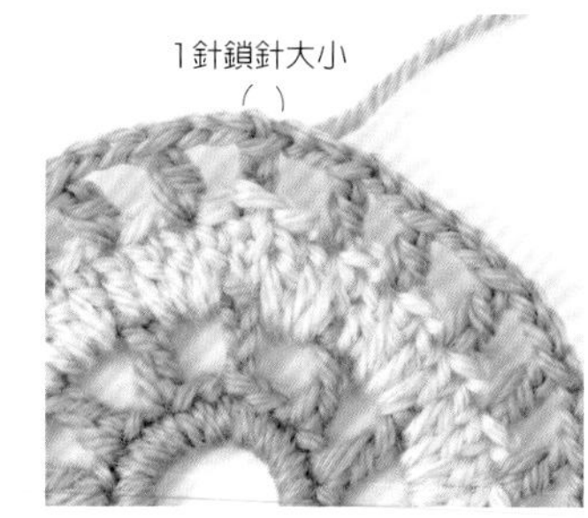

3. 將縫線調整成1鎖針的大小。

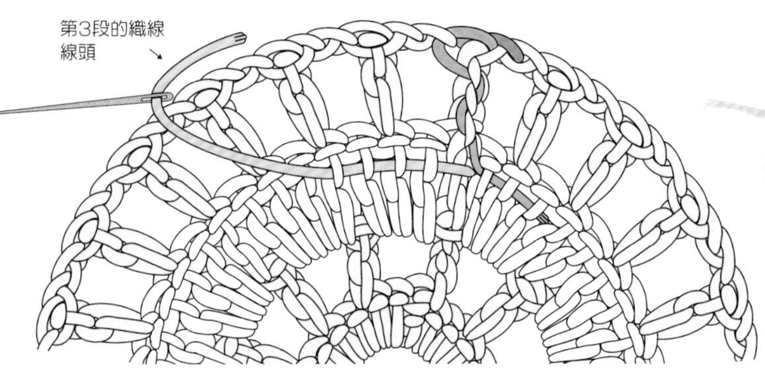

剪斷

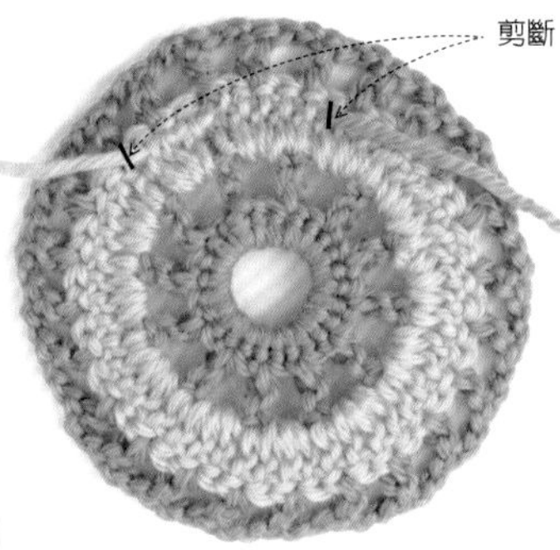

4. 織片翻至背面，將線頭藏入針目中，要小心避免線頭出現在正面。換線之處也以相同方式處理，將線穿入針目中，最後貼近織片剪斷多餘部分。

Point!

每段都換線的方法

前述實例中，由於第1、2段與第4段使用相同顏色的織線，因此織線只休息而不剪斷。
若是不再使用的織線，就可以直接剪線再繼續鉤織。這時，兩條線頭可一起包裹鉤織。

1. 以**Step 2**的方式換線，第2段的織線預留7至8cm後剪斷。

2. 一邊包裹剛剪斷的舊線&新線線頭，一邊鉤織第3段。

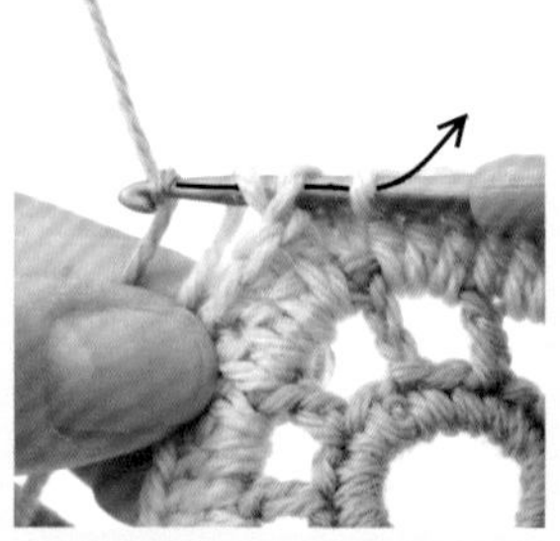

3. 織到第3段終點時，再以步驟1的方式掛上新線，一次引拔針上線圈。

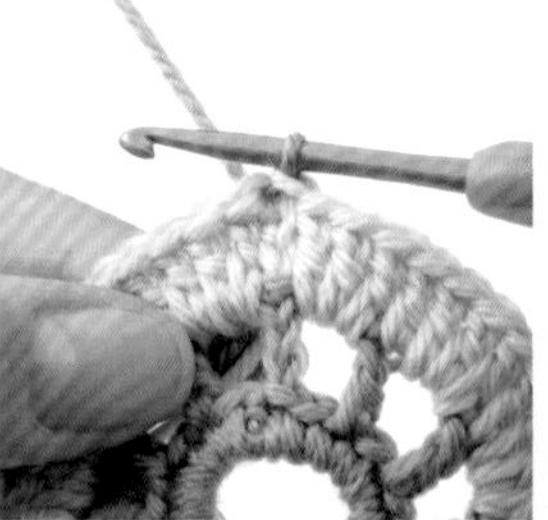

4. 以新線完成鉤織。

使花樣織片提昇100倍樂趣的配色遊戲

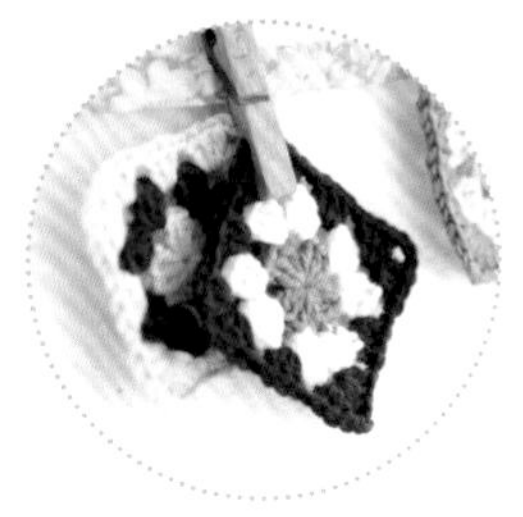

學會配色技巧即可增進鉤織花樣的樂趣。
深淺漸層是擁有最佳安定感的組合，
但試用對比色後，意外發現色彩搭配性竟然這麼好。
三色旗的顏色也很可愛，白×駝色的自然色系也很受歡迎。
以糖果色組合而成的繽紛小花樣更是甜美可愛。
使用相同號數的鉤針鉤織花樣時，建議搭配不同類型的織線看看。
請多方嘗試，盡情享受各式各樣的配色遊戲吧！

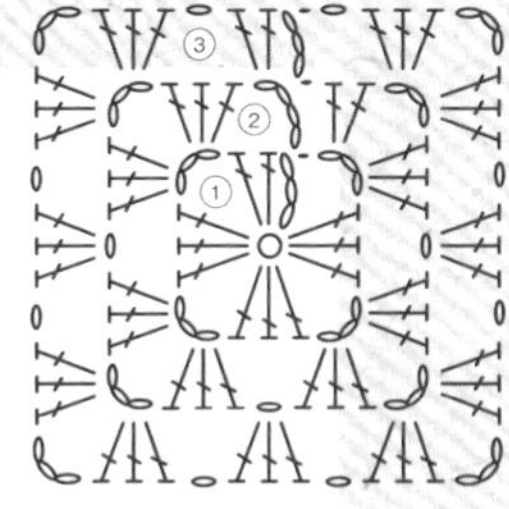

＊本頁織片全都是只鉤織3段的P.10花樣織片A。

各式各樣的花樣織片接合法

11種花樣織片接合技巧

織片拼接而成的小桌墊

花樣織片的接合方式，大致可分為「一邊鉤織一邊接合」與「鉤織完成再接合」兩種。
本單元將以小桌墊為例，解說織片的各種接合法。
了解拼接方法，就能盡情享受自由增加織片數量，或改變配置方式的樂趣。

[一邊鉤織一邊接合]

技巧

以引拔針接合花樣

How to P.39

技巧

以短針接合花樣

How to P.42

一邊鉤織最終段，一邊接合之前織好的花樣織片。
這是最常使用的花樣織片接合法。下圖中的小桌墊即是以引拔針接合。

接合7片

接合4片

技巧

以引拔針接合多片花樣於1處

How to P.43

技巧

以短針接合多片花樣於1處

How to P.46

依據花樣織片的組合配置，也會出現必須在某一點接合數枚織片的情況。
上圖的小桌墊，就是在中心點接合了4片花樣。
鉤針穿入的位置，正是織得漂亮的訣竅。
圖中是以引拔針接合。

暫時取下鉤針再鉤織長針接合花樣

How to P.47

鉤織到接合位置時，先暫時取下鉤針，
鉤針穿入接合織片的針目後，再繼續鉤織。
適合以花瓣尖端接合的花朵織片等狀況。

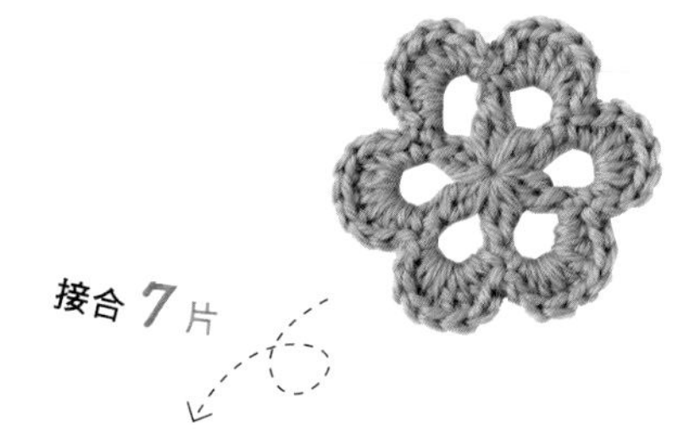

技巧

暫時取下鉤針再鉤織長針的複數針目接合

How to P.50

先暫時取下鉤針，鉤針穿入相鄰織片的針目再繼續鉤織。
一邊依序在相鄰織片的長針針頭上挑針，
一邊鉤織手上未完成織片的長針。

接合7片

接合4片

[鉤織完成再接合]

技巧7

以短針接合花樣

How to P.53

技巧8

以引拔針接合花樣

How to P.56

先完成所有的花樣織片，再以鉤針接合。
技巧7的短針接合，適用於想突顯接合線條，作為設計造形時使用。
步驟8的引拔針接合，則適用於希望織片正面看不出接合的情形。
上圖作品為短針接合。

接合4片

技巧 9

半針目捲針縫接合法

How to P.57

技巧 10

全針目捲針縫接合法

How to P.60

完成所有的花樣織片後，再以縫針拼接縫合。
分為接合處又薄又漂亮的半針目捲針縫接合，
與接合處牢固的全針目捲針縫接合。
上圖作品為半針目捲針縫接合。

[一邊鉤織一邊接合&完成鉤織再接合]

技巧 11

接合後的空隙填補方法

How to P.61

拼接後，織片與織片之間或許會因為排列組合而出現空隙。
這時若以其他織法填補，就能欣賞到不同風貌的作品。
本單元將介紹作法最簡單的網狀編填補技巧。

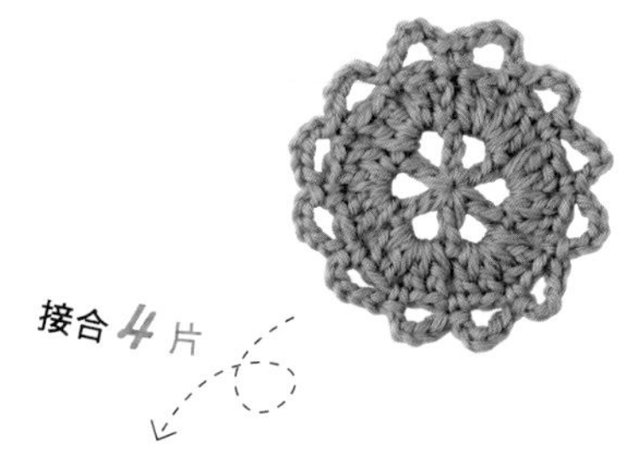

以引拔針接合花樣

● 花樣織片的鉤織重點

起針為「手指繞線的輪狀起針」（參考P.12）。第1段的鉤織終點是引拔立起針第3鎖針的半針與裡山，接著在左下空間挑束鉤織引拔，再鉤立起針。第2段鉤織終點挑立起針第3鎖針的半針與裡山鉤織短針，並且在短針最後的引拔時換線。

以短針接合花樣

● 接合重點

先鉤織中央的花樣織片，第2片開始環繞著第1片鉤織，在最終段時進行接合。記號圖上將一邊鉤織一邊接合的部分標示為引拔針。

P.32的小桌墊

線　並太羊毛線
（白10g、焦茶色5g）
鉤針　5/0號
織片尺寸
直徑6cm
小桌墊尺寸
高16.5×寬18cm

技巧1的記號圖（接合法）

①
②
③
輪

在箭頭指示的空間
挑束鉤織引拔針。
引拔針目位置相近、
清晰易懂時，
可能會省略箭頭符號。

▷＝接線
►＝剪線

鉤織接合順序

3 4
2 1 5
7 6

＊技巧2的記號圖與接合法請參考P.42。

以引拔針接合花樣

※為了更清晰易懂，此處使用不同色線示範。

Step 1 將第2片接合至第1片上

第2片花樣的記號圖

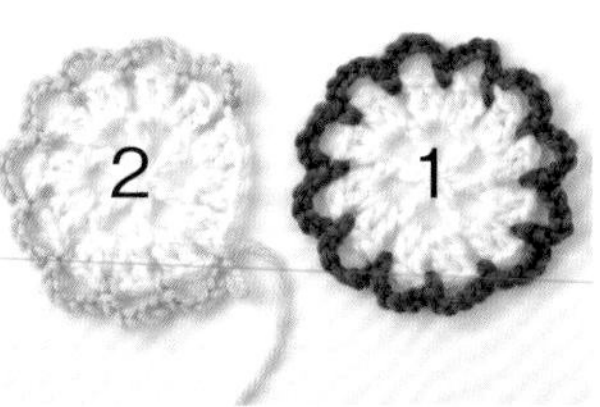

1. 完成第1片。鉤織第2片時，第3段先織到第9個鎖針山形。

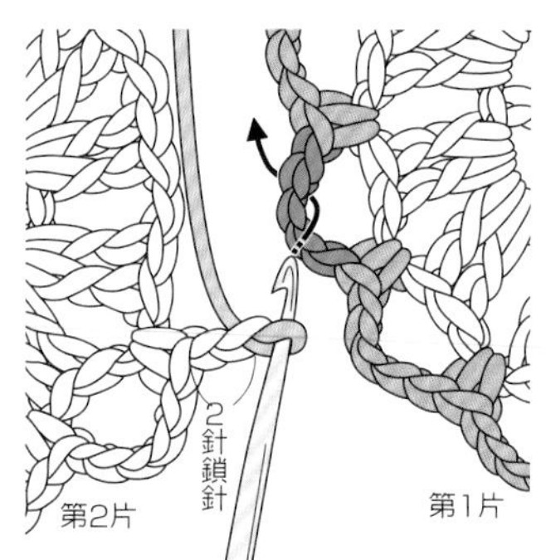

2. 鉤織接合位置前的2鎖針，然後鉤針從第1片織片正面，穿入鎖針形成的空間。

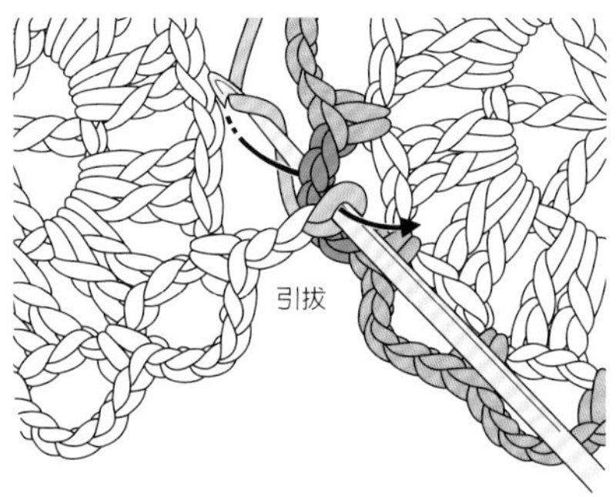

3. 鉤針掛線引拔。圖為引拔後的模樣。

4. 依記號圖再鉤2針鎖針。

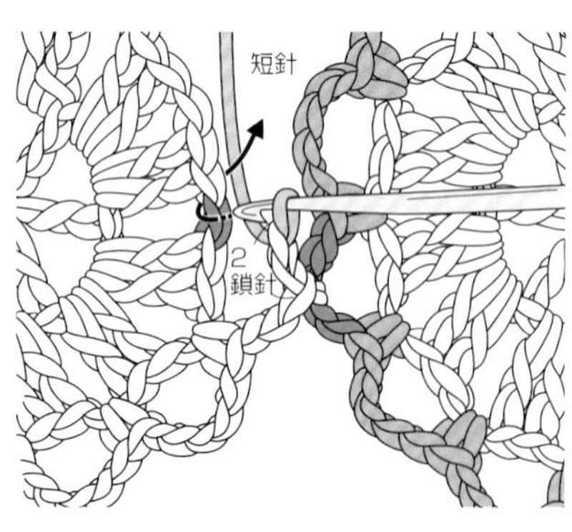

5. 鉤針在第2片花樣上挑束，以同樣的方式鉤織短針。

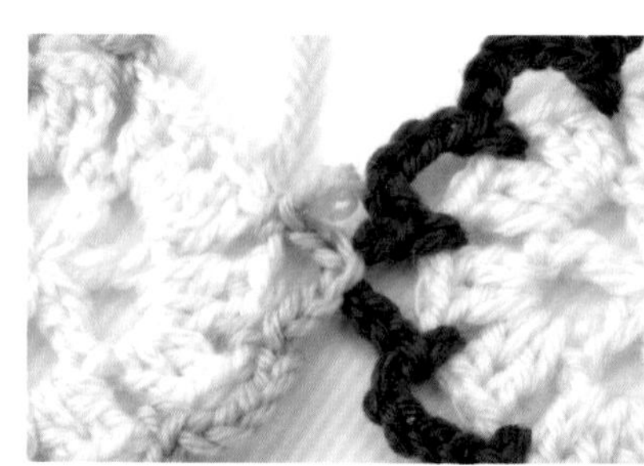

6. 完成短針的模樣。

7. 重複步驟**2**至**6**，同樣在相鄰的山形以引拔針接合。

8. 最後鉤織4鎖針即可收針（參考P.19）。

9. 完成在第1片花樣上接合第2片。

Step 2 將第3片接合至第2、第1片

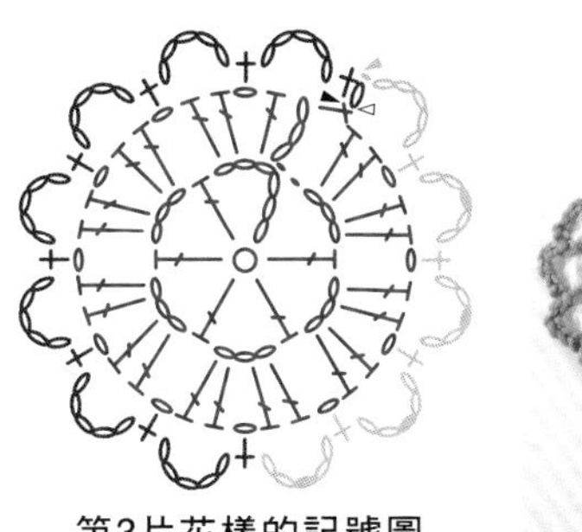
第3片花樣的記號圖

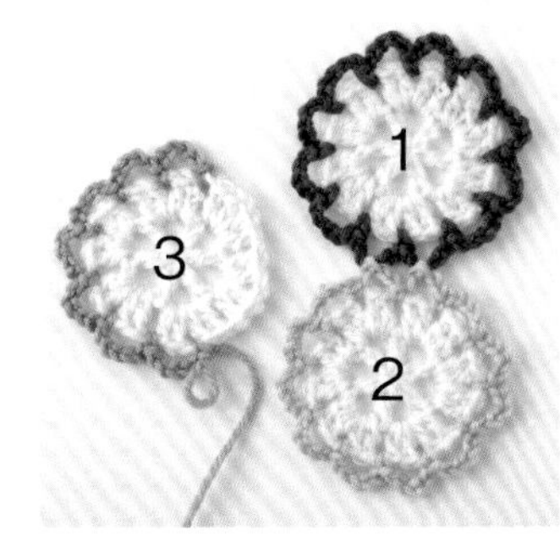

1. 第3片會與第2片、第1片接合，先鉤到第7個鎖針山形。

2. 織法同Step 1，先與第2片接合，再與第1片接合。圖為分別與兩片花樣接合完成的模樣。接著鉤織最後1個山形，鉤好後收針。

Step 3 將第7片接合至第6、第1、第2片

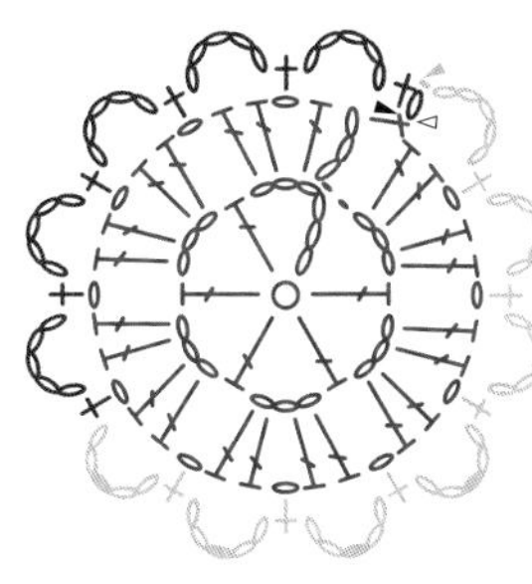
第7片花樣的記號圖

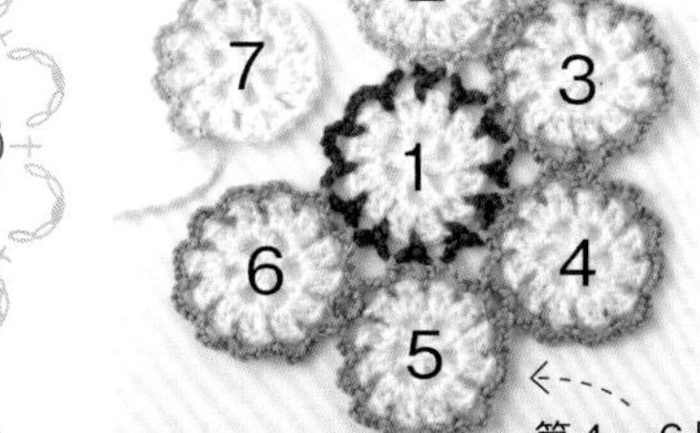

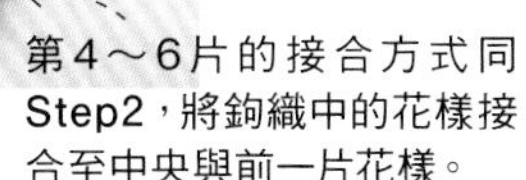

第4～6片的接合方式同Step2，將鉤織中的花樣接合至中央與前一片花樣。

1. 第7片的鎖針山形先鉤到第5個，再依序與第6、第1、第2片花樣接合。

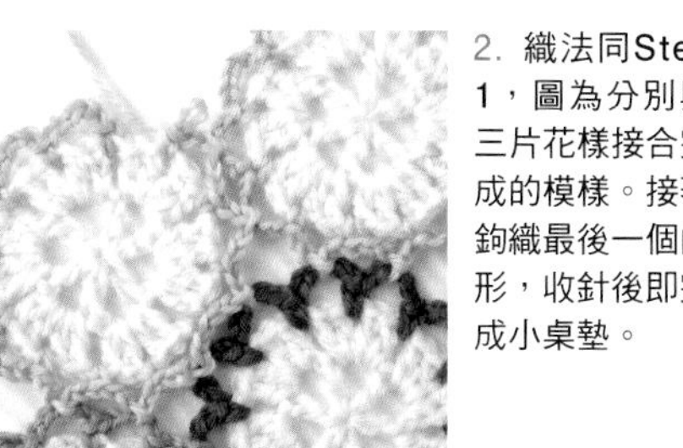

2. 織法同Step 1，圖為分別與三片花樣接合完成的模樣。接著鉤織最後一個山形，收針後即完成小桌墊。

Point!

織好一片花樣就藏線吧！

拼接花樣織片時也一樣，織好1片就立即收針藏線吧！
織好後再一起……若懷著這種想法，織片數量一多就會很麻煩。

接合花樣時也有從織片背面入針的情況

鉤針由織片背面穿入鉤織接合的模樣，與從正面挑針不太一樣。
但記號圖上同樣都是標示著引拔針記號。

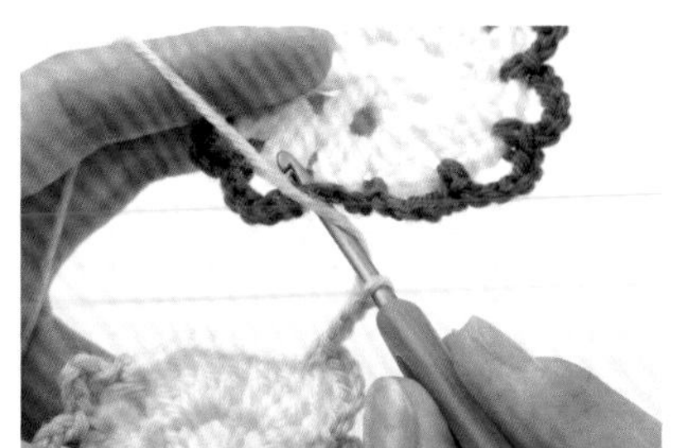

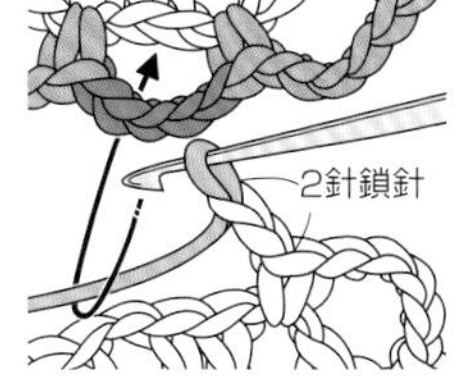

1. 鉤針從織線底下穿過，再從第1片花樣的背面穿入最終段鎖針的空間裡。圖為鉤針穿入的模樣。

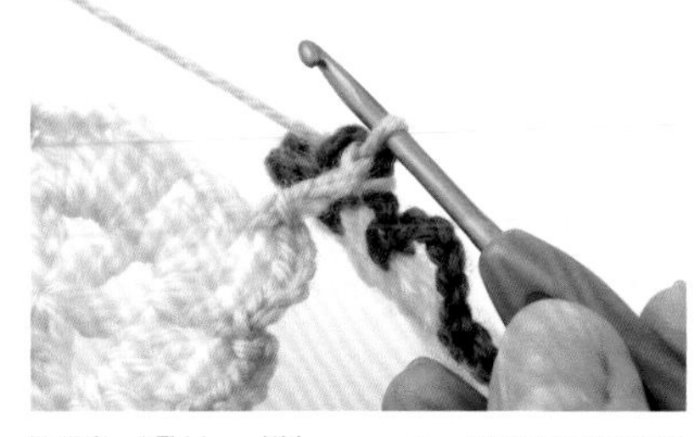

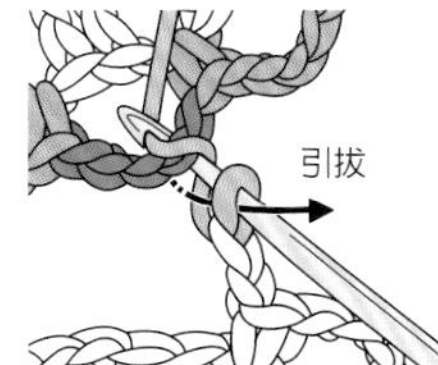

2. 鉤針直接掛線後引拔，圖為完成引拔的模樣。

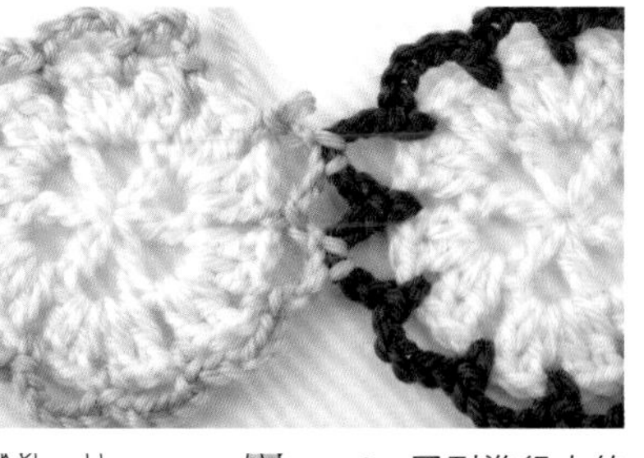

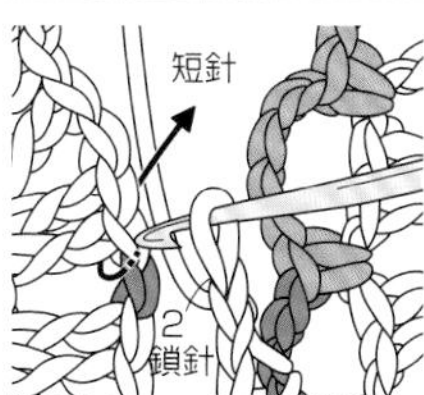

3. 回到進行中的花樣織片（第2片）鉤織短針，這時鉤針必須由織片正面穿入。圖為2片花樣接合的模樣。

以短針接合花樣（將技巧1的引拔針改成短針）

※為了更清晰易懂，此處使用不同色線示範。

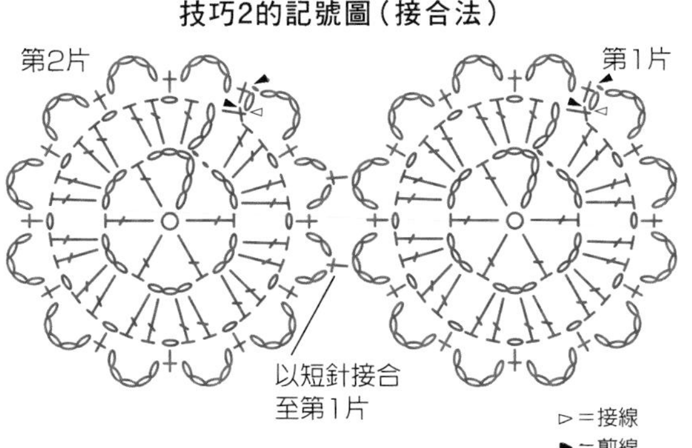

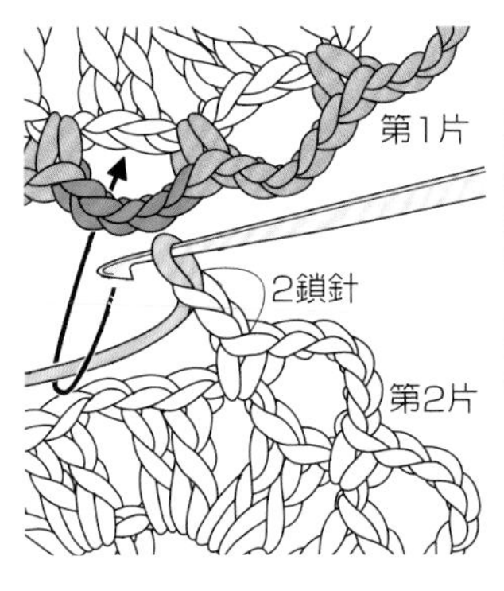

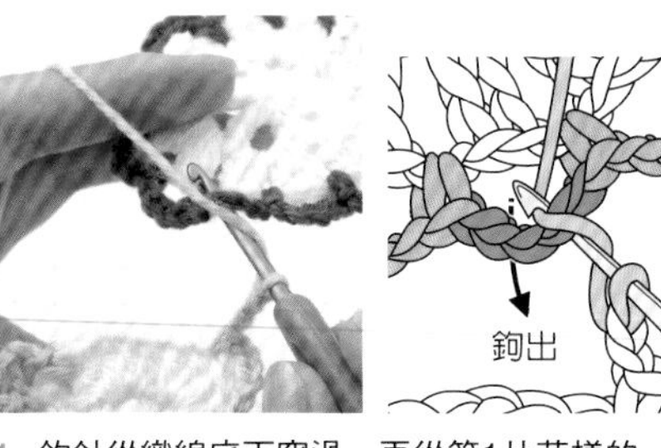

1. 鉤針從織線底下穿過，再從第1片花樣的背面穿入最終段鎖針的空間裡，直接掛線鉤出。

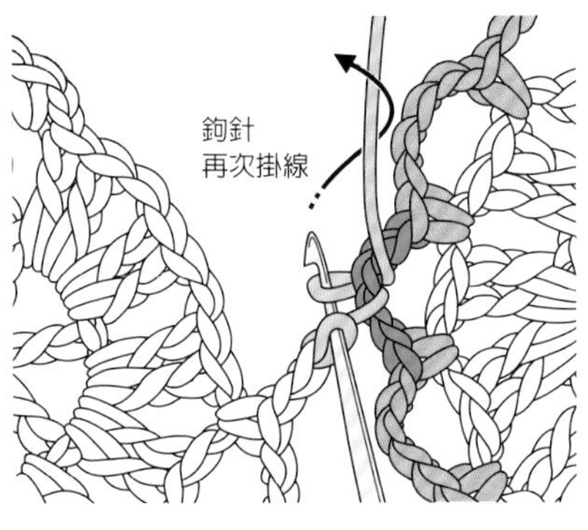

2. 如左側插圖所示，鉤針再次掛線後引拔。

3. 完成短針的模樣。

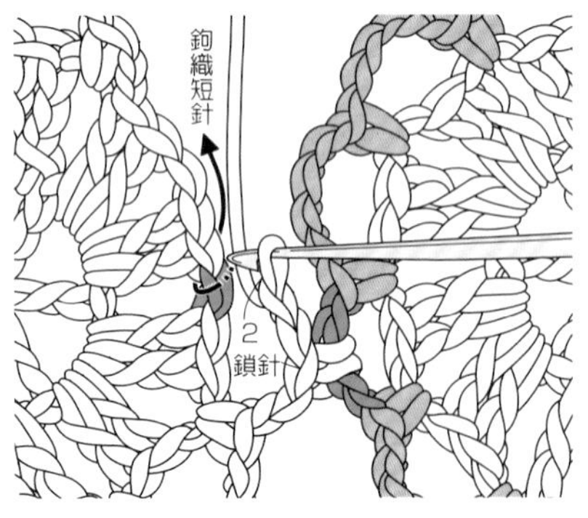

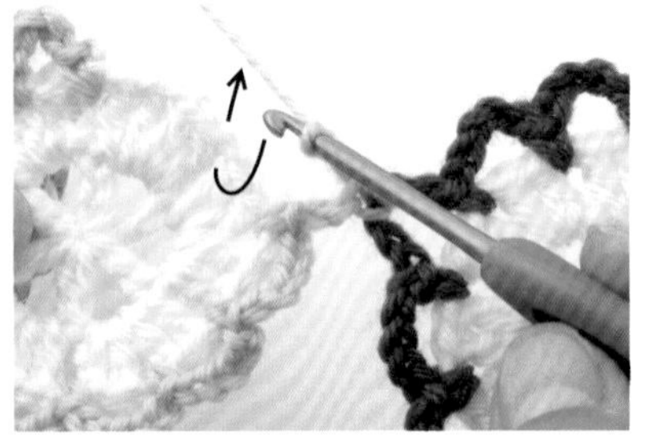

4. 鉤織2針鎖針後，回到鉤織中的花樣織片（第2片），再以先前相同的鉤織要領，由正面入針鉤織短針。

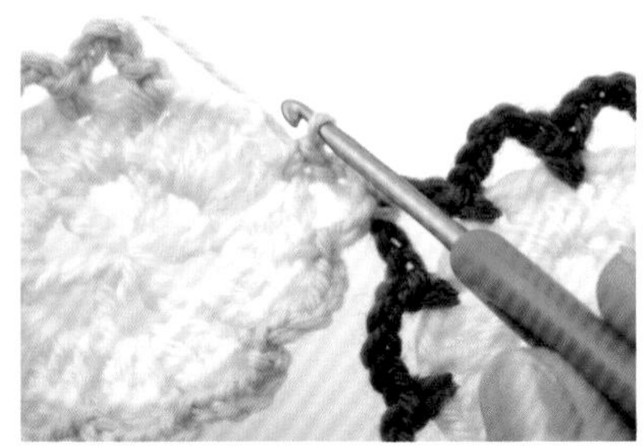

5. 完成短針的模樣。

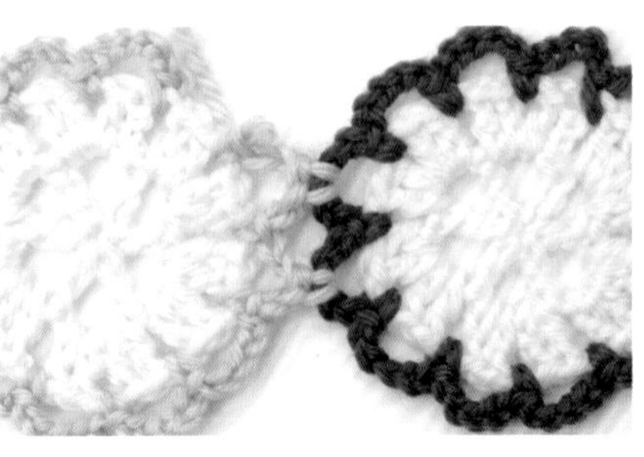

6. 重複步驟**1**至**5**，同樣在相鄰的山形以短針接合。即使接合的織片數增加，接合的順序都與技巧1相同。

以引拔針接合多片花樣於1處

以短針接合多片花樣於1處

P.33的小桌墊

線　並太羊毛線（白、淺褐色各5g）
鉤針　5/0號
織片尺寸
長6×寬6cm
小桌墊尺寸
長12×寬12cm

● 花樣織片的鉤織重點

這是P.32小桌墊織法的應用，到第2段為止織法都一樣。鉤織第3段時，每隔2個山形加2針鎖針作出四角，即可完成方形花樣。

● 接合重點

這款小桌墊的拼接重點，在於接合4片四角花樣的中央部分。第1片接合第2片花樣時，織法同技巧1．2，但接合第3、4片時，則是將鉤針穿入接合第1、2片的針目。除4片重疊的中央部分以外，接合法都與技巧1．2一樣。

技巧3的記號圖（接合法）

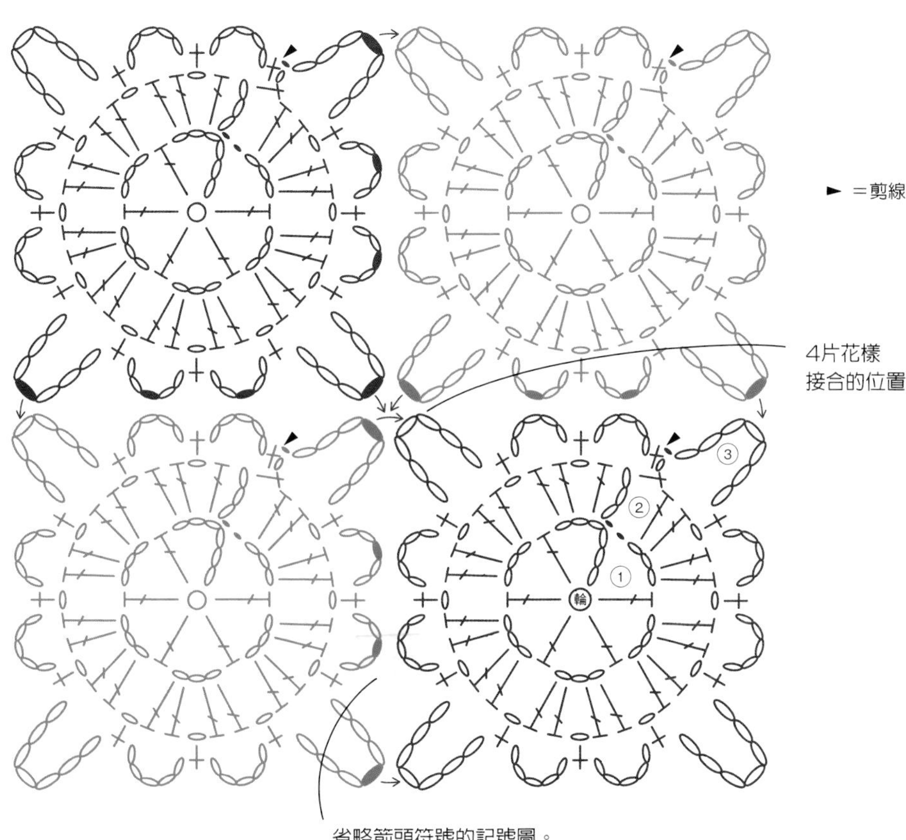

鉤織接合順序

4	3
2	1

＊技巧4的記號圖與接合法請參考P.46。

以引拔針接合多片花樣於1處

※為了更清晰易懂，此處使用不同色線示範。

Step 1 將第2片接合至第1片

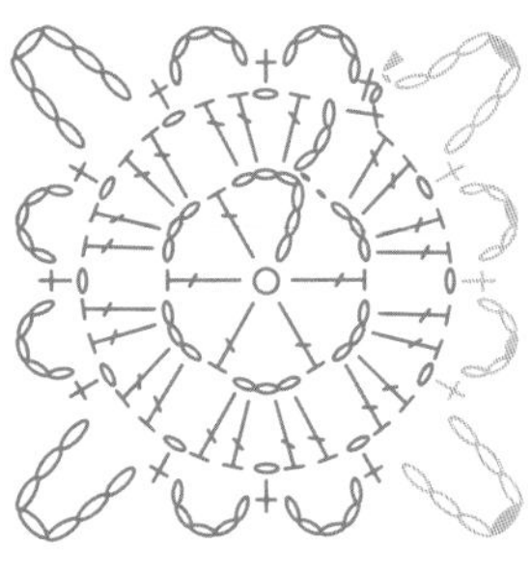
第2片花樣的記號圖

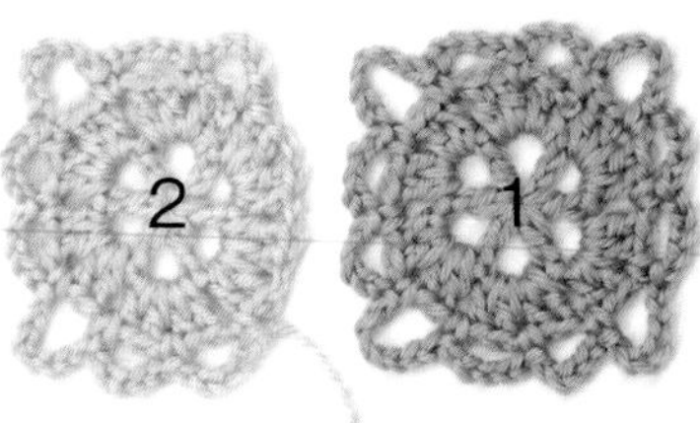

1. 完成第1片。鉤織第2片時，先織到第8個鎖針山形。

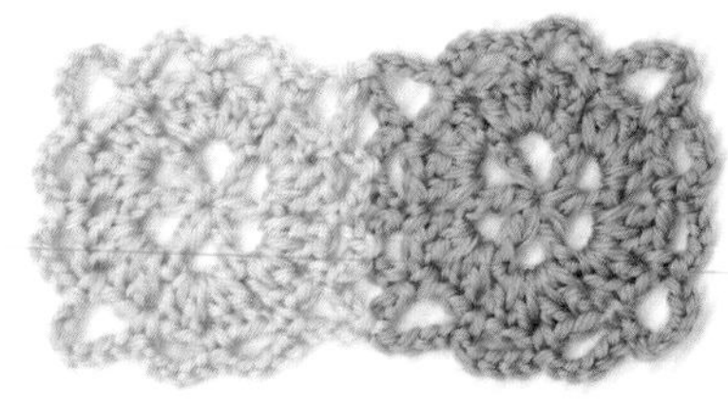

2. 以技巧1（參考P.40）接合4處。角落的山形分別在接合處前、後鉤織3針鎖針。

Step 2 將第3片接合至第2、第3片

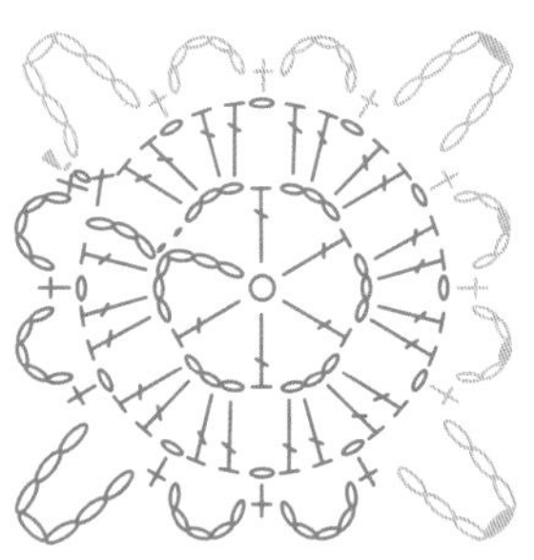
第3片花樣的記號圖

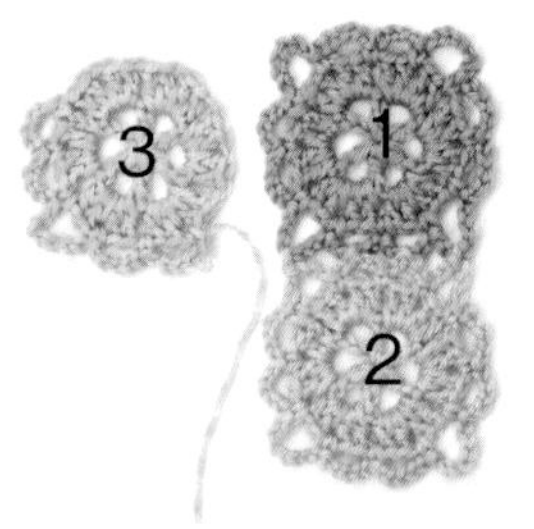

1. 鉤織第3片時，先織到第5個鎖針山形。

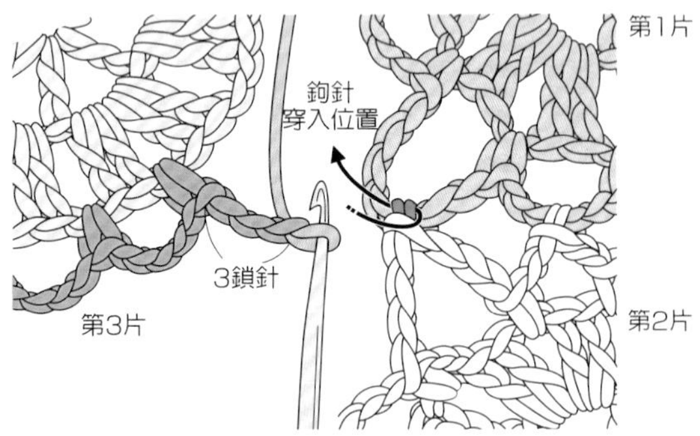

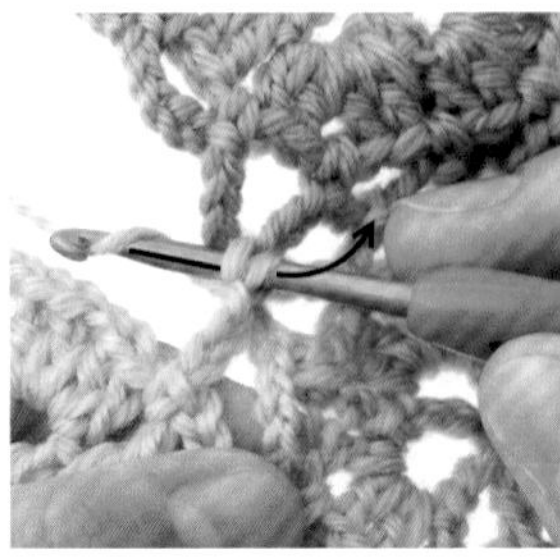

2. 鉤織3針鎖針後，鉤針如插圖所示，穿入第2片與第1片接合的引拔針針腳2條線，然後掛線引拔。

3. 完成引拔的模樣。四角接合完成的第3片花樣。

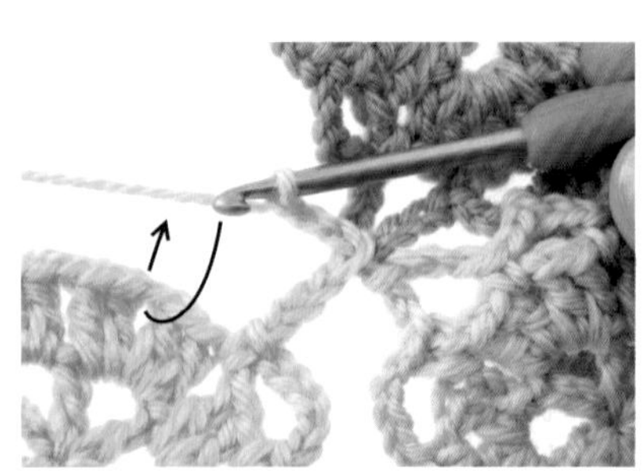

4. 鉤織3針鎖針，回到進行中的花樣織片（第3片），挑束鉤織短針。

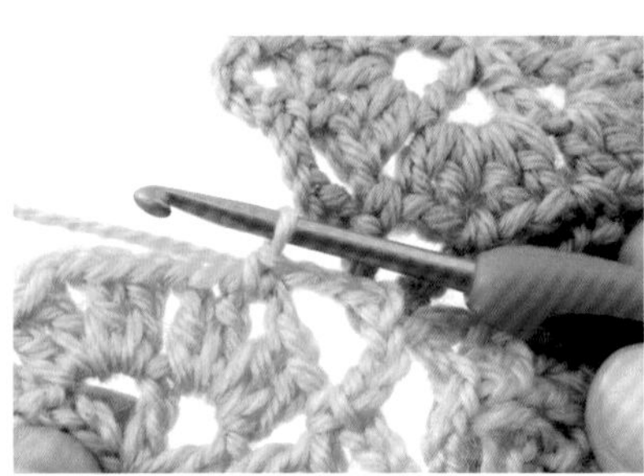

5. 完成短針的模樣。接著一邊鉤織一邊引拔接合第1片，再鉤織最後一邊。

Step 3 將第4片接合至第2、第1、第3片

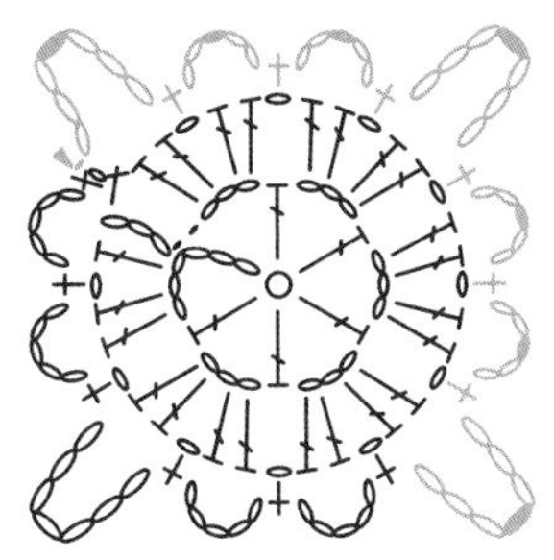

第4片花樣的記號圖

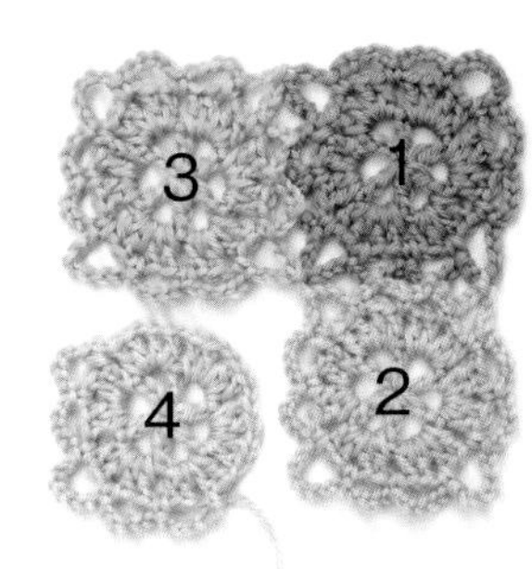

1. 第4片的接合，先織到第5個鎖針山形，然後從右下角開始，在第2片花樣上以引拔針接合3個山形。

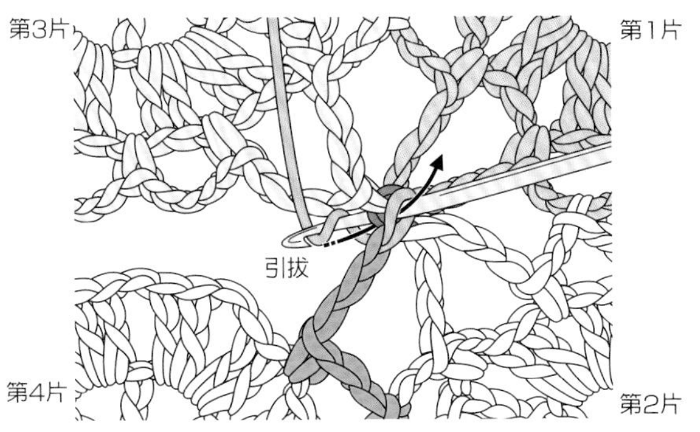

2. 接合右上角的中央部分，挑針位置同第3片引拔的針目（第2片與第1片接合的引拔針針腳2條線），鉤織引拔。

3. 引拔完成的模樣。

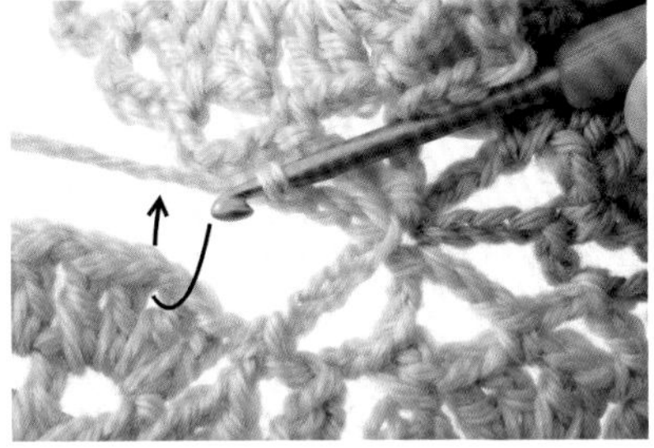

4. 鉤織3針鎖針，回到進行中的花樣織片（第4片），挑束鉤織短針。

5. 完成短針的模樣。接著一邊鉤織一邊引拔接合第3片，完成後收針藏線。

Point!

接合多片花樣織片時，將鉤針穿入接合第2片花樣的針目針腳吧！

若是所有花樣織片都在第1片的角落挑束接合，會使接合針目顯得太分散，外觀上看起來也不夠穩定。因此接合多片花樣時，第3片之後的所有織片，都是將鉤針穿入「第2片花樣接合至第1片花樣」的針目針腳上。

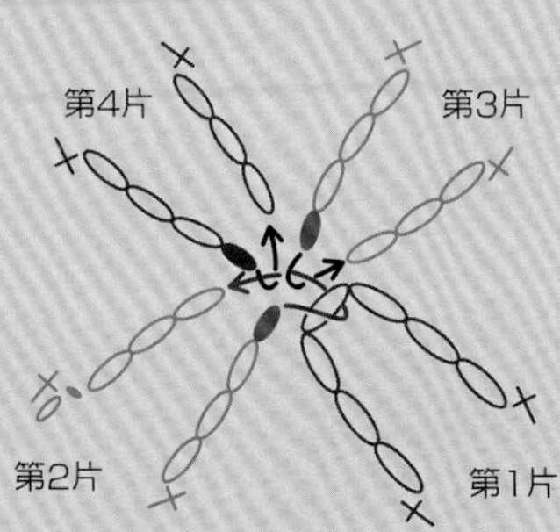

所有花樣織片都接合在第1片上，接合針目分散。

將第3片以後的花樣織片接合在第2片上，接合針目就會集中在同一處。

以短針接合多片花樣於1處（將技巧3的引拔針改成短針）

※為了更清晰易懂，此處使用不同色線示範。

技巧4的記號圖（接合法）

＊第1片與第2片以技巧2（參考P.42）鉤織短針接合。

Step 1 將第3片接合至第2、第1片

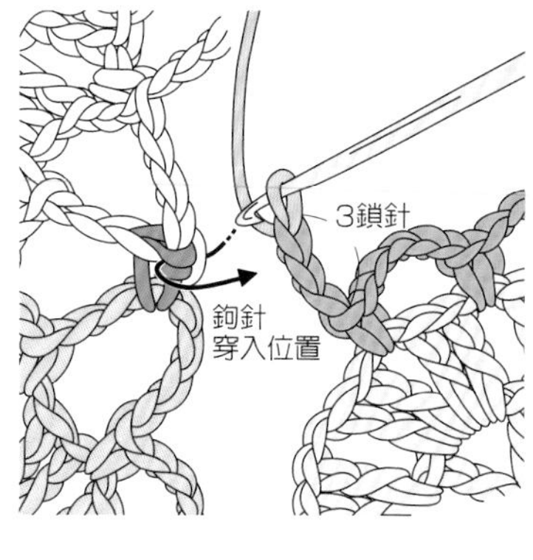

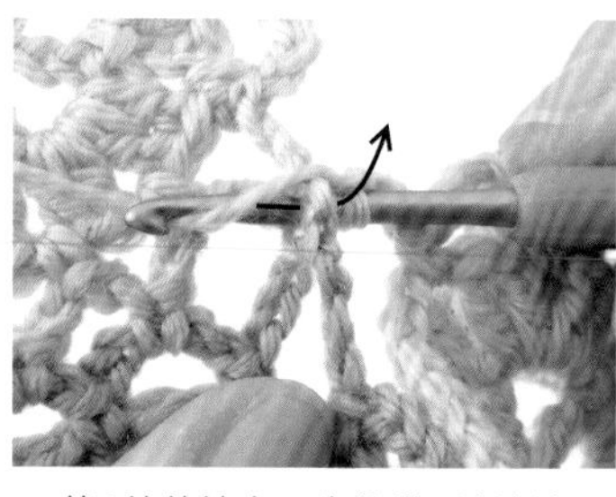

1. 第3片的接合，先鉤織3針鎖針，鉤針由織片背面穿入第2片與第1片接合的短針針腳，掛線鉤出。

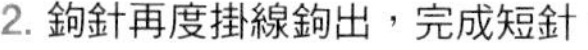

2. 鉤針再度掛線鉤出，完成短針。

3. 完成短針的模樣。接著調整織片位置，將第3片花樣換到左側，但需避免讓接下來鉤織的針目呈扭曲狀態。

4. 鉤織3針鎖針，回到鉤織中的花樣織片（第3片），再以先前相同的鉤織要領，由正面入針鉤織短針。

5. 完成短針的模樣。接著鉤織短針與第1片接合，再鉤織最後一邊，完成後收針藏線。

Step 2 將第4片接合至第2、第1、第3片

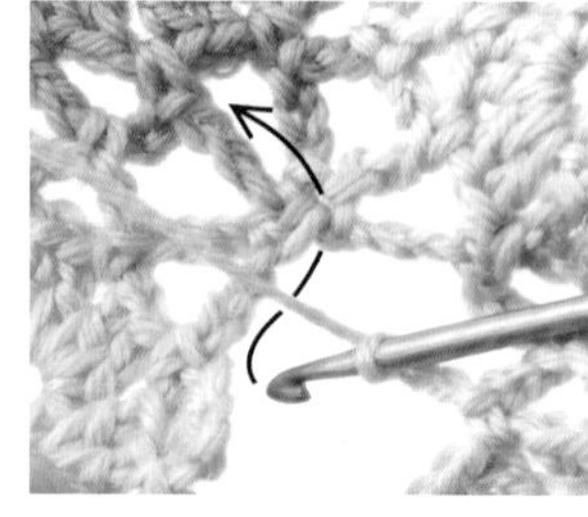

1. 第4片的接合，先在第2片以短針接合3處。接合中央部分時，鉤針從織片背面穿入，挑針位置同第3片（第2片與第1片接合的短針針腳），鉤織短針。

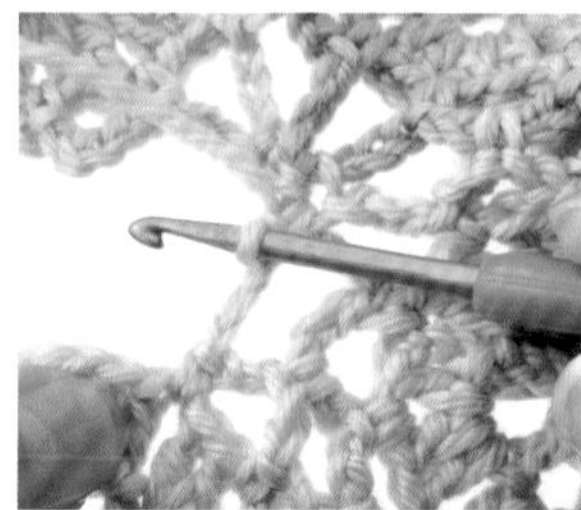

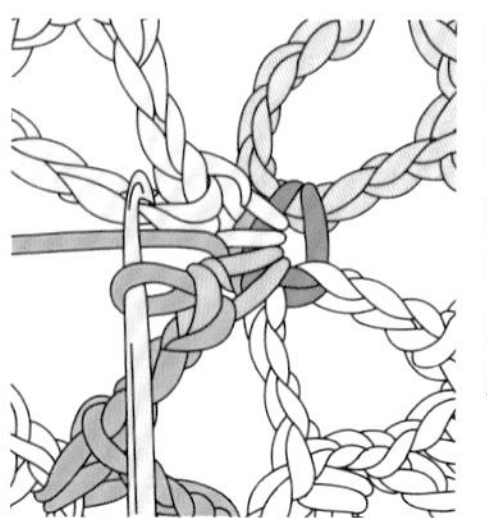

2. 完成短針的模樣。第3片與第4片都是在第2片的短針針腳上挑針接合。最後完成與第3片的3處接合，即可收針藏線。

暫時取下鉤針再鉤織長針接合花樣

P.34的小桌墊

線　並太羊毛線（煙燻粉15g）
鉤針　5/0號
織片尺寸
直徑5.5cm
小桌墊尺寸
長16.5×寬15cm

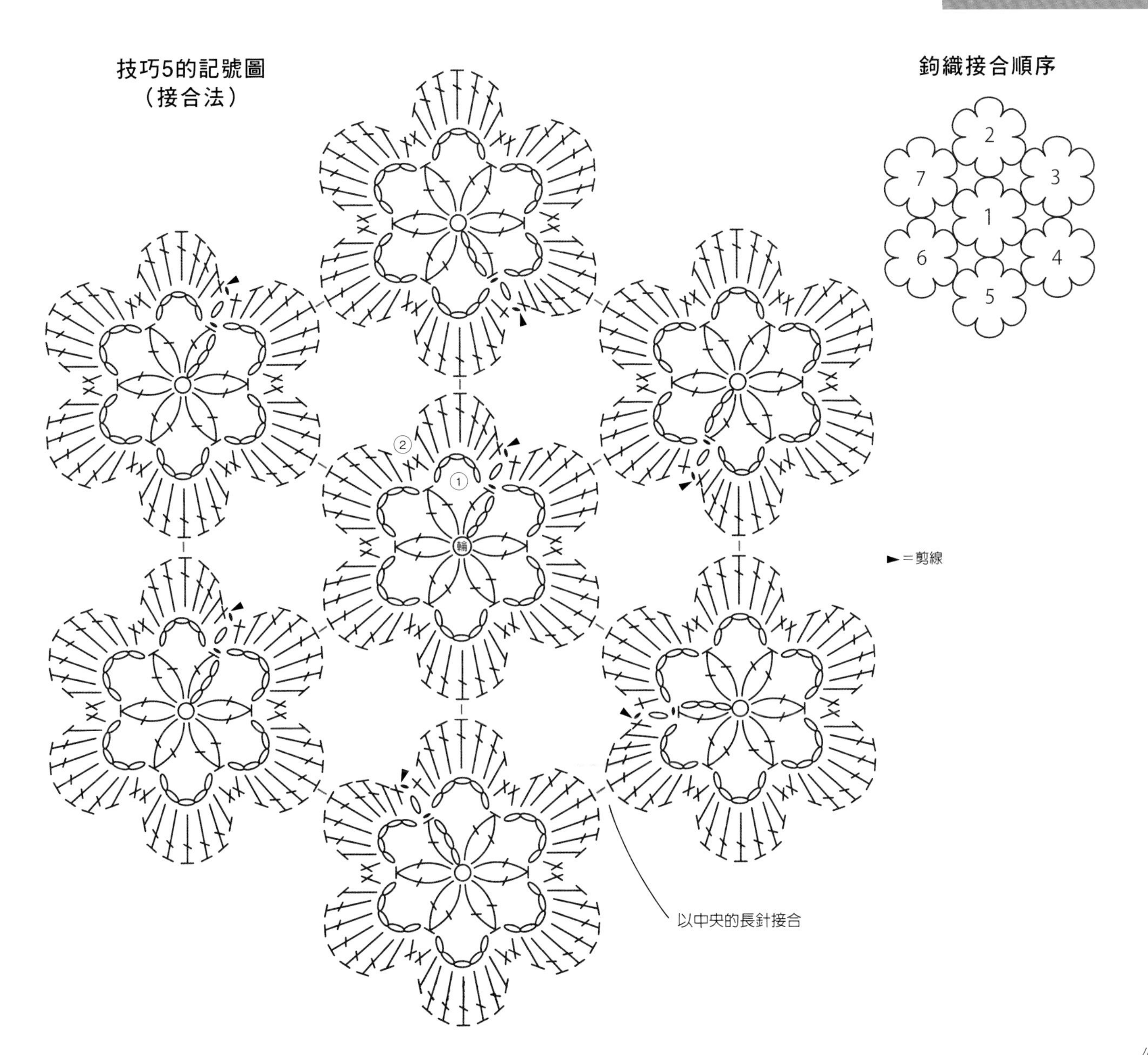

● 花樣織片的鉤織重點

起針為「手指繞線的輪狀起針」（參考P.12）。第1段鉤織2長針的玉針與鎖針，第2段的花瓣則是以鎖針山形為基底，挑束鉤織。鉤織花瓣時，可以略微調整針目長度，將中央的長針稍微拉長一點，即可織出漂亮的弧度。

● 接合重點

先鉤織中央的花樣織片，第2片開始則是環繞著第1片鉤織接合。織到接合位置時，先暫時取下鉤針，從即將接合的針目入針後再繼續鉤織。但記號圖並沒有「以長針鉤織接合」的專屬特別記號。

技巧5的記號圖
（接合法）

②
①
輪

以中央的長針接合

►＝剪線

鉤織接合順序

2
7　3
1
6　4
5

暫時取下鉤針再鉤織長針接合花樣

※為了更清晰易懂，此處使用不同色線示範。

Step 1 將第2片接合至第1片

第2片花樣的記號圖

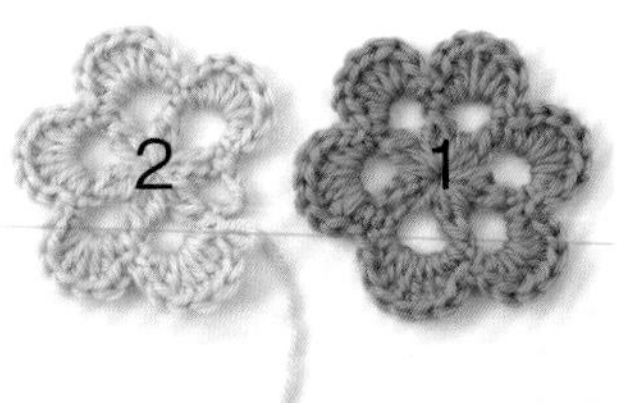

1. 完成第1片。第2片先鉤到第5枚花瓣。

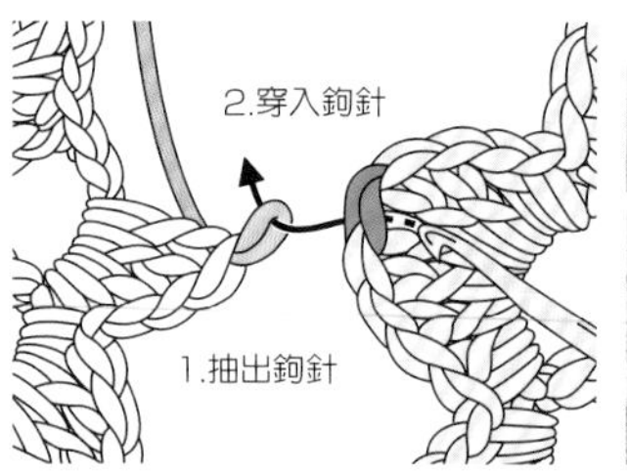

2. 鉤織第6枚花瓣的2針長針後，暫時取下鉤針，接著將鉤針穿入第1片織片花瓣中央的長針針頭，再穿回原本抽出鉤針的針目，將針目鉤出。

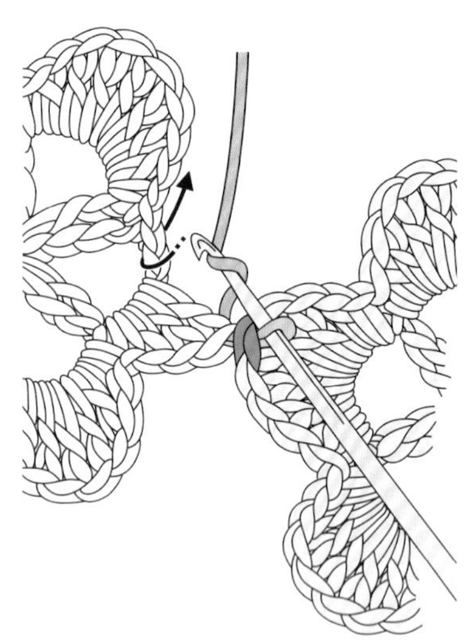

3. 在第2片花樣上鉤織長針。鉤針掛線後穿入前段的鎖針束下，再次掛線後鉤出。

4. 鉤針掛線從前2個線圈中鉤出織線。

5. 鉤針再次掛線，從針上2個線圈中鉤出織線。

6. 第1片與第2片接合完成的模樣。

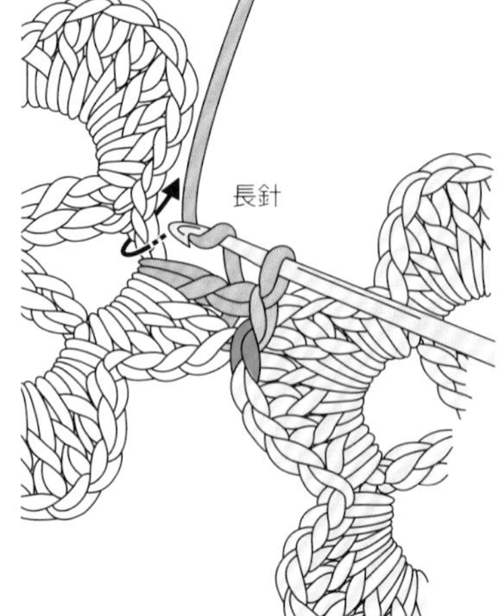

7. 繼續鉤織第2片花樣的長針。

8. 依記號圖鉤織至短針，引拔後收針藏線（參考P.23）完成接合。

Step 2 將第3片接合至第2、第1片上

第3片花樣的記號圖

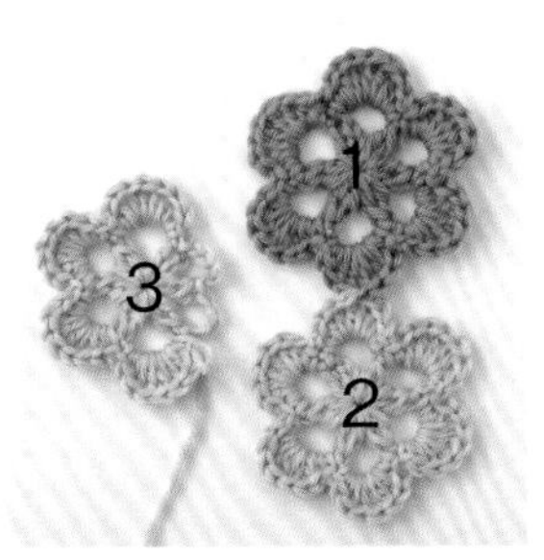

1. 將第3片接合至前兩片花樣，花瓣先鉤到第4枚。

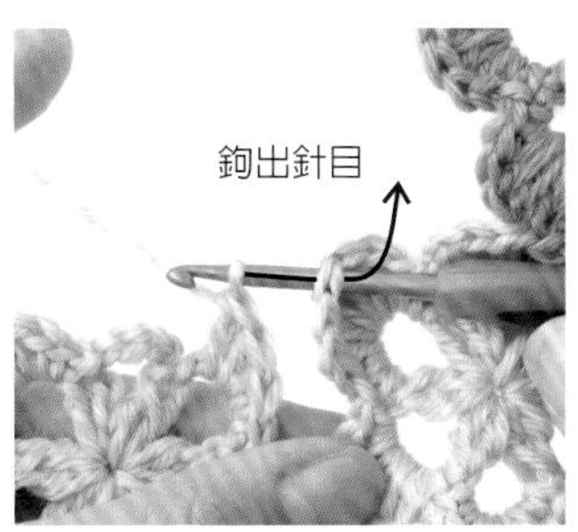

2. 鉤織2針長針後暫時取下鉤針，再以Step1的要領接合至第2片上。

3. 繼續鉤織完成第5片花瓣。第6片花瓣同樣鉤2針長針後接合至第1片上，鉤至最後即可收針藏線，完成第3片的作業。

Step 3 將第7片接合至第6、第1、第2片

第7片花樣的記號圖

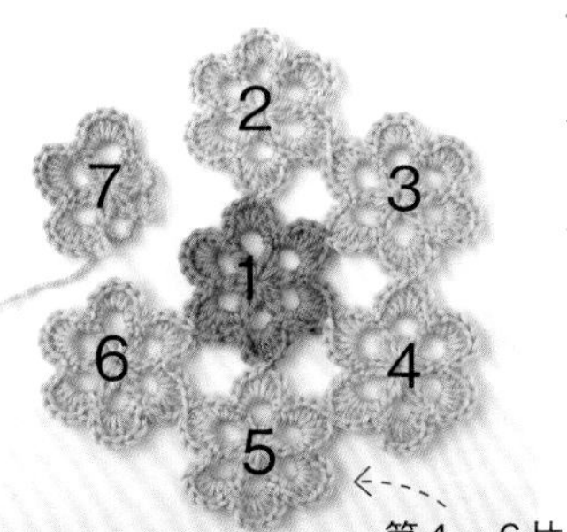

1. 第7片先鉤至第3枚花瓣，再依序接合第6、第1、第2片花樣織片。

第4～6片的接合方式同Step2，將鉤織中的花樣接合至中央與前一片花樣。

2. 以Step2的鉤織要領在3片花樣接合完成的模樣。鉤織完成後收針藏線（參考P.23），完成小桌墊。

這時該怎麼辦？

Q 不知道花樣織片的接合順序？

A 一般書籍等記載著接合順序的情況當然沒問題，不過，如果想自行組合時，確實會讓人摸不著頭緒。織片的接合順序並沒有特別的規定，但還是建議擬定一個鉤織任何花樣都能遵循的中心原則，例如：接合圓形織片時從中央的織片開始圍繞著接合；接合方形織片時朝同方向依序接合。相鄰的花樣織片顏色不同時，接合針目也會特別顯眼，必須格外留意。

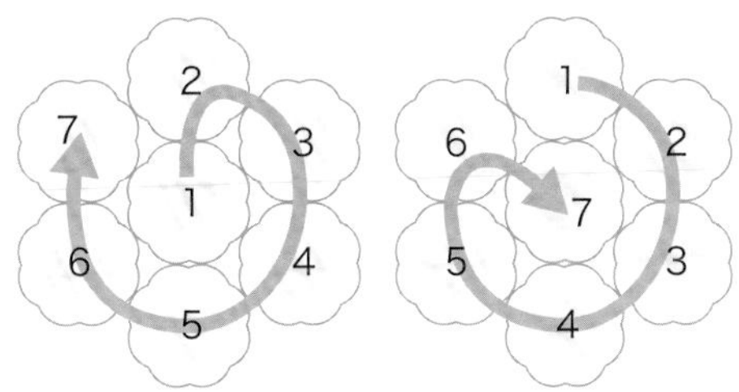

以中央的織片為起點圍繞著接合，的確是最清楚明瞭的方式。但是想要突顯中央的花樣時，亦可等到最後再鉤織。

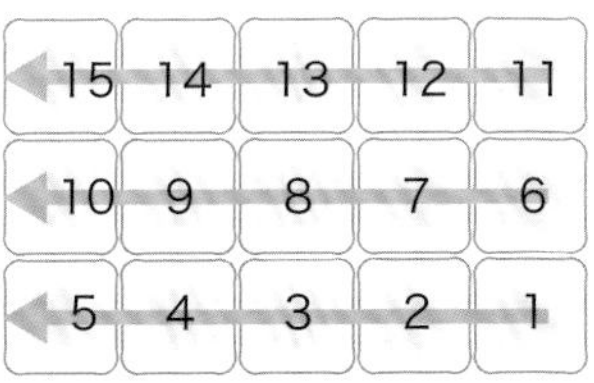

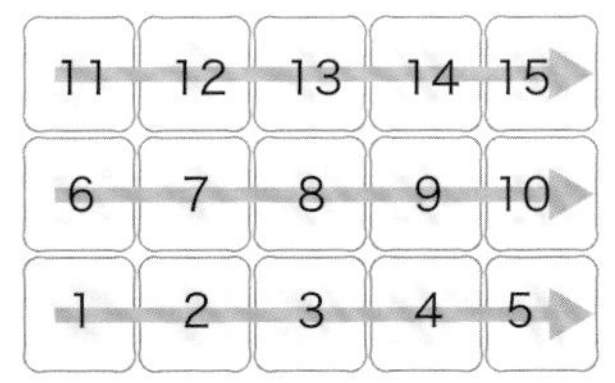

無論是由左至右，或由右至左皆可，只要朝著同方向接合，就能完成漂亮的作品。

P.35的小桌墊

線　並太羊毛線（藍綠色15g）
鉤針　5/0號
織片尺寸
直徑6×5.5cm
小桌墊尺寸
長16.5×寬15.5cm

技巧 6

暫時取下鉤針再鉤織長針的複數針目接合

● 花樣織片的鉤織重點

起針為「手指繞線的輪狀起針」（參考P.12）。完成第1段最後的引拔，鉤織第2段立起針的1針鎖針後，鉤針再次穿入剛才鉤織引拔的針目，鉤織接下來的短針。第2段的最後，是先在短針針頭挑一針引拔，再挑左邊的鎖針束鉤一針引拔，才鉤織立起針。

● 接合重點

鉤到接合位置後暫時取下鉤針，將針目穿過即將接合的花樣，然後一邊挑長針針頭，一邊完成後續鉤織。記號圖上不會特別加上「以長針接合花樣」的記號。

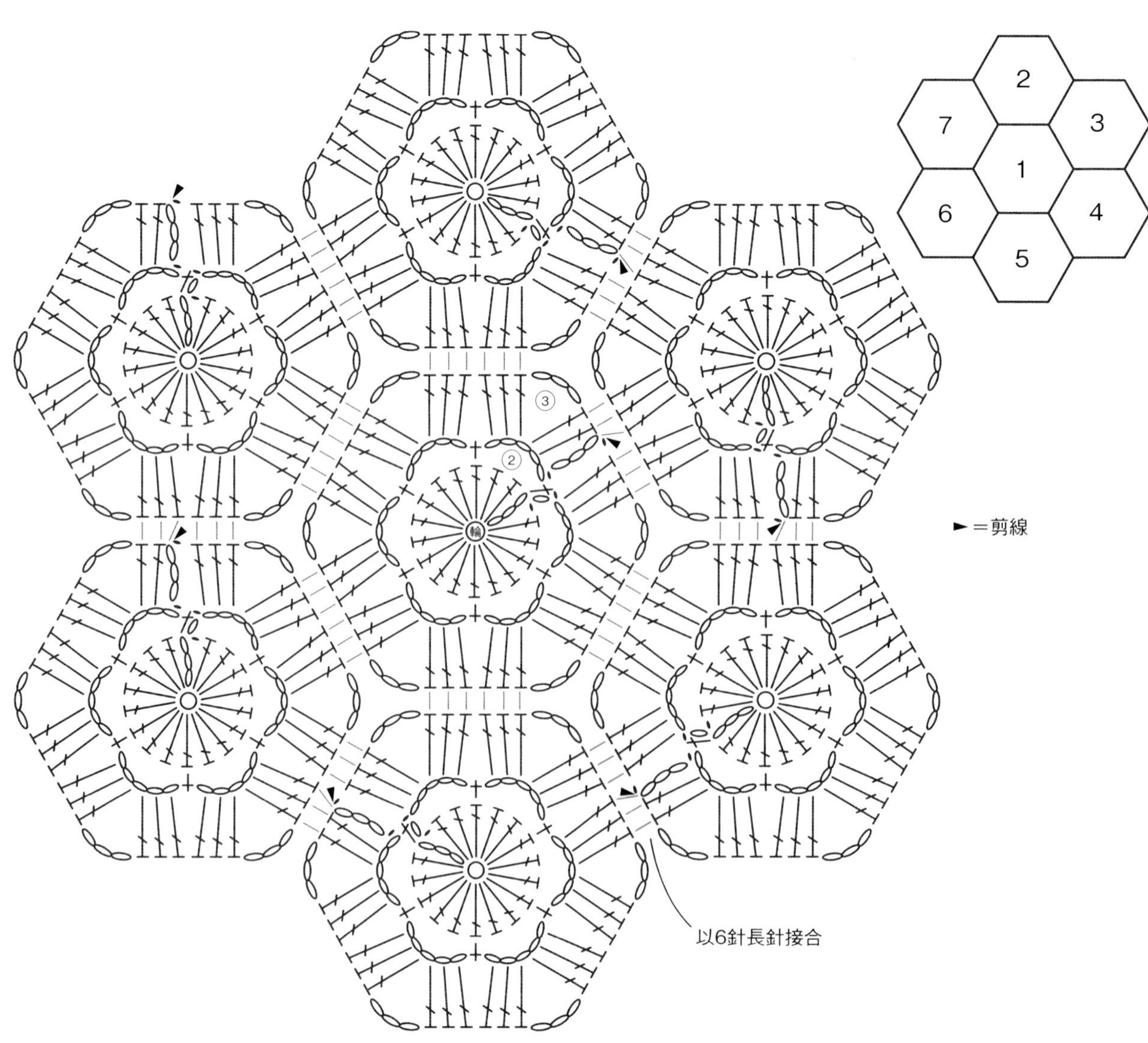

技巧6的記號圖（接合法）

輪
②
③
►＝剪線
以6針長針接合

鉤織接合順序

2	
7	3
1	
6	4
5	

暫時取下鉤針再鉤織長針的複數針目接合

※為了更清晰易懂，此處使用不同色線示範。

Step 1 將第2片接合至第1片

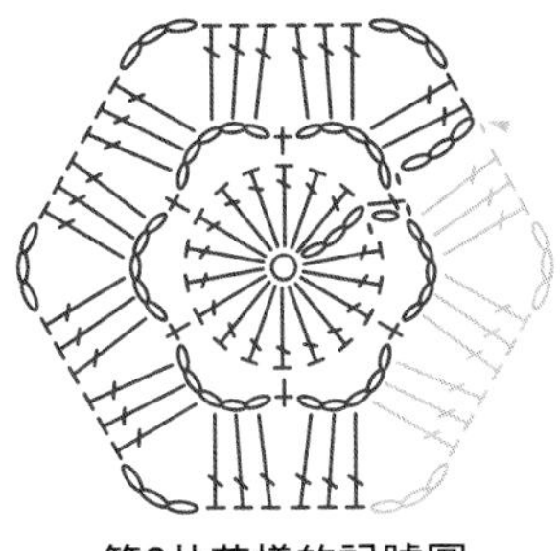

第2片花樣的記號圖

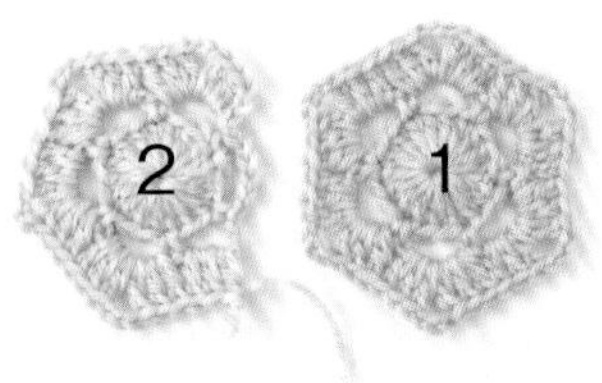

1. 完成第1片。第2片鉤至第5個角之前。

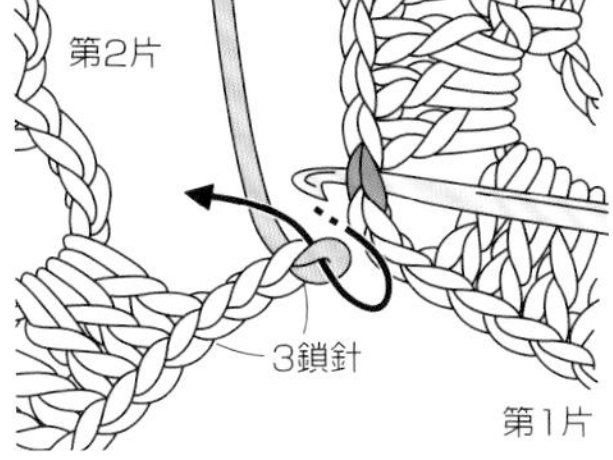

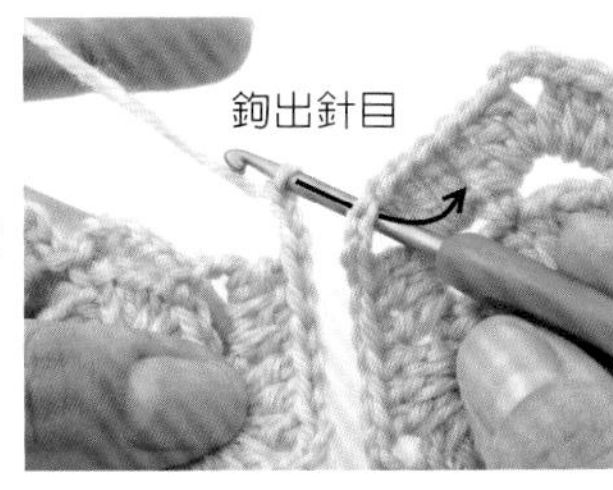

2. 鉤織3針鎖針後暫時取下鉤針，接著將鉤針穿入第1片織片接合位置的長針針頭，再穿回原本抽出鉤針的針目，將針目鉤出。

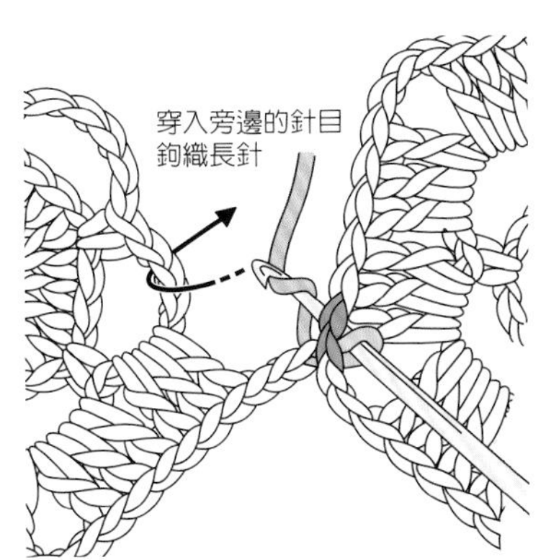

3. 鉤針穿入第1片花樣相鄰針目的長針針頭，掛線後在第2片花樣的鎖針挑束。

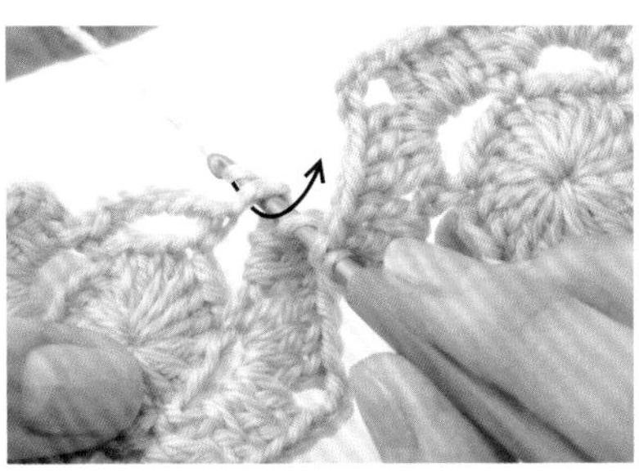

4. 鉤針掛線鉤出，鉤針再次掛線引拔針上前2個線圈。

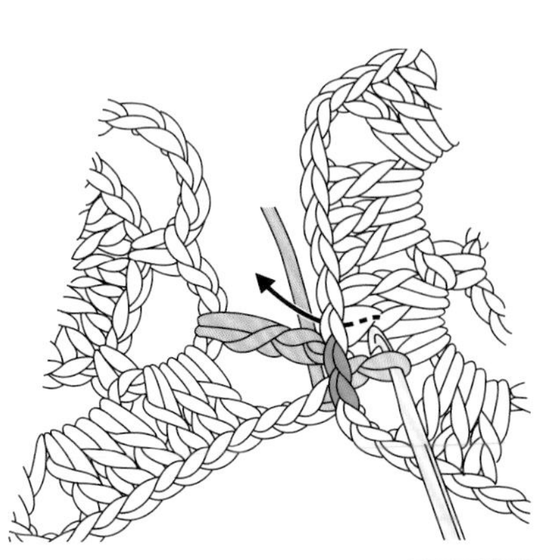

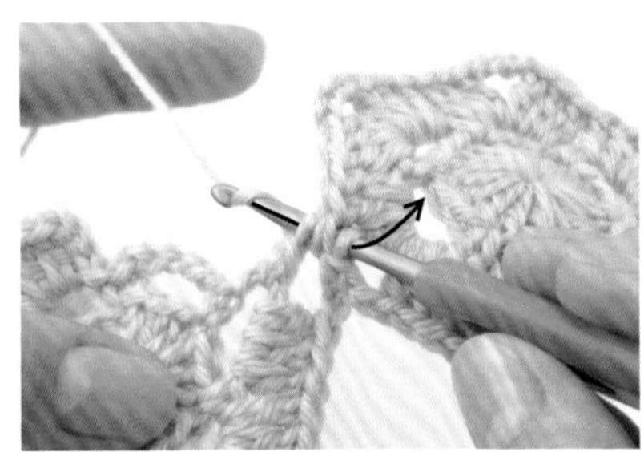

5. 長針最後一次的掛線引拔，要一次引拔針上所有線圈。

6. 完成1針長針的模樣。

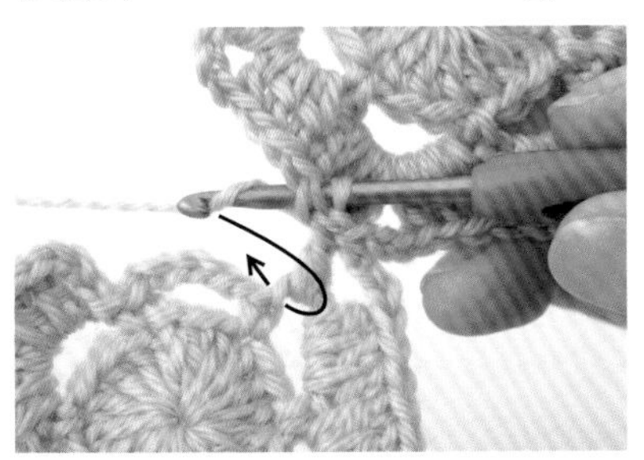

7. 如上面插圖所示，下一針也是先穿入相鄰針目的長針針頭，再依步驟3至6鉤織長針。

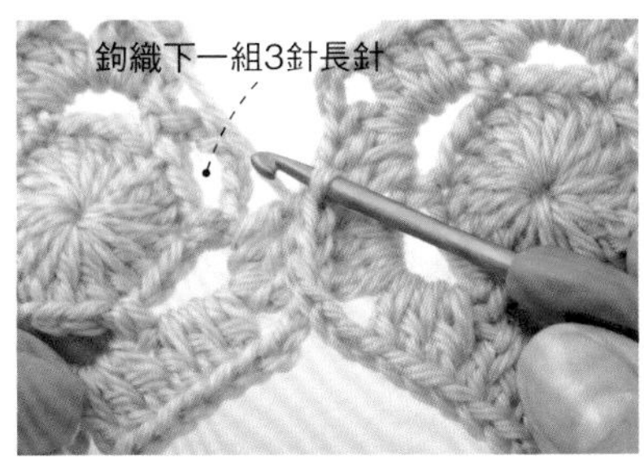

8. 完成以3針長針接合的模樣。接下來的3針長針也以相同要領鉤織接合。

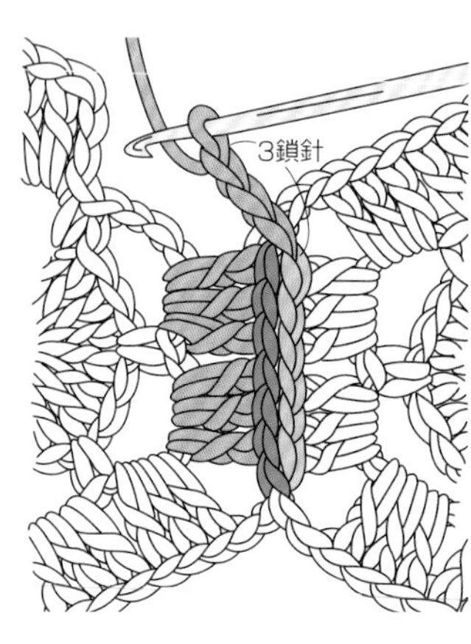

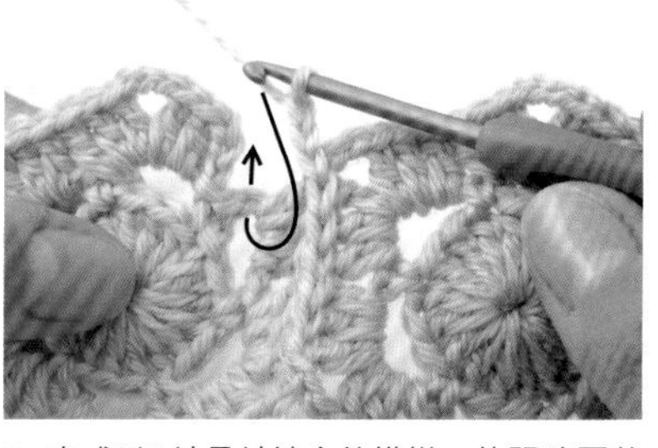

9. 完成以6針長針接合的模樣。依記號圖鉤織3針鎖針後，鉤針同樣穿入剛剛挑束鉤織的位置，鉤織最後的3針長針。

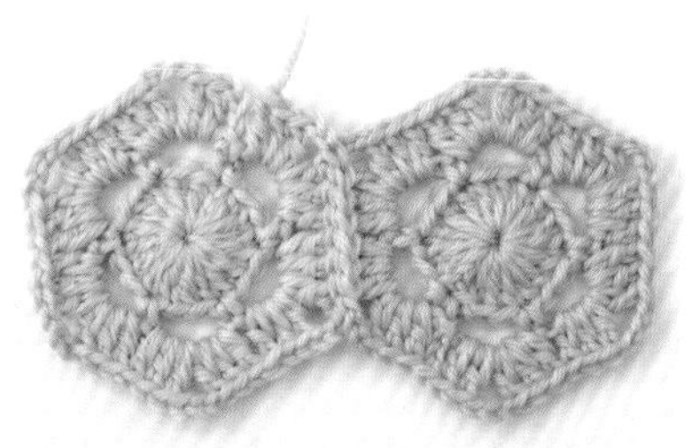

10. 完成接合的模樣。收針藏線吧！（參考P.14）

Step 2 將第3片接合至第2、第1片

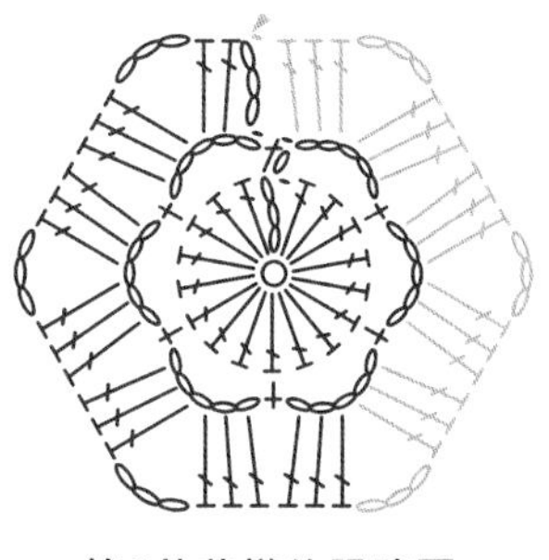

第3片花樣的記號圖

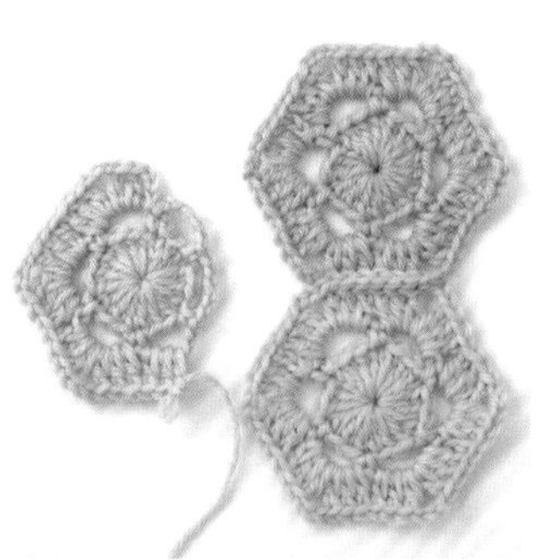

1. 將第3片接合至前兩片花樣，因此先鉤到第4個角之前。

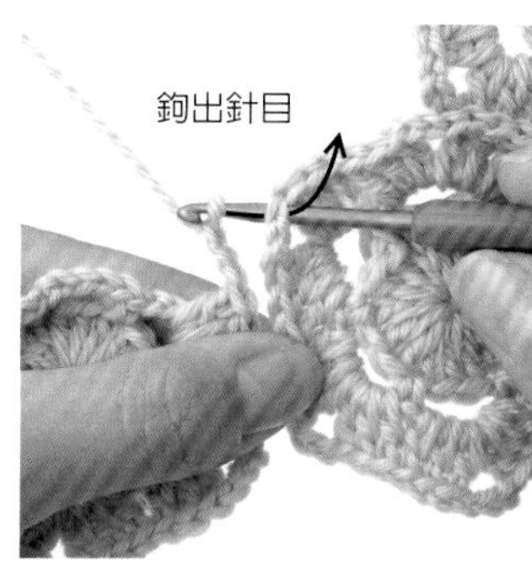

2. 鉤織3針鎖針後，以Step1的要領接合至第2片上。

3. 完成以6針長針接合後，鉤織3鎖針，再繼續接合至第1片。

4. 完成接合的模樣。

5. 鉤織3針鎖針、3針長針後，收針藏線即完成。

Step 3 將第7片接合至第6、第1、第2片

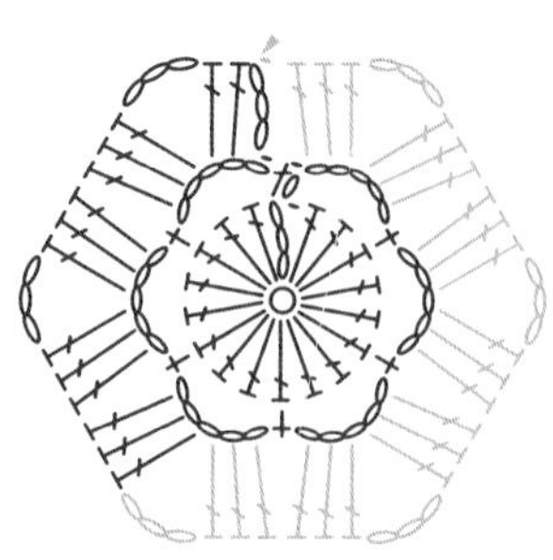

第7片花樣的記號圖

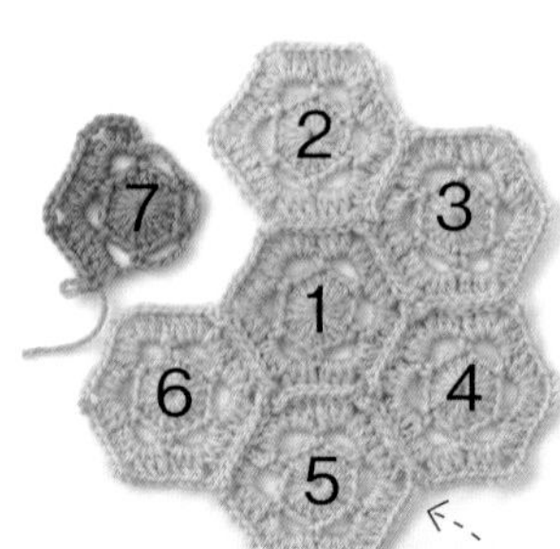

第4至6片的接合方式同Step2，將鉤織中的花樣接合至中央與前一片花樣。

1. 第7片將與3片花樣接合，因此先織到第3個角之前。

2. 以Step2的鉤織要領依序接合第6、第1、第2片花樣。繼續鉤織到最後，收針藏線即完成小桌墊。

技巧7 以短針接合花樣

技巧8 以引拔針接合花樣

● 花樣織片的鉤織重點

起針為「手指繞線的輪狀起針」（參考P.12）。第1段的鉤織終點，是挑短針針頭鉤織引拔針。第2段的長針，是在第1段的每1針短針上鉤織2針長針（鉤針在相同位置入針）。第3段換不同色線。

● 接合重點

先將花樣織片鉤織完成，再以鉤針接合的技巧，適用於拼接針目密實的花樣。拼接方法是先接合一個方向再換另一方向，示範作品為先橫向接合，再縱向接合。記號圖並沒有特別的接合記號。

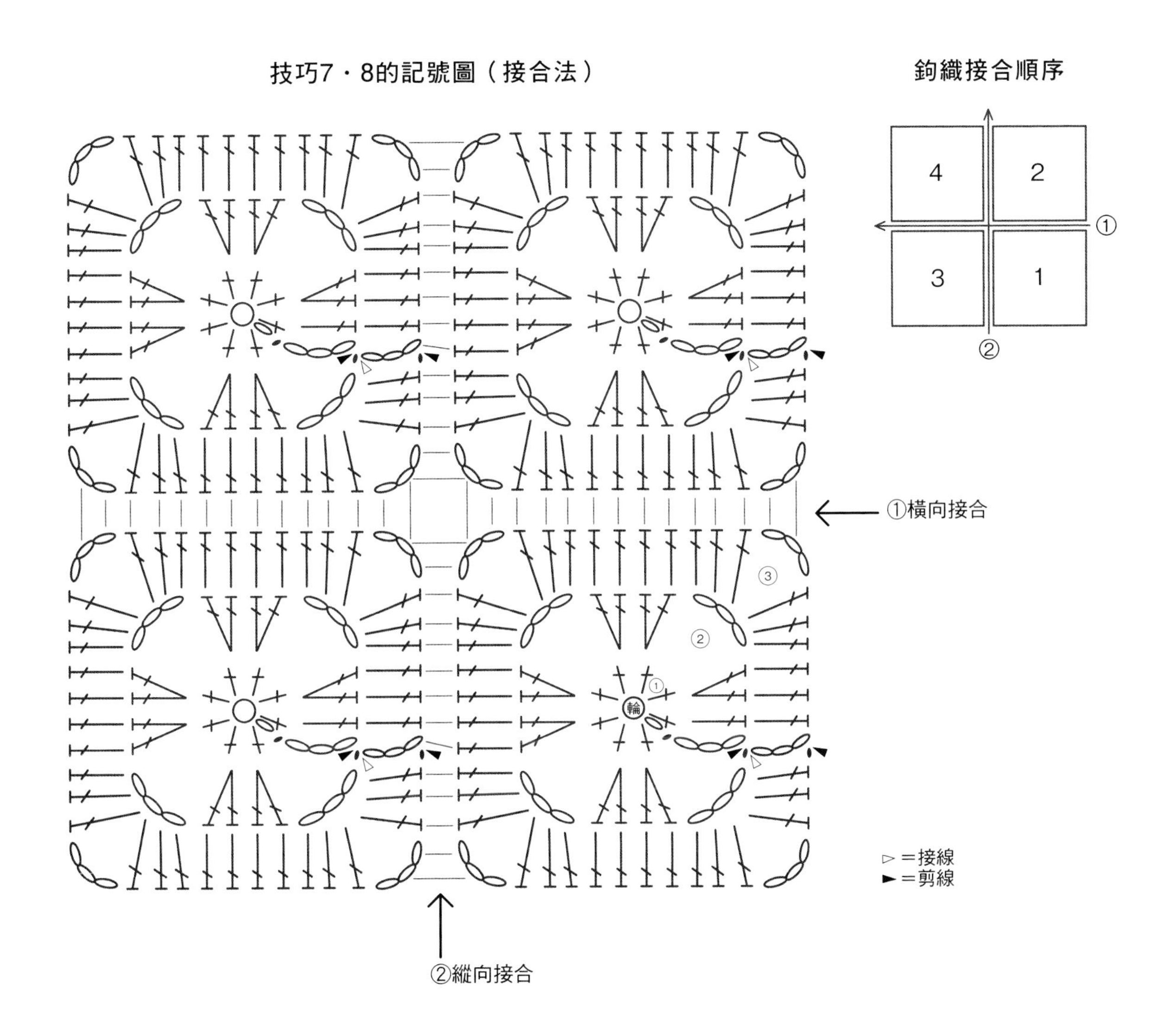

P.36的小桌墊

線　並太羊毛線（淺粉紅、焦茶色、杏色各5g）
鉤針　5/0號
織片尺寸
直徑5×5㎝
小桌墊尺寸
長10×寬10㎝

技巧7・8的記號圖（接合法）

①橫向接合

②縱向接合

▷＝接線
►＝剪線

鉤織接合順序

4 2
3 1
①
②

以短針接合花樣（織片背面相對挑半針鉤織）

※為了更清晰易懂，此處使用不同色線示範。

Step 1 接合第1、2片花樣（橫向）

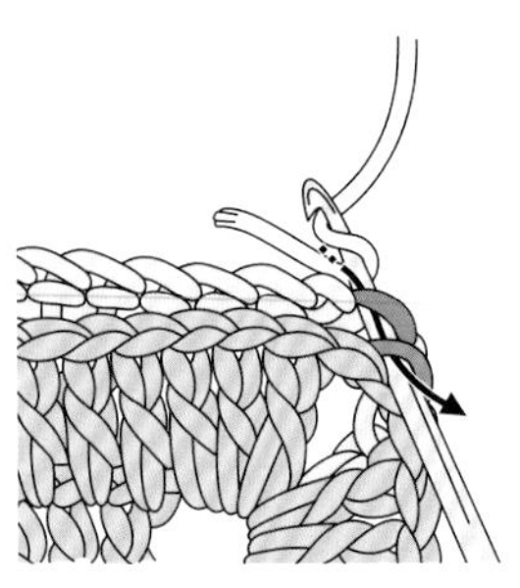

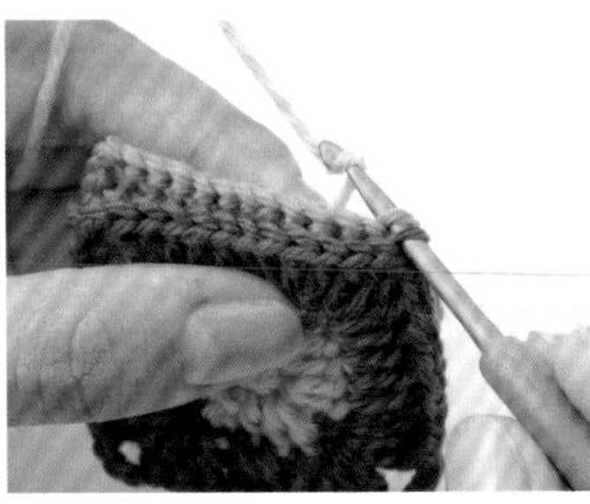

1. 兩片花樣背面相對，從四角中央的鎖針開始鉤織，鉤針分別穿入兩鎖針的外側半針，掛線鉤出。

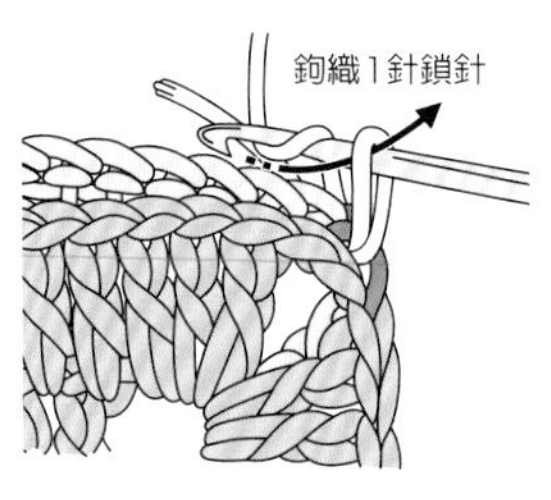

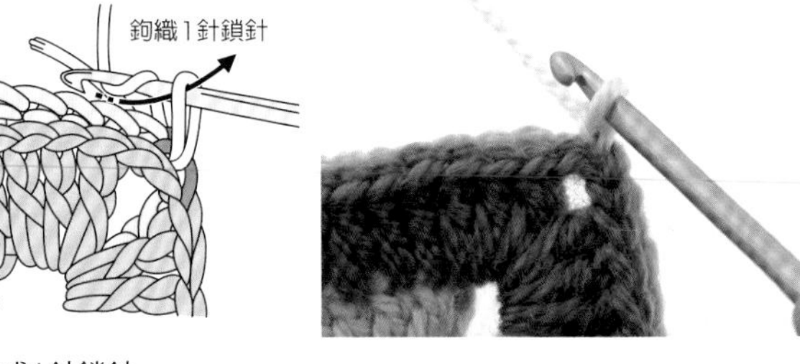

2. 完成1針鎖針。

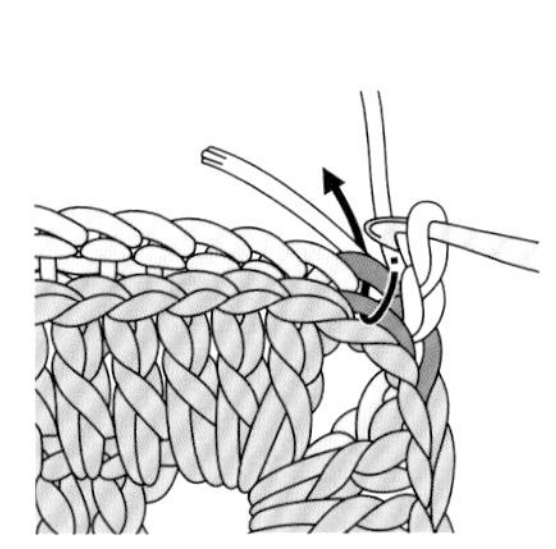

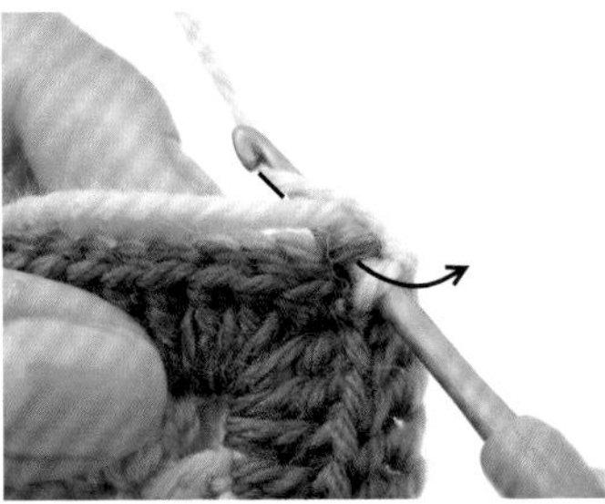

3. 下一針鎖針，同樣是挑鎖針外側各半針。
鉤針掛線後，如圖中箭頭指示鉤出織線，一併包裹線頭鉤織。

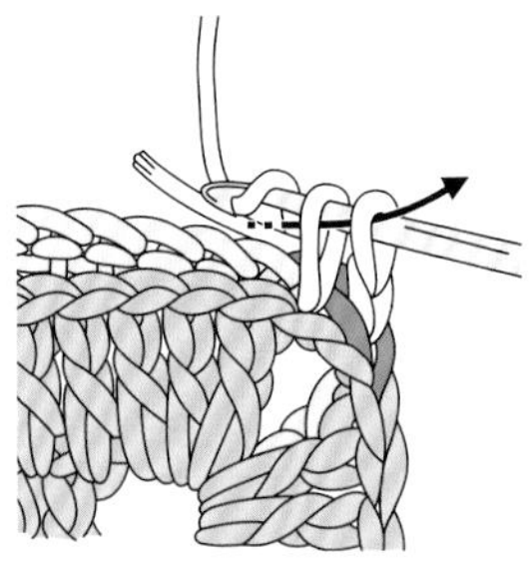

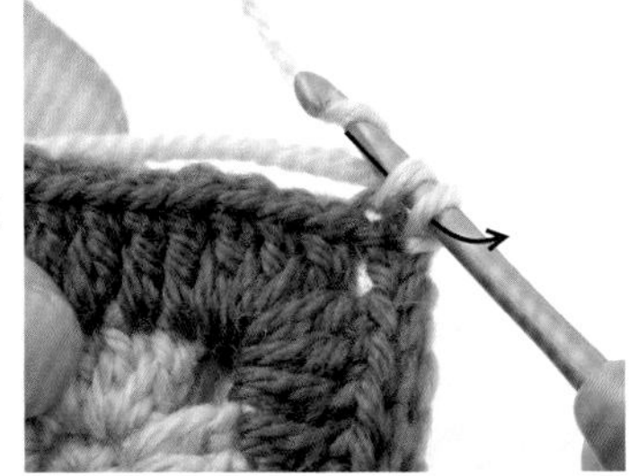

4. 鉤針再度掛線，一次引拔2線圈。

5. 完成一邊包裹線頭一邊鉤織短針的模樣。

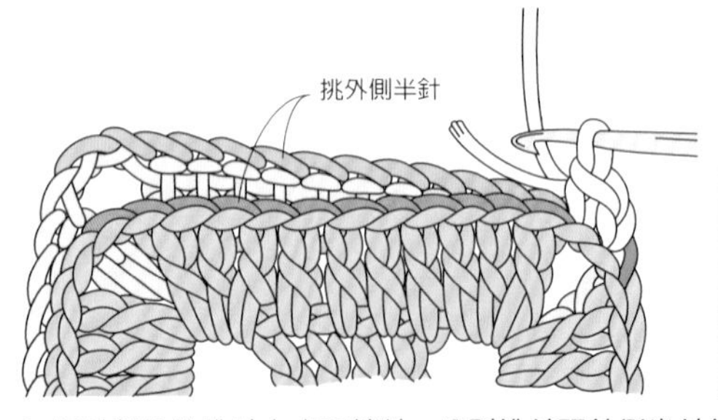

6. 長針部分的挑針方式同鎖針，分別挑針頭外側半針鉤織。
照片為鉤至下一個角落中央鎖針的模樣。

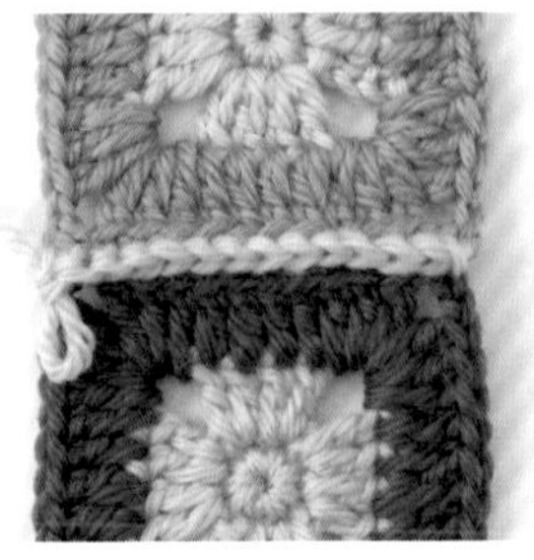

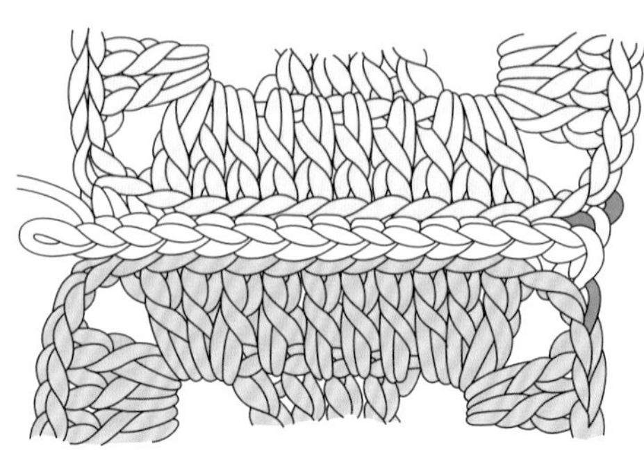

7. 攤開2片花樣的模樣。接合花樣的短針兩側，整齊排列著織片邊緣的另外半針。

Step 2 接合第3、4片（橫向）

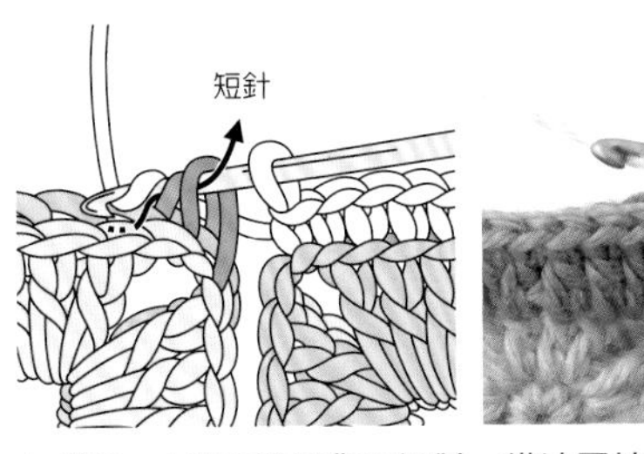

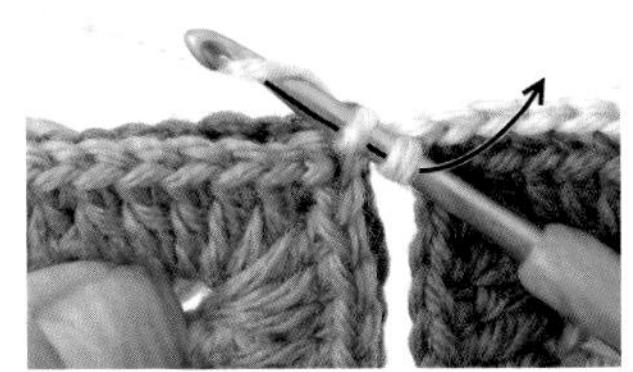

1. 第3、4片同樣是背面相對，織法同接合第1、2片，從角落中央的鎖針挑兩鎖針的外側半針，掛線鉤出。

2. 鉤針再次掛線引拔，鉤織短針。

3. 完成短針的模樣。接著同**Step1**，鉤織短針直至下一個角落中央的鎖針為止。

Step 3 縱向接合

1. 接合起點如同**Step1**。一邊參考**Step1**一邊鉤織至橫向接合前的針目。

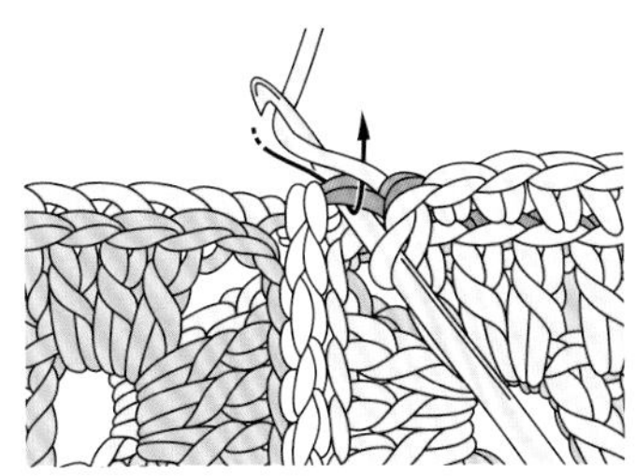

2. 鉤織角落的鎖針時，鉤針挑針處同橫向接合的兩針目，鉤織短針。

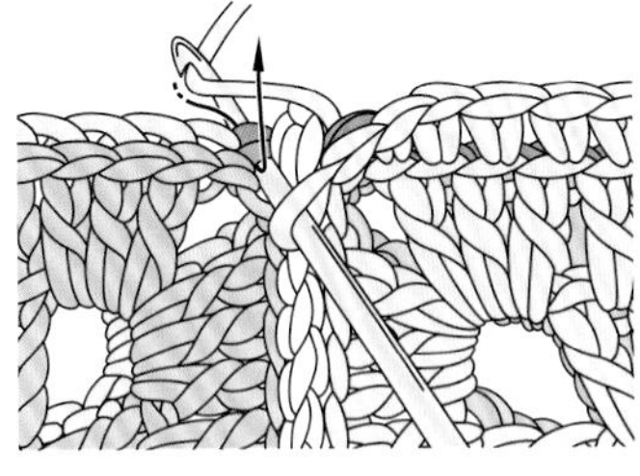

3. 下兩片花樣接合的起點也一樣，鉤針穿入橫向接合的兩針目，鉤織短針。

4. 依先前的鉤織要領，鉤織短針至最後。

Point!

收針藏線

完成接合後直接引拔收針，縫針穿入織線後，將線藏入織片背面的針目。接合起點已將線頭包裹鉤織，因此不必藏線。

Point!

即使接合織片數量增加，方式依然相同。

無論要拼接多少片，都是先完成同一個方向再換另一方向！依作品設計不同，接合的花樣不一定都是方方正正的造形。該往哪個方向接合、該怎麼接合並沒有特別的規定，不過，最好還是擬定一個可儘量完成同一方向接合的順序吧！

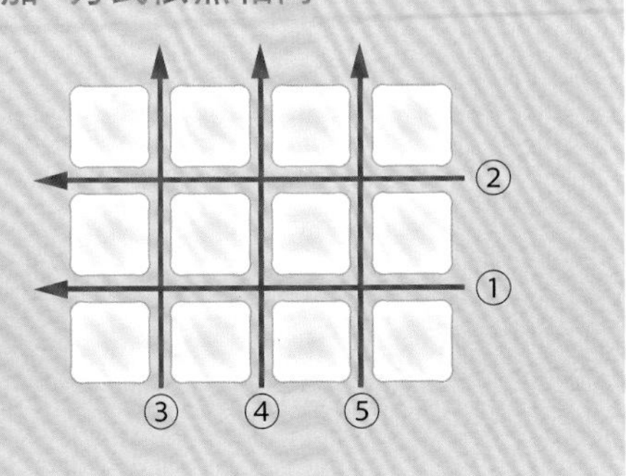

以引拔針接合花樣（正面相對挑半針鉤織）

※為了更清晰易懂，此處使用不同色線示範。

Step 1 橫向接合

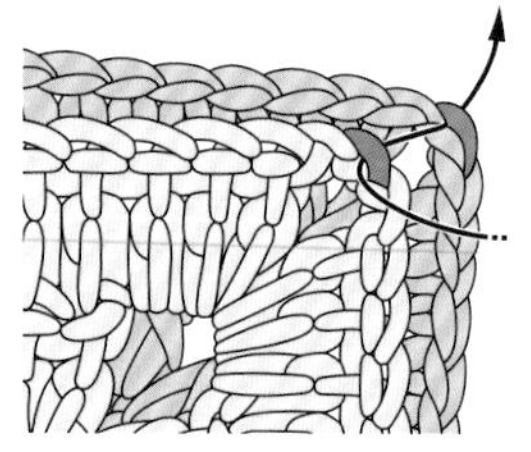

1. 兩片花樣正面相對，
鉤針分別穿入角落中央兩鎖針的外側半針。

以引拔針完成接合的模樣。接合部分比短針薄，而且是織片正面相對鉤織，所以從正面幾乎看不出接合的織線，只看到整齊漂亮並排著的半針。

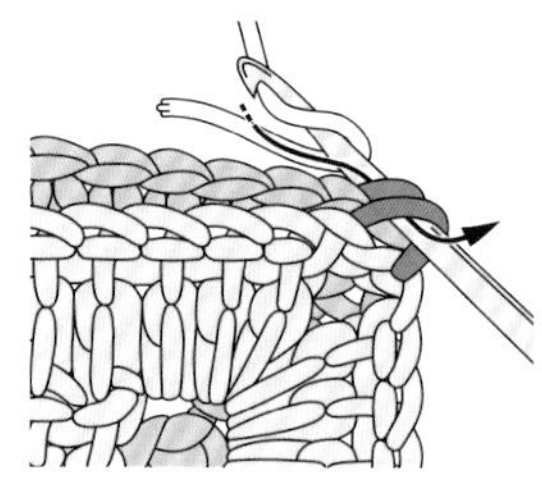

2. 鉤針掛線後鉤出。

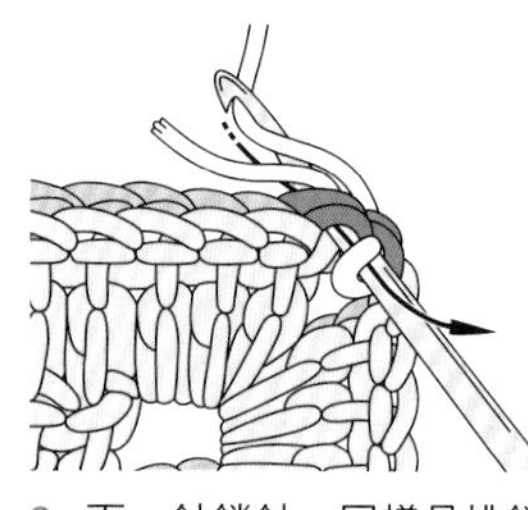

3. 下一針鎖針，同樣是挑鎖針外側各半針。這時將線頭拉到鉤針上方再掛線，一次引拔掛在針上的所有線圈。

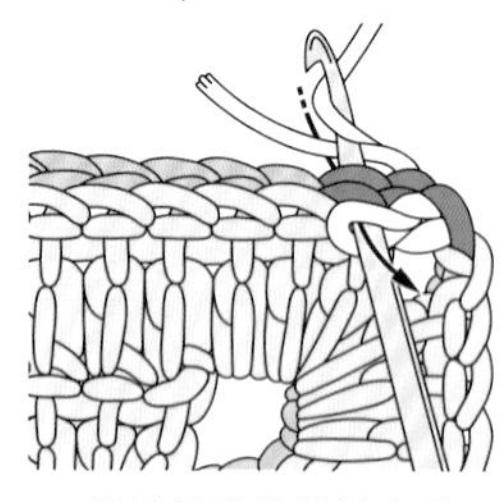

4. 長針部分的挑針方式，同樣是分別挑針頭外側半針鉤織。但這次線頭拉到鉤針下方才掛線引拔。接下來也是將線頭交互拉到鉤針上、下，繼續鉤織引拔針。

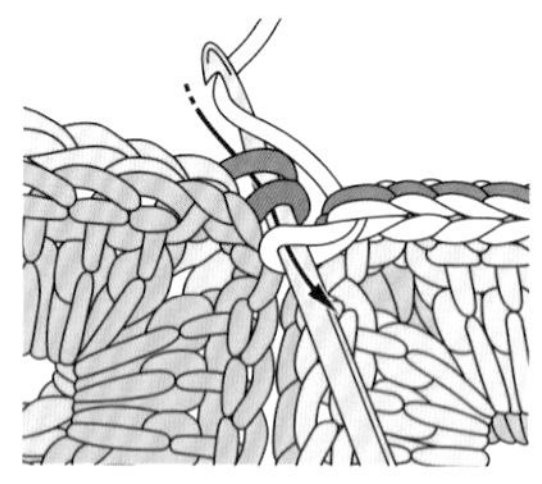

5. 第3、4片同樣是正面相對，分別挑角落中央的兩鎖針外側半針後引拔。然後繼續鉤織引拔直到下一個角落中央的鎖針為止。

Step 2 縱向接合

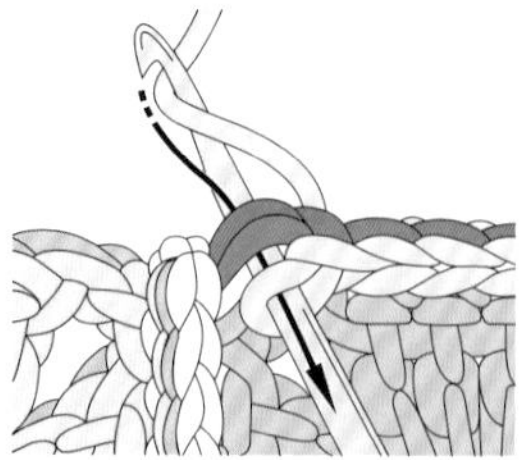

1. 起點的接合要領同**Step1**，接合至下一個角落時，鉤針挑針處同橫向接合的兩針目，鉤織引拔。圖中為鉤針穿入的模樣。

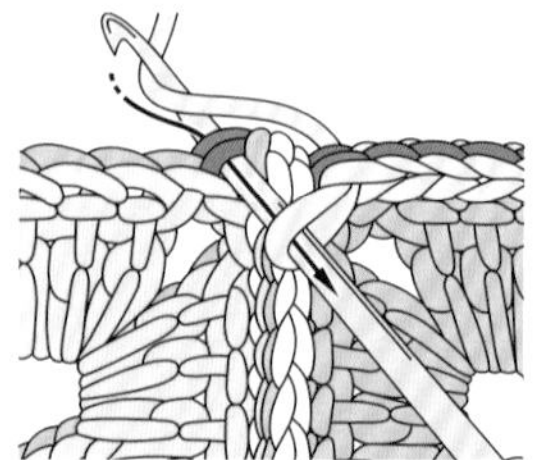

2. 下兩片花樣接合的起點也一樣，鉤針穿入橫向接合的兩針目，鉤織引拔。然後繼續引拔接合至最後。

半針目捲針縫接合法

全針目捲針縫接合法

P.37的小桌墊

線　並太羊毛線
（白10g、藍・橘・黃・綠各少許）
鉤針　5/0號
織片尺寸
6×6cm
小桌墊尺寸
寬12×長12cm

● 花樣織片的鉤織重點

起針為「手指繞線的輪狀起針」（參考P.12）。第1段最後的中長針，鉤針是挑下一針的長針針頭鉤織，而不是挑立起針的鎖針。第2段換配色線的時機，為鉤織第1段最後一個中長針的最後一次引拔時（參考P.29）。

● 接合重點

先將所有花樣織片鉤織完成，再以毛線針進行捲針縫接合花樣。拼接方法同技巧7、8，先依序接合一個方向再換另一方向。記號圖並沒有特別的接合記號。

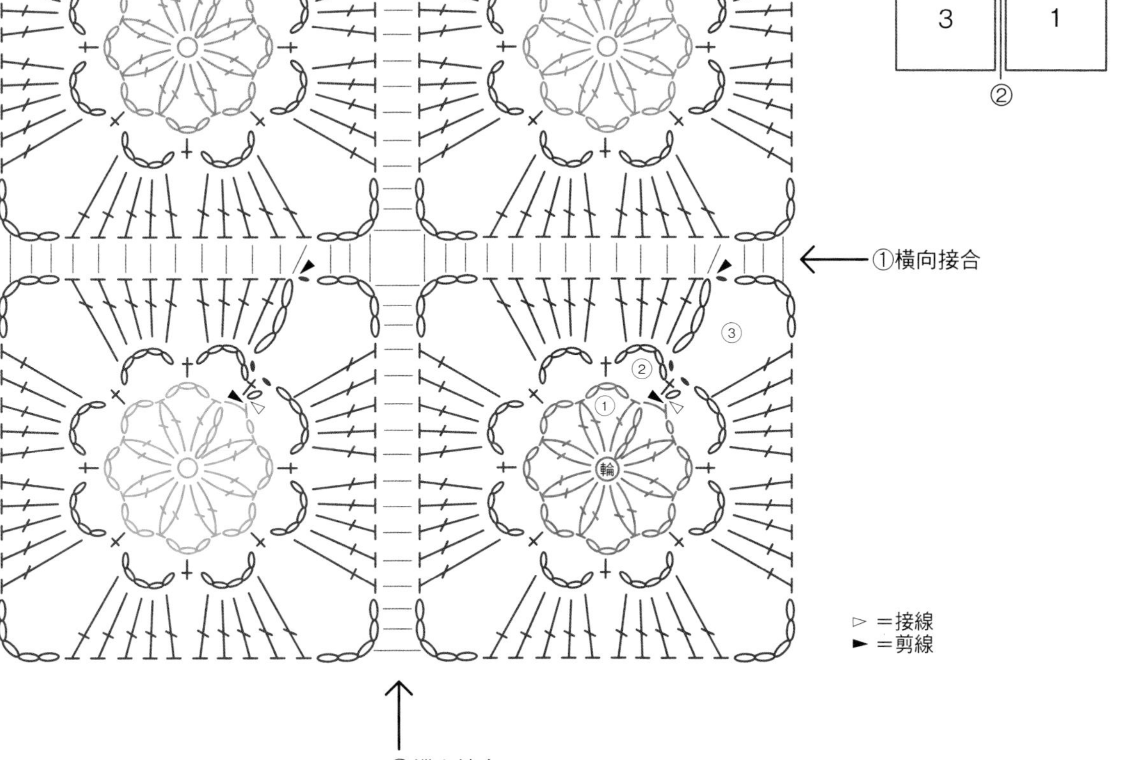

技巧9・10的記號圖（接合法）

①橫向接合

②縱向接合

▷＝接線
►＝剪線

鉤織接合順序

4	2
3	1

①
②

技巧

半針目捲針縫接合法

※為了更清晰易懂，此處使用不同色線示範。

Step 1 接合第1、2片（橫向）

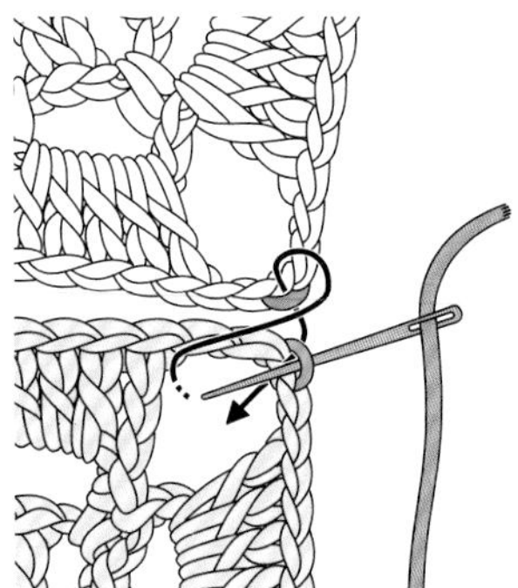

1. 左手將兩片花樣正面朝上並排，縫針穿入下方花樣角落中央鎖針的外側半針。

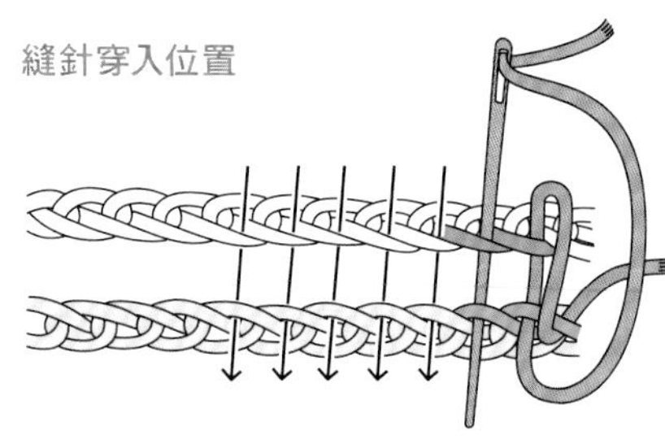

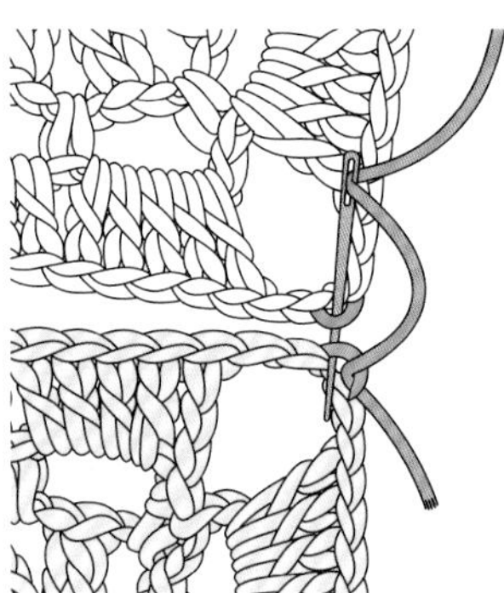

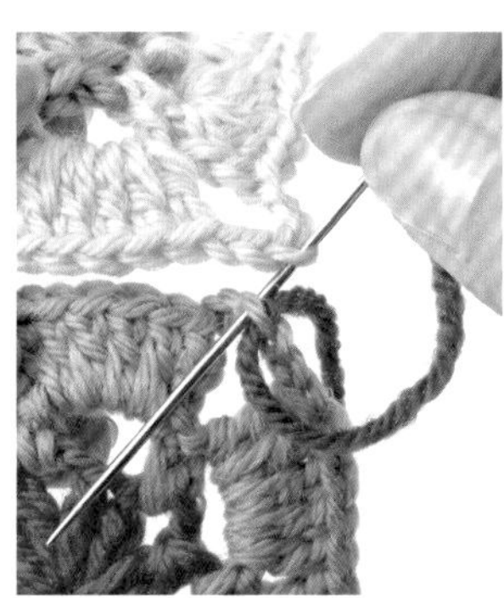

2. 縫針同時穿入上、下兩片花樣角落中央鎖針的外側半針（下方花樣入針處同第1針，同一針目穿2次線）。

3. 拉線收緊。

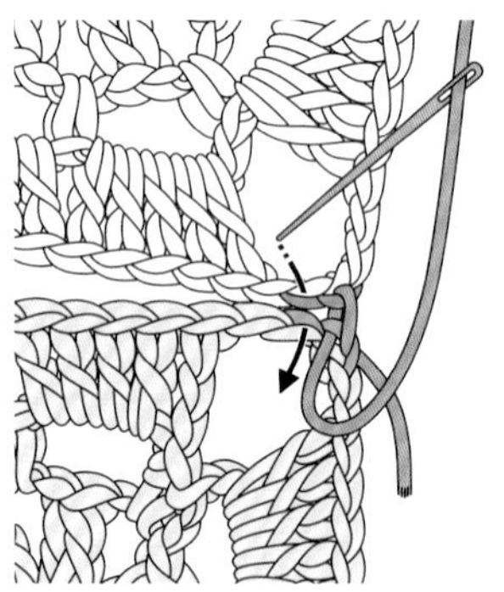

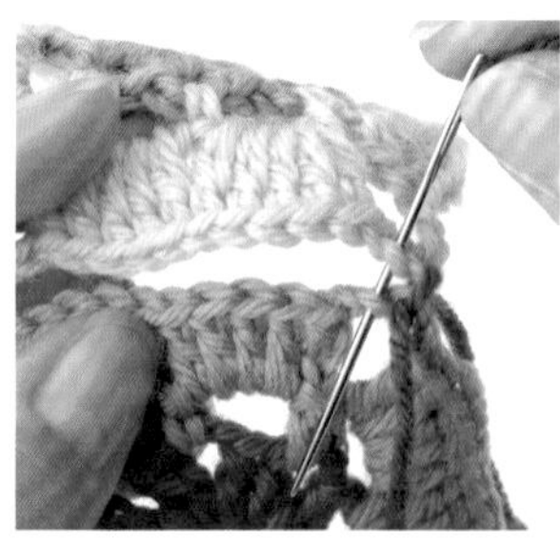

4. 挑縫下一個鎖針時，縫針同樣由上往下分別穿入外側半針。

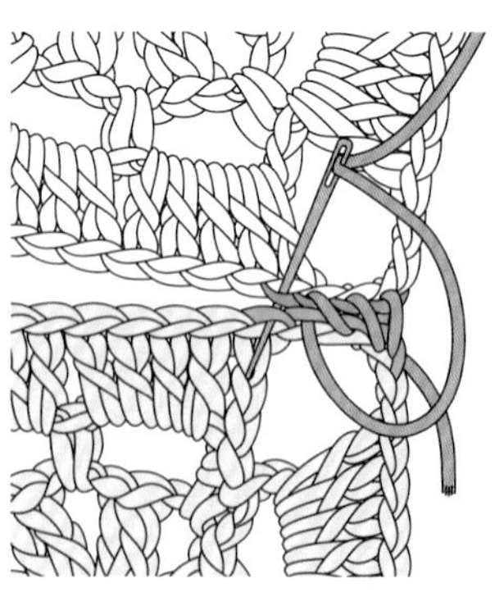

5. 挑縫長針針頭時要領相同，縫針分別穿入針目外側的1條線。

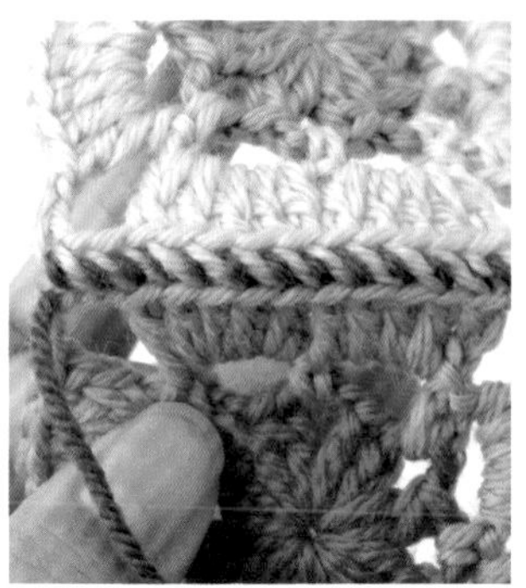

6. 以半針目捲針縫進行至下一個角落中央。

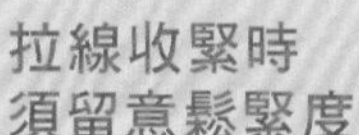

拉線收緊時須留意鬆緊度

進行捲針縫時，縫線若拉得太緊，就無法作出整齊漂亮的接合針目。建議一開始先輕輕拉線，每一針都儘量以相同力道拉線。習慣後就能縫出整齊漂亮的針目。

拉線力道不均的實例。花樣織片邊緣的針目比較鬆散。

Step 2 接合第3、4片（橫向）

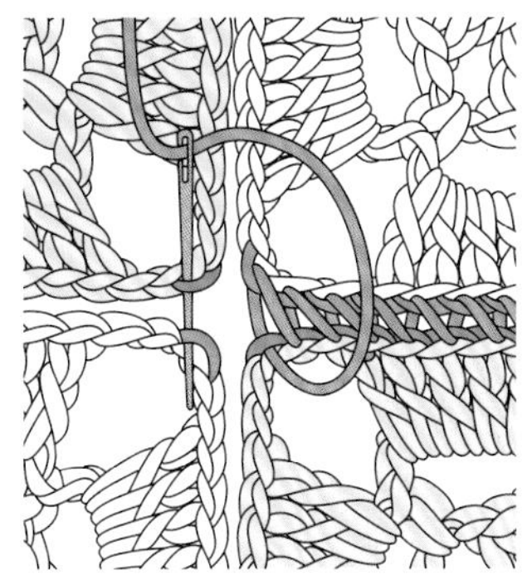

1. 第3、第4片花樣同樣正面朝上並排，縫針如插圖所示，從角落中央鎖針的外側半針入針、出針，拉線收緊。

2. 接下來同**Step1**，繼續以捲針縫進行至下一個角落的中央針目。

Step 3 縱向接合

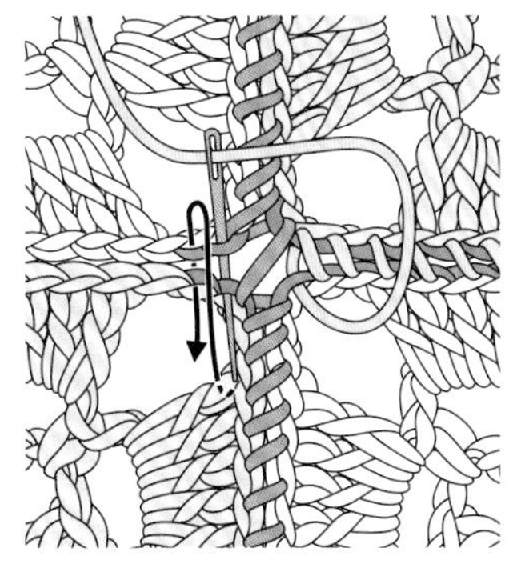

1. 接合起點的縫合要領同**Step1**。捲針縫至十字中心時，挑縫針目同橫向接合的捲針縫針目，出針後拉線收緊。

2. 縫合至下兩片花樣的接合起點時，縫針同樣是穿入橫向接合的捲針縫針目。

3. 中央的縫合織線會呈十字交叉。

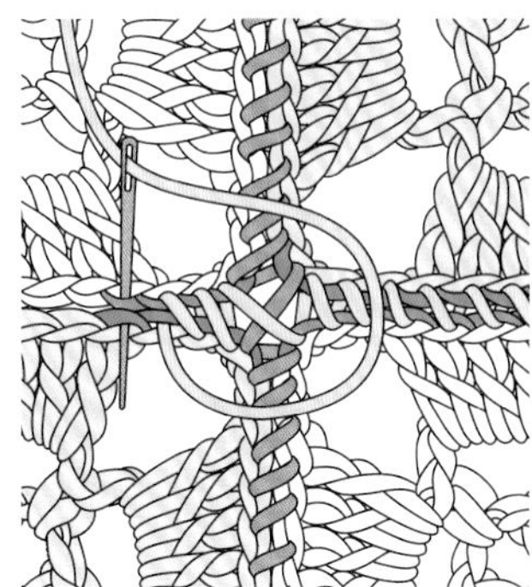

4. 依先前介紹要領一直進行半針目的捲針縫至最後。

Point!

收針藏線

完成接合後，將織線穿入花樣織片背面，妥善藏線避免在正面看到線頭。接合起點也一樣，將線頭穿至背面後藏入針目中，同樣不能在正面看到線頭。

這時該怎麼辦？

Q 捲針縫的縫線進行到一半不夠長？

A 進行捲針縫的時候，太長的縫線既不好縫又容易損傷線材，因此建議使用線長為50至60cm。接合大量花樣織片時，中途接線再繼續縫合即可。

1. 留下足夠藏線的長度（約10cm）後，將縫線穿至花樣背面。

2. 新線也預留足夠藏線的長度，然後與步驟**1**的最後1個捲針縫針目重疊，接續縫合。

全針目捲針縫接合法

※為了更清晰易懂，此處使用不同色線示範。

Step 1 橫向接合

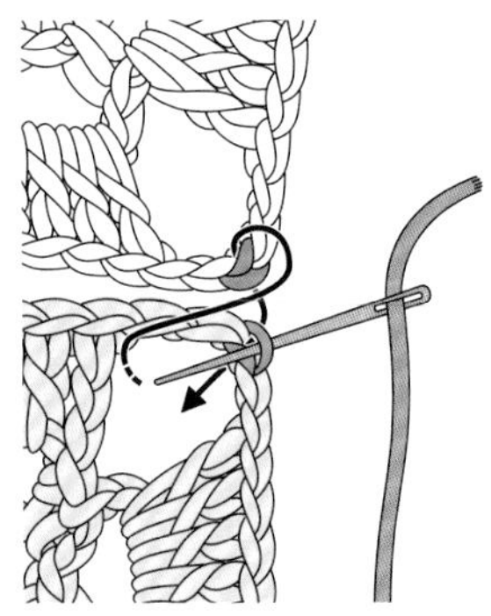

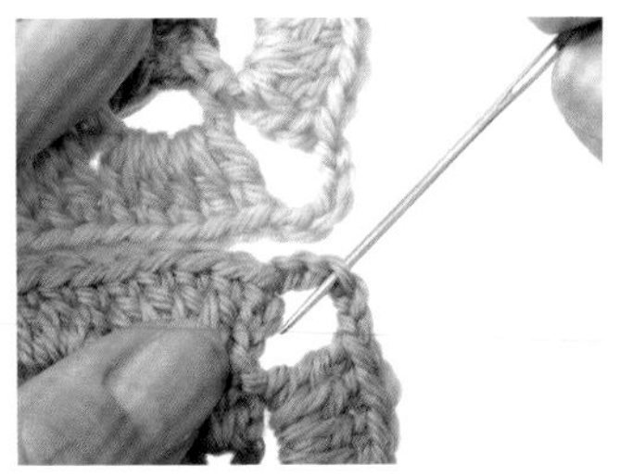

1. 以**技巧9**相同的要領，將縫針穿入下方花樣角落中央鎖針的外側半針。

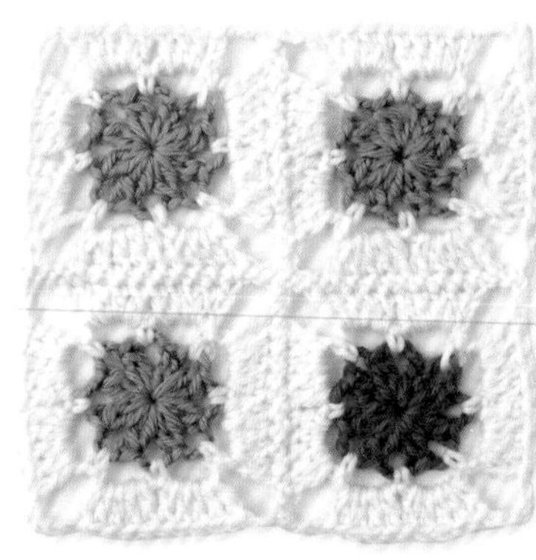

全針目捲針縫（挑針頭2條線）接合的模樣。由於是非常確實的接合法，因此接合部分也比半針目捲針縫稍微厚一點。

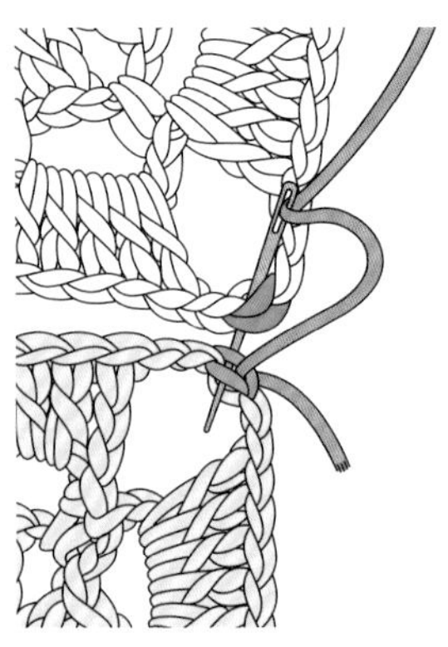

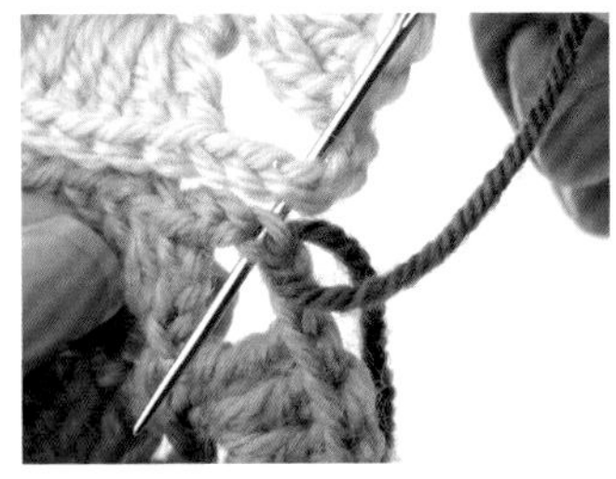

2. 縫針同時穿入上、下兩片花樣角落中央鎖針的針頭2條線，拉線收緊。接下來的鎖針與長針也一樣，一一挑縫針頭的2條線進行捲針縫。

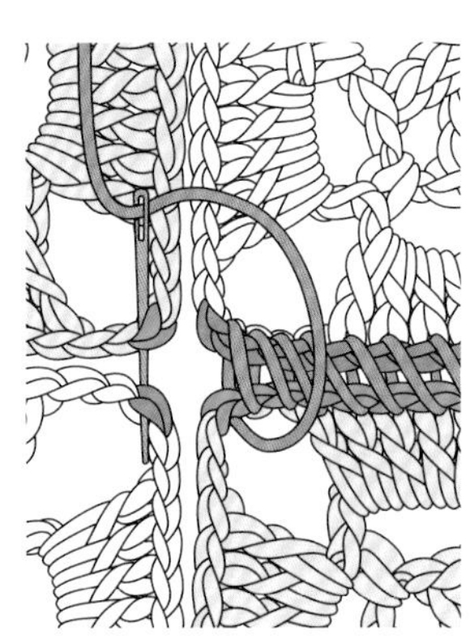

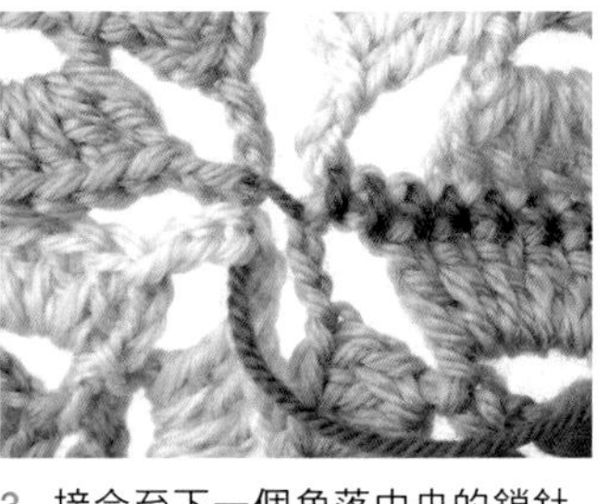

3. 接合至下一個角落中央的鎖針後，開始縫合第3、第4片花樣角落中央的鎖針，一直接合至最後。

Step 2 縱向接合

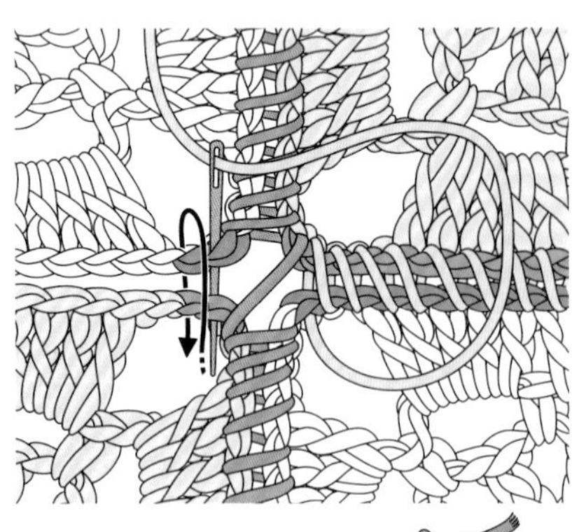

縫針穿入位置

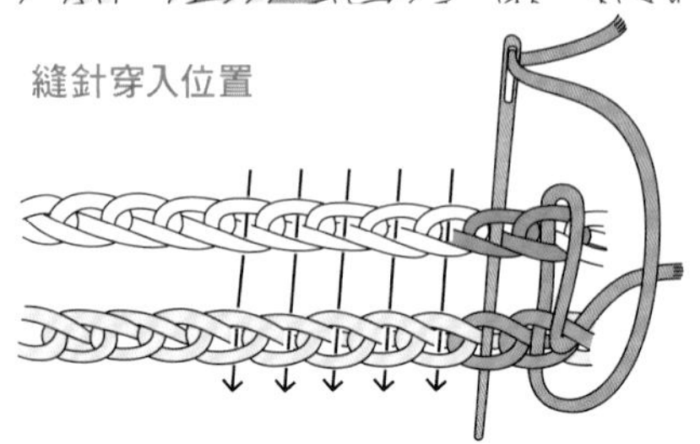

1. 接合起點的要領同**Step1**。捲針縫至下一個角落後，將縫針穿入橫向接合的捲針縫針目，拉線收緊。

2. 縫合至下兩片花樣的接合起點時，縫針同樣是穿入橫向接合的捲針縫針目。然後依先前介紹的要領，進行全針目的捲針縫至最後。

接合後的空隙填補方法

● 花樣織片的鉤織重點

使用與P.32相同的花樣。

● 接合重點

將圓形花樣織片拼接成方形的小桌墊，於是在中央形成了空隙。以下將介紹利用鎖針與短針填補空隙的方法。先以技巧2的短針接合4片花樣（參考P.42），再於中央形成的空間鉤織填補花樣。

P.38的小桌墊

線　並太羊毛線
（藍色・水藍色各5g、
白色少許）
鉤針　5/0號
織片尺寸　直徑6cm
小桌墊尺寸
長12×寬12cm

技巧11的記號圖(接合法)

① ② ③ 輪

▷＝接線
►＝剪線

最後才鉤織接合

鉤織接合順序

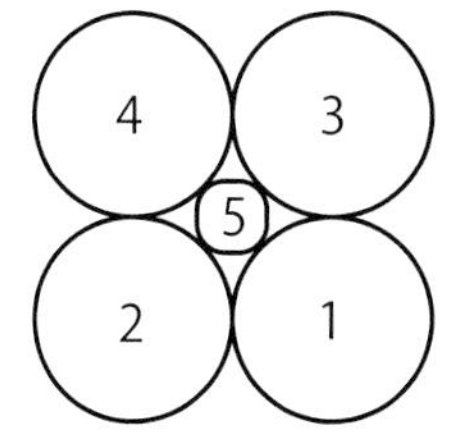

技巧11 接合後的空隙填補方法

Step 1 先以短針接合4片花樣

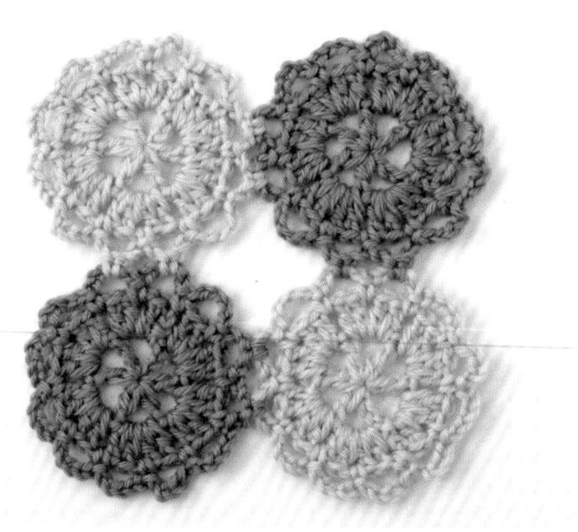

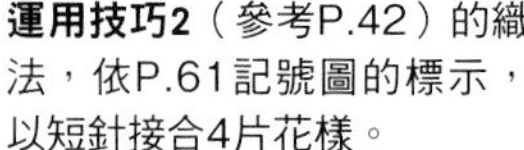

運用技巧2（參考P.42）的織法，依P.61記號圖的標示，以短針接合4片花樣。

Step 2 填補中央的空隙

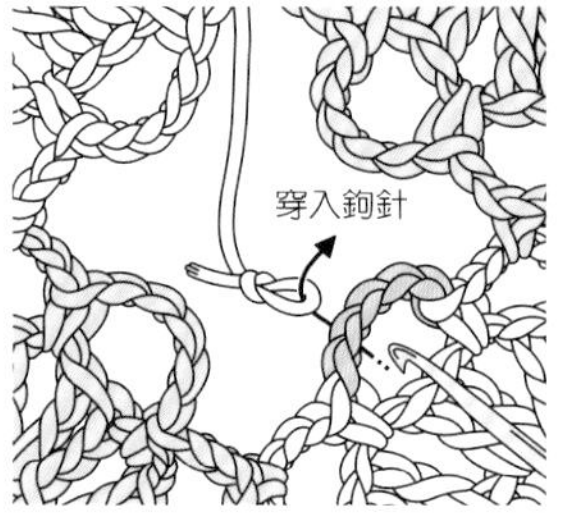

1. 鎖針起針（參考P.9）後暫時取下鉤針，先穿入花樣織片最終段的山形，再穿回鎖針起針的線圈，將線圈鉤出。

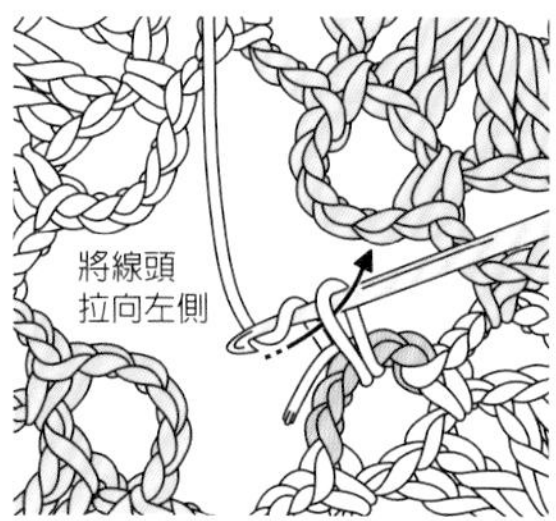

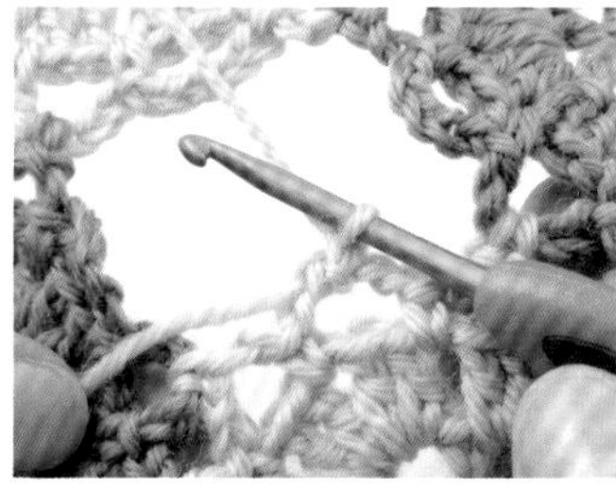

2. 將線頭拉向左側後，鉤織立起針的1針鎖針。

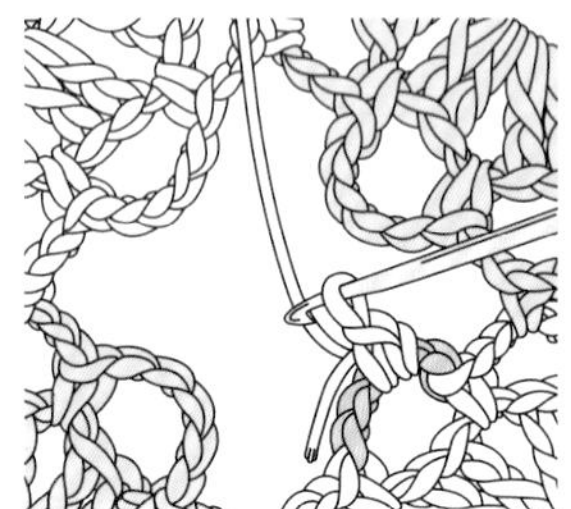

3. 在相同位置鉤織1針短針，再鉤織3針鎖針。

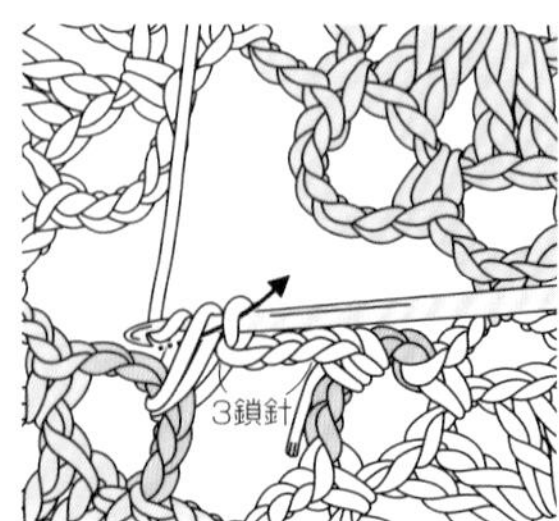

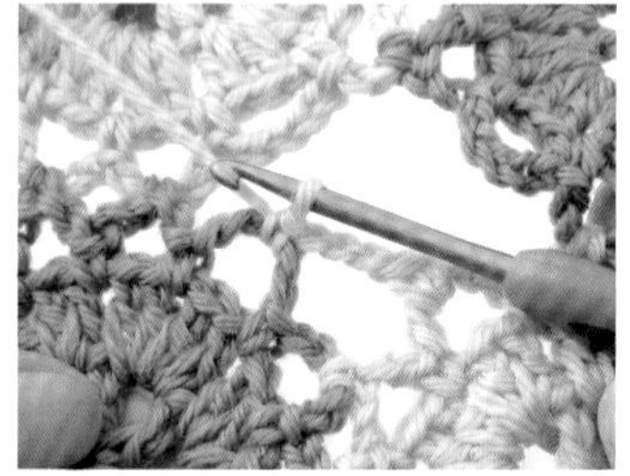

4. 鉤針由上往下穿入第2片花樣，挑束鉤織短針。

5. 以相同要領依序接合第3片與第4片花樣。

Step 3 收針藏線(方法同P.19)

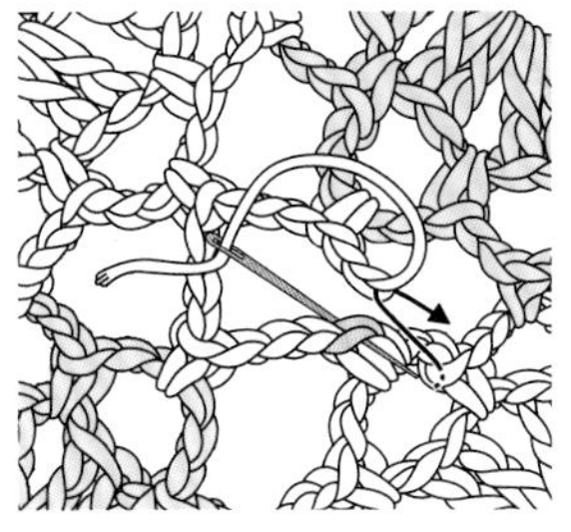

1. 最後只鉤織2針鎖針就剪線，引拔織線後將線頭穿針。將縫針穿入第1個短針針頭。

2. 再將縫針穿回鎖針中心。

3. 將縫線調整成1鎖針的大小後，穿至花樣織片背面藏線，注意別在正面露出線頭。鉤織起點的線頭，也是穿入同色針目中妥善藏線。

Point!

最後以蒸汽熨斗整燙作品

利用熨斗可將針目燙得更平整，完成更漂亮的作品。依線材不同，整燙前必須根據標籤上的記載來調整溫度。

這時該怎麼辦？
鉤織途中必須拆掉重織時，只要以蒸汽熨斗微微地燙過織線，即可讓織線變得更直更好織。

花樣織片的整燙法…將織片翻至背面，熨斗浮空靠近，將蒸汽噴向花樣織片。趁織片上還有蒸汽時以手整理，接著就靜置到完全冷卻為止。

依據空隙大小，以其他花樣織片來填補空隙。

鉤織鎖針與短針，是最簡單的空隙填補方式。
此外，亦可配合空隙大小，使用小型花樣來填補空隙。
這時接合順序不變，同樣先接合主要花樣，
再一邊鉤織填補空隙的花樣，一邊接合。

以主要花樣的第1段作出填補空隙的變形花樣

填補空隙的花樣是從中央開始起針鉤織，一邊鉤織第1段一邊接合4片花樣，最後收緊起針線圈，收針藏線。

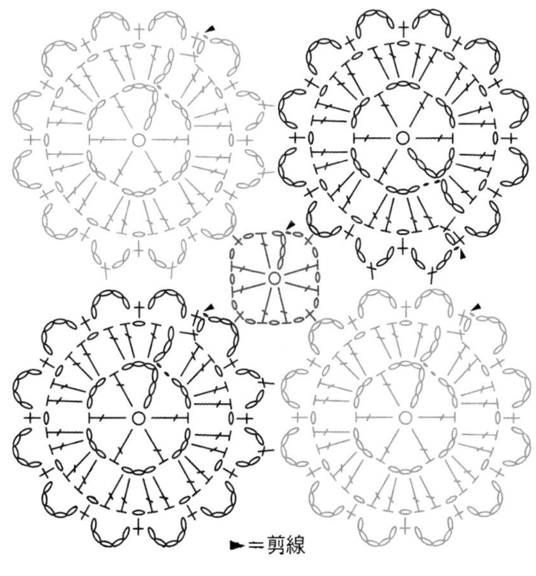

以1枚花樣開始拼接的生活小物

織好1片花樣後，先從完成一個小作品開始自我挑戰吧！
本單元將陸續介紹，利用P.10至P.63的花樣就能完成的小物。
若能完成可愛的作品配戴在身上，或成為隨身小物，
一定會大大加深對花樣織片的喜愛。

花樣織片．作品製作：館野加代子

髮圈

只是將一片花樣
加上一條鬆緊帶。
第2、第3段
換成不同色線，
多作幾個也很有趣呢！

- 花樣織片
  使用P.20的花樣
- 線　合細棉線
  （淺杏色、橘色、綠色、
  黃色、灰色、杏色、
  粉紅色、淺紫色 各少許）
- 針　鉤針3/0號
- 花樣尺寸
  直徑3.8cm

針插

將兩片花樣背面相對，
以捲針縫接合。
再縫一個方形小布袋，
填入棉花後裝進花樣織片間。

- 花樣織片
  使用P.36的花樣。
- 線　並太羊毛線
  （白色、芥末黃、橘色、綠色 各少許）
- 針　鉤針5/0號
- 花樣尺寸
  4.5×4.5cm

迷你隨身包

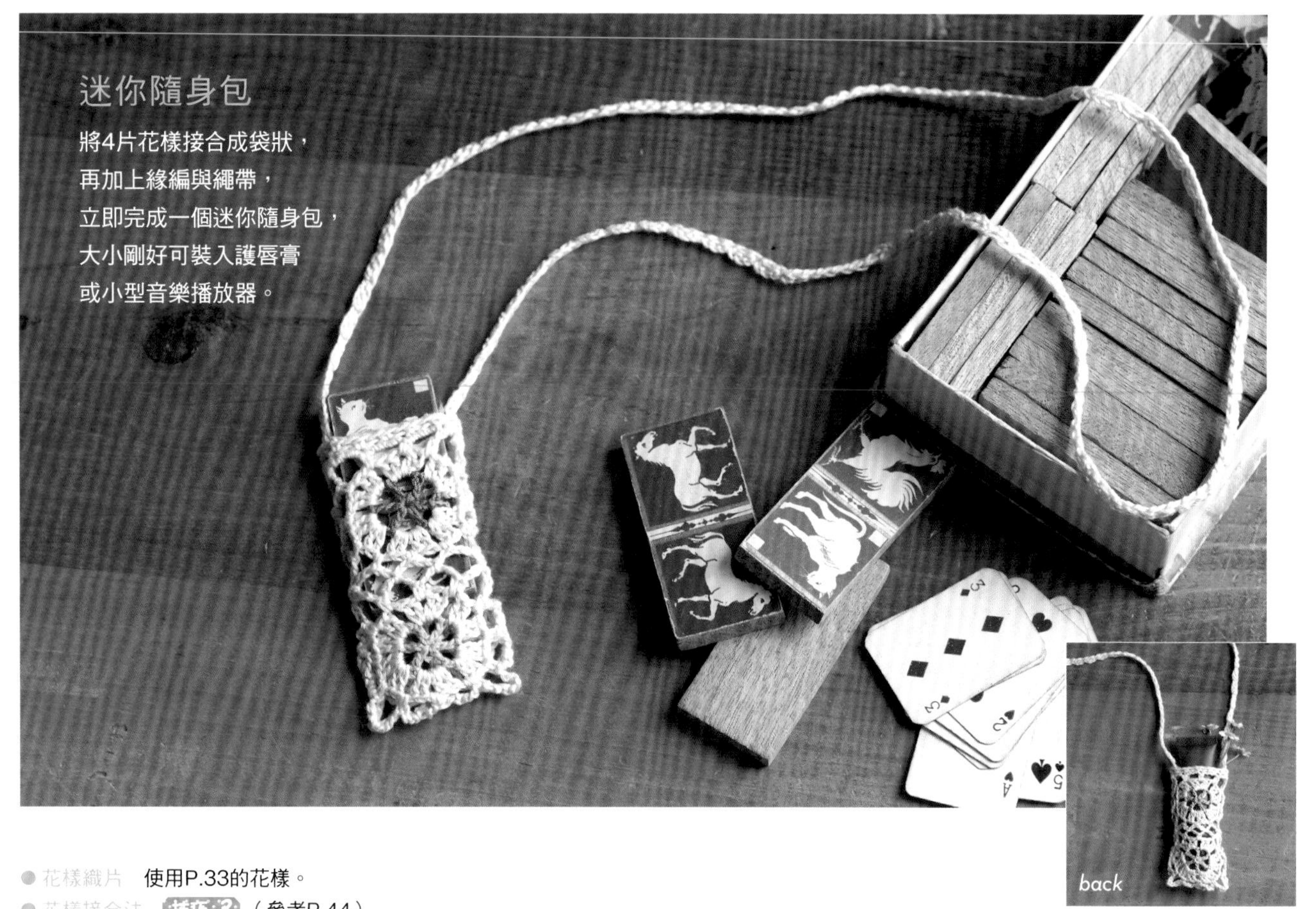

將4片花樣接合成袋狀，
再加上緣編與繩帶，
立即完成一個迷你隨身包，
大小剛好可裝入護唇膏
或小型音樂播放器。

back

- 花樣織片　使用P.33的花樣。
- 花樣接合法　技巧3（參考P.44）
- 線　合細棉線
（原色5g、橘色、綠色、黃色、粉紅色 各少許）
- 針　鉤針3/0號
- 花樣尺寸　4×4cm
- 完成尺寸　寬4×高8.5cm
（不含繩帶）

迷你隨身包
花樣配置&
鉤織接合順序

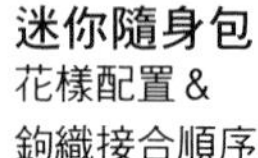

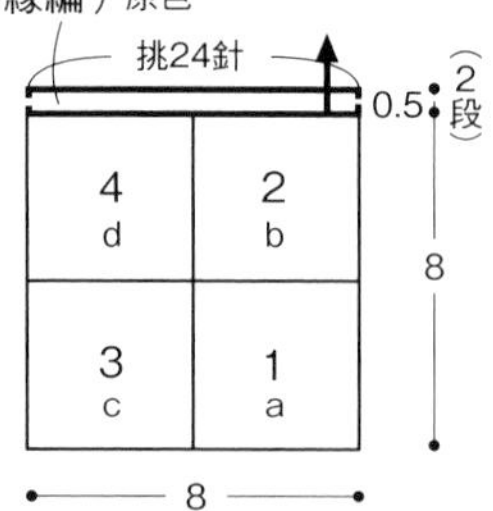

花樣配色

	第1段	第2、3段
d	橘色	原色
c	綠色	原色
b	粉紅色	原色
a	黃色	原色

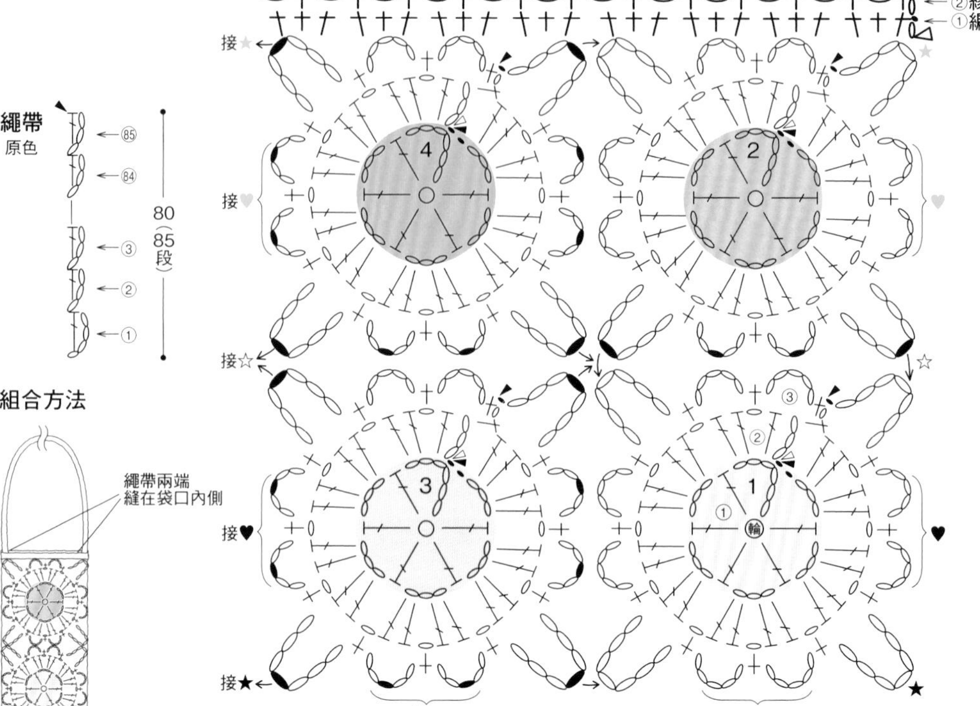

智慧手機袋

只鉤織1段也能構成可愛的花樣。
將許多織片接合，就完成了
量身打造的智慧手機袋。
在提把裝上活動鉤，
就是可隨處鉤扣取下的便利手機袋！

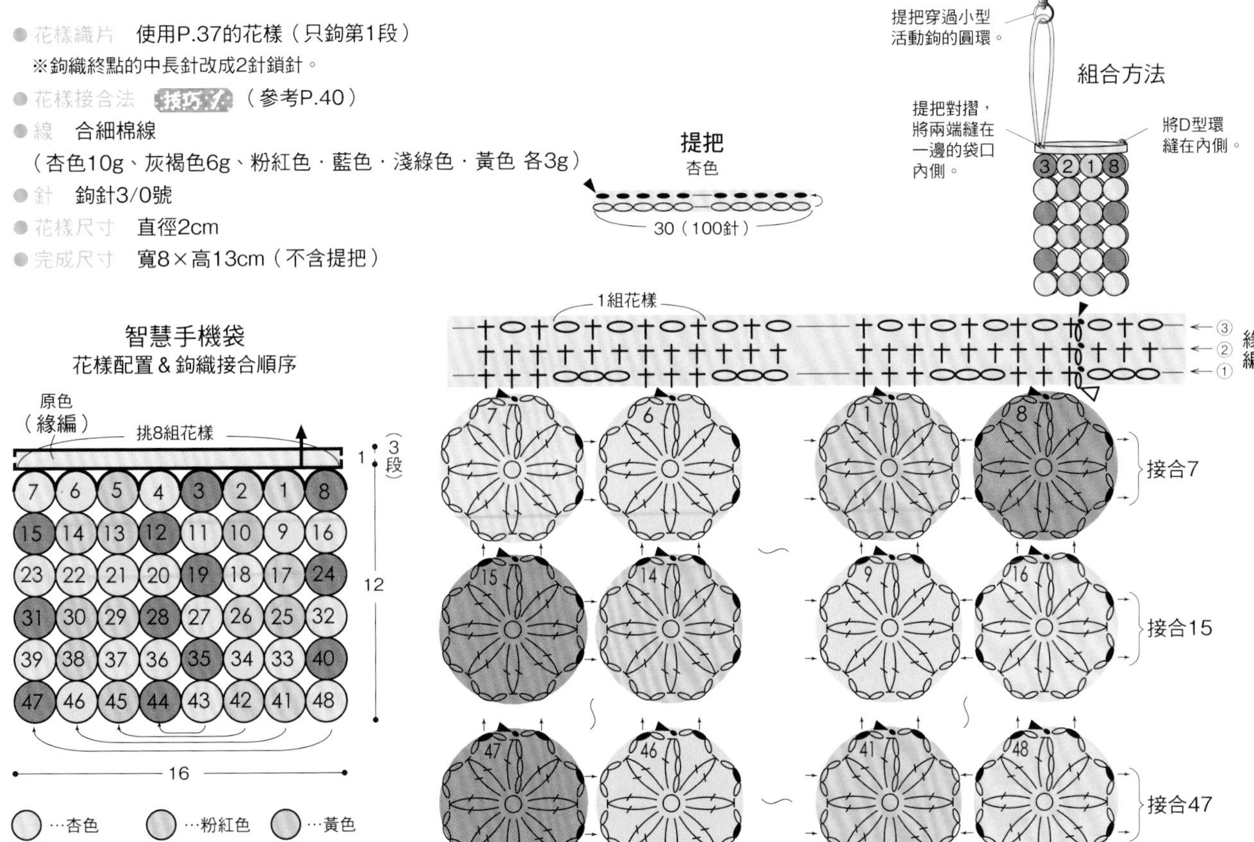

● 花樣織片　使用P.37的花樣（只鉤第1段）
※鉤織終點的中長針改成2針鎖針。
● 花樣接合法　技巧7（參考P.40）
● 線　合細棉線
（杏色10g、灰褐色6g、粉紅色・藍色・淺綠色・黃色 各3g）
● 針　鉤針3/0號
● 花樣尺寸　直徑2cm
● 完成尺寸　寬8×高13cm（不含提把）

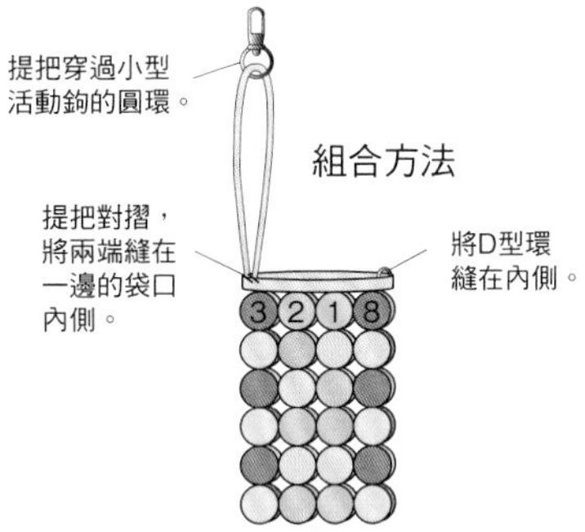

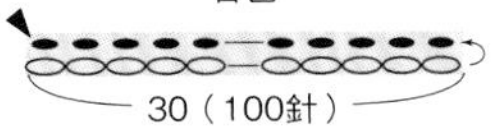

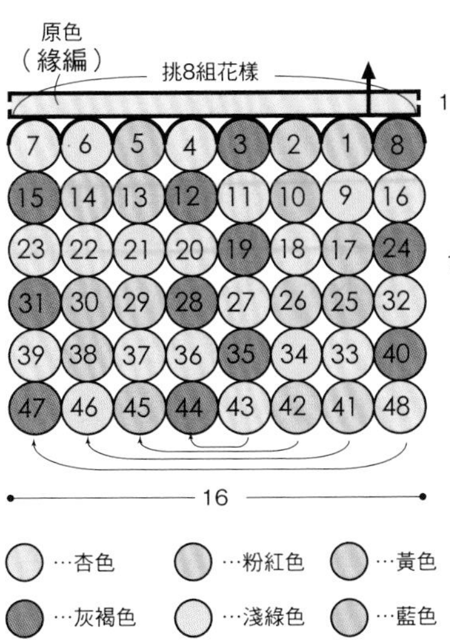

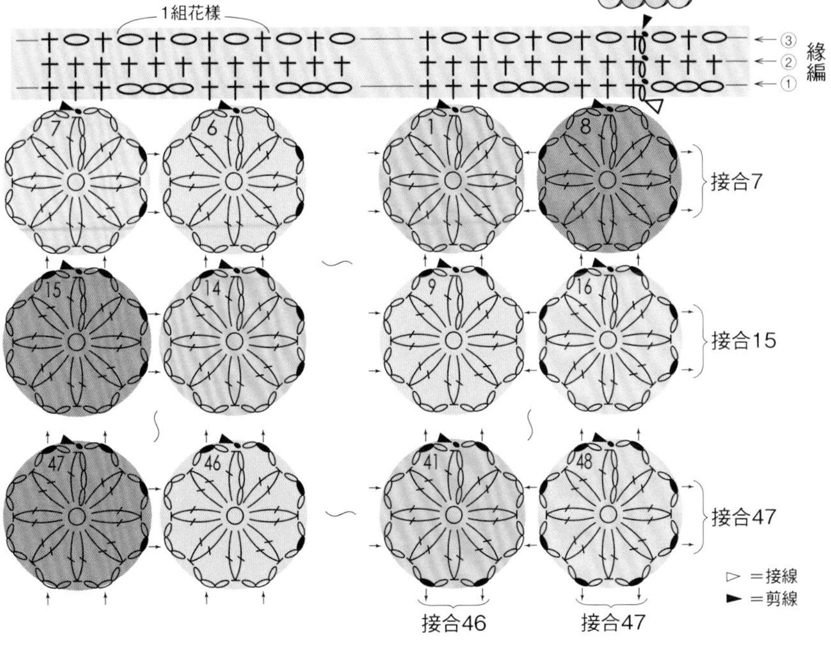

馬克杯套

配色典雅好似外國老太太的鉤織作品，
接合8片花樣後，以綁帶穿過花樣針目即完成。
作法簡單，而且想要改作成不同大小時，
只要更換不同粗細的織線或鉤針就好。

- 花樣織片　使用P.31的花樣。
- 花樣接合法　技巧3（參考P.44）
  ※暫時取下鉤針，從即將接合的花樣鎖針下方入針引拔。
- 線　並太羊毛線（橘色7g、黃色・綠色 各6g）
- 針　鉤針5/0號
- 花樣尺寸　直徑5.5×5.5cm
- 完成尺寸　長22×高11cm（不含綁帶）

馬克杯套

花樣配置＆鉤織接合順序

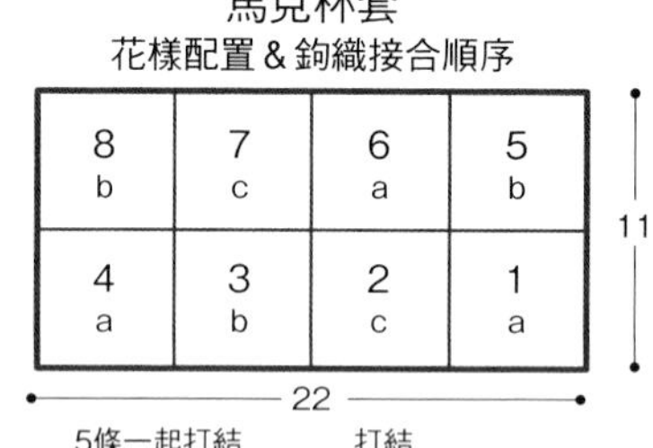

組合方法

5　8
1　4
參考織圖穿入綁帶

花樣配色

	第1段	第2段	第3段
c	橘色	綠色	黃色
b	黃色	橘色	綠色
a	綠色	黃色	橘色

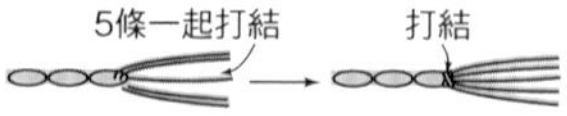

繩帶

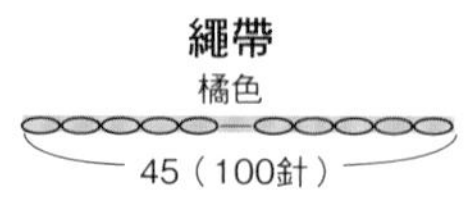

5條一起打結　打結

取兩條7cm的線穿過綁帶一端的針目，
再與鉤織起點（鉤織終點）的線頭對齊，
5條線一起打結。

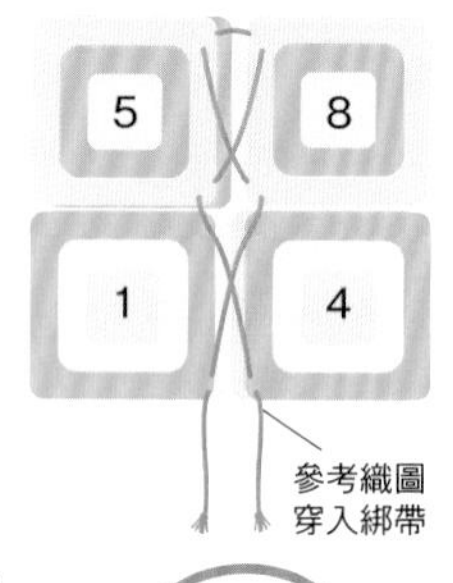

▷ ＝接線
► ＝剪線

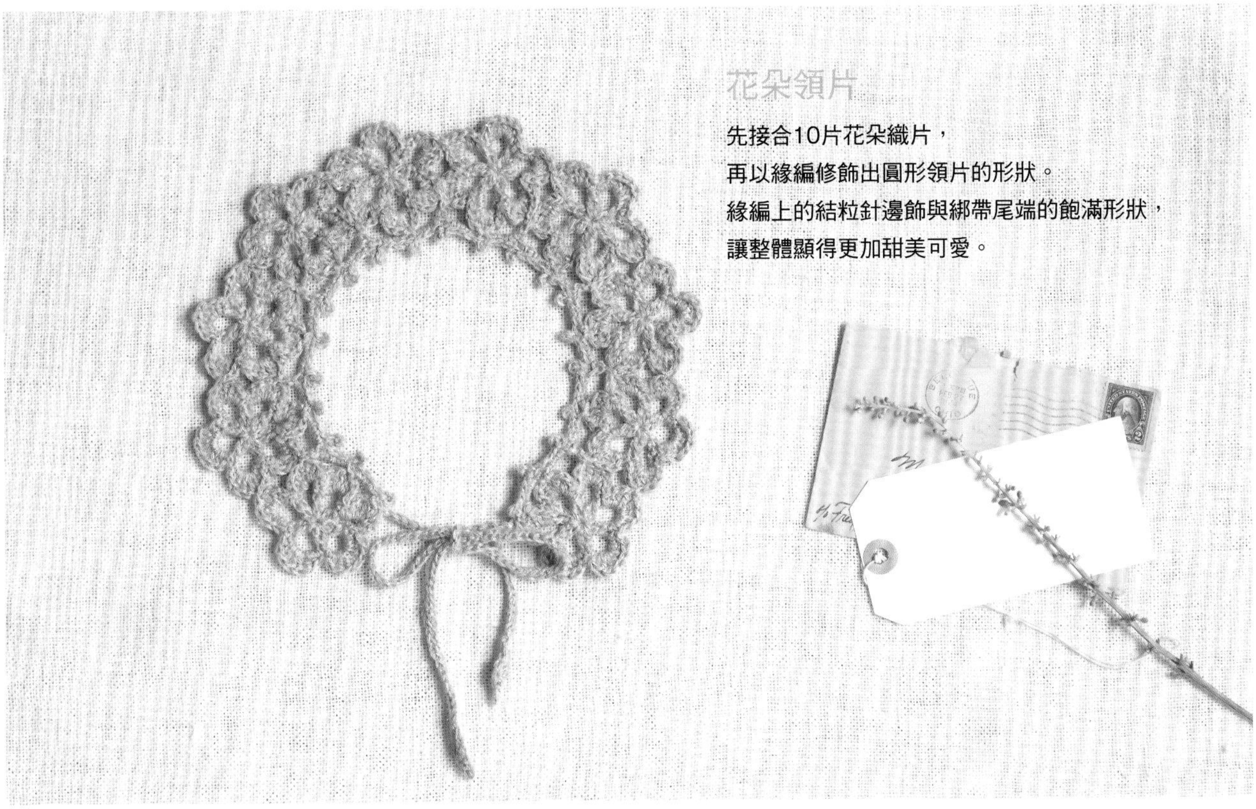

花朵領片

先接合10片花朵織片，
再以緣編修飾出圓形領片的形狀。
緣編上的結粒針邊飾與綁帶尾端的飽滿形狀，
讓整體顯得更加甜美可愛。

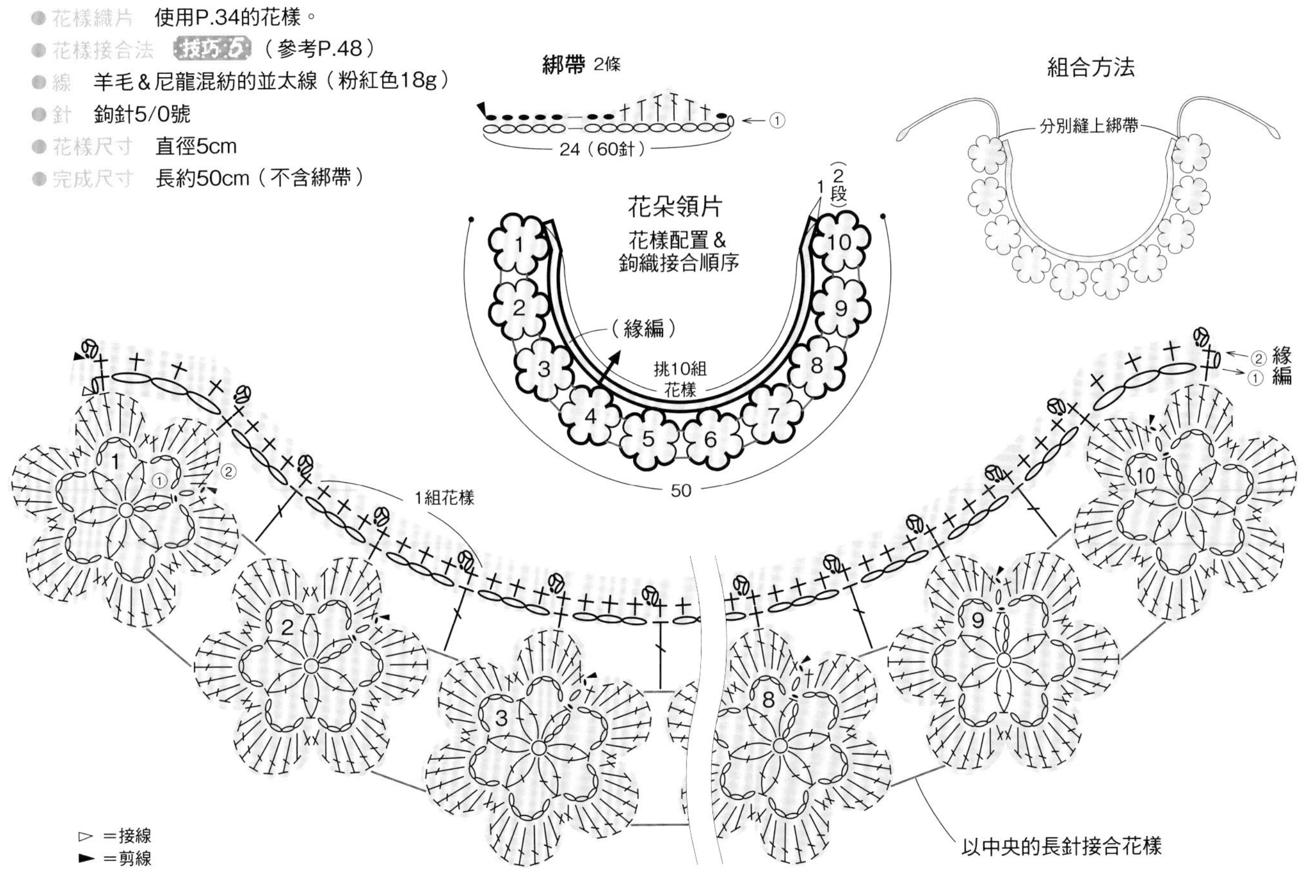

- 花樣織片　使用P.34的花樣。
- 花樣接合法　技巧5（參考P.48）
- 線　羊毛＆尼龍混紡的並太線（粉紅色18g）
- 針　鉤針5/0號
- 花樣尺寸　直徑5cm
- 完成尺寸　長約50cm（不含綁帶）

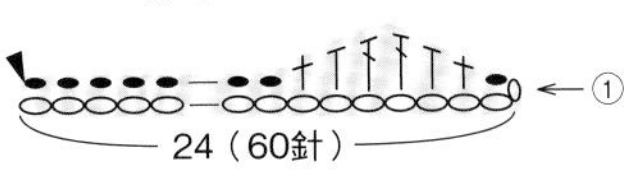

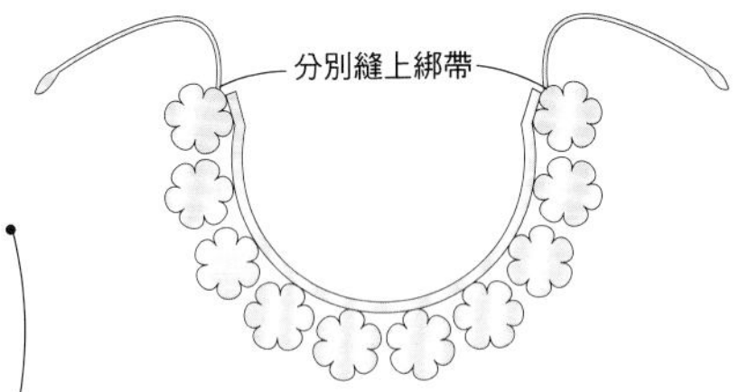

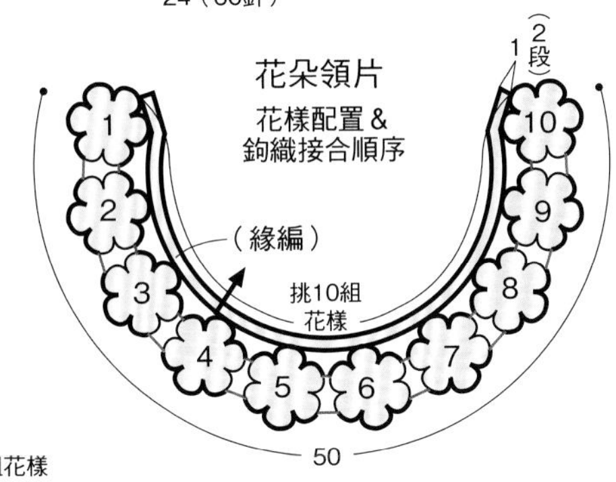

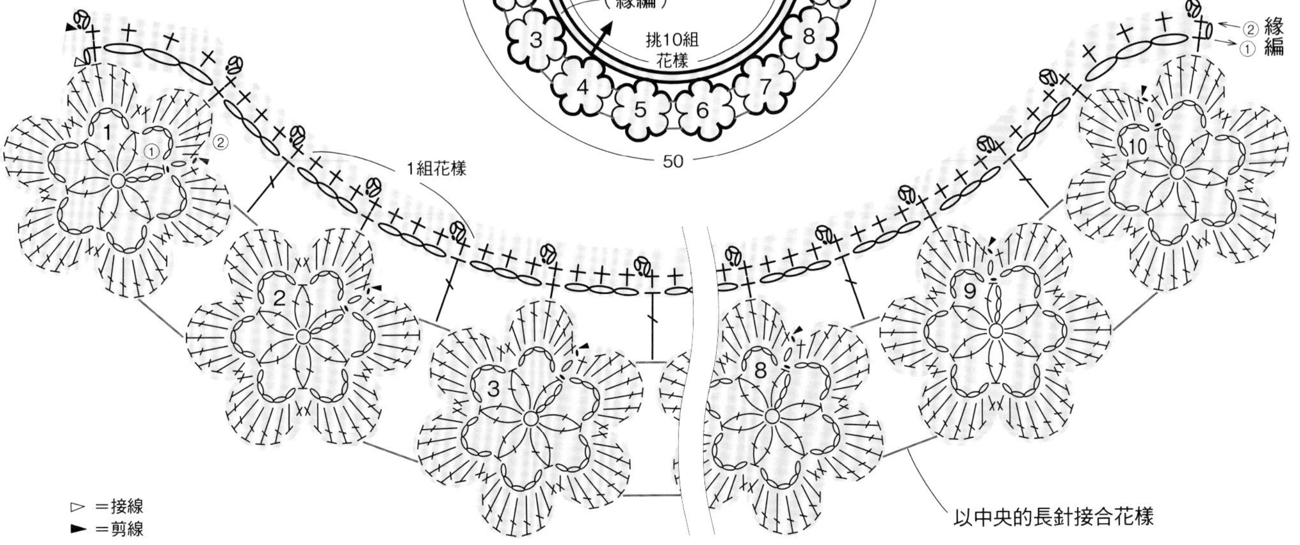

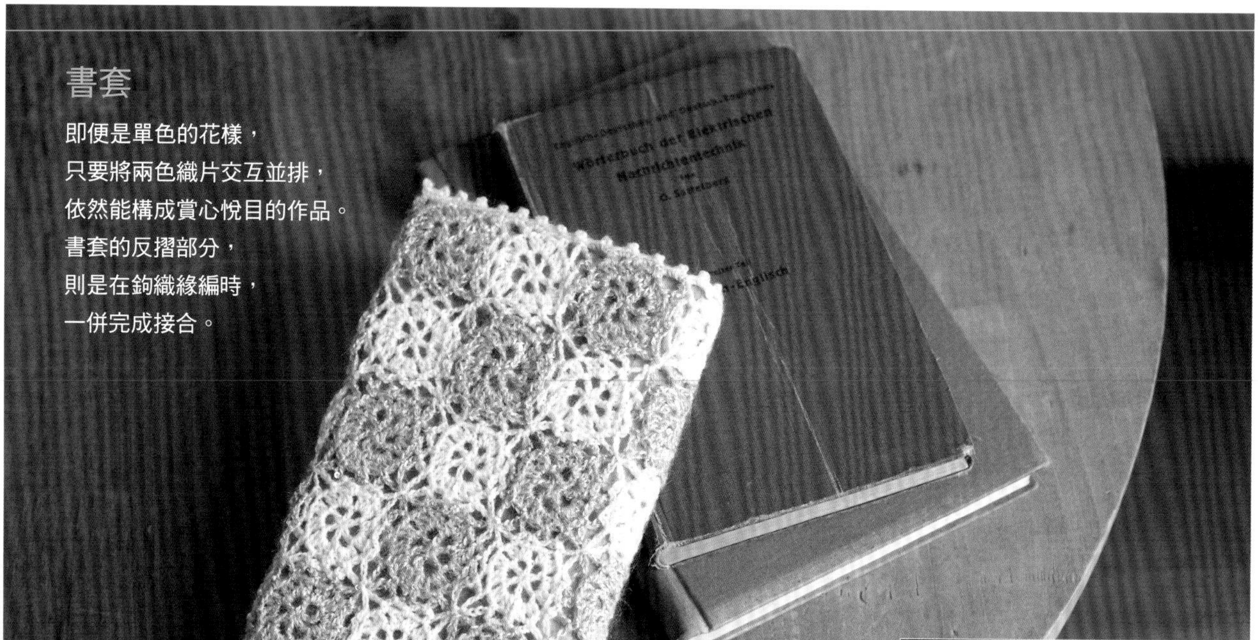

書套

即便是單色的花樣，
只要將兩色織片交互並排，
依然能構成賞心悅目的作品。
書套的反摺部分，
則是在鉤織緣編時，
一併完成接合。

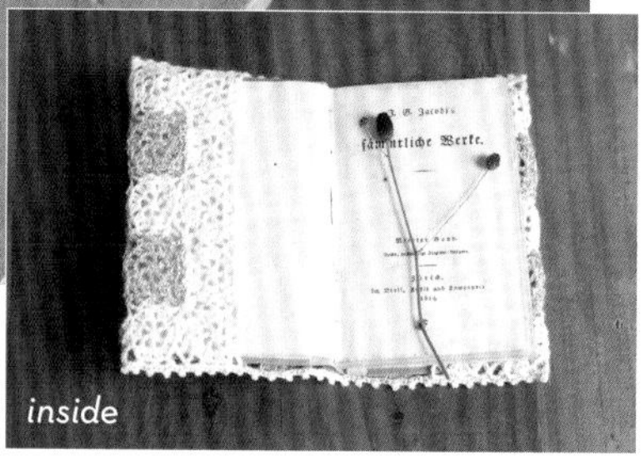

inside

- 花樣織片　使用P.33的花樣。
- 花樣接合法　技巧3（參考P.44）
- 線　金蔥合細線（綠色14g）、羊毛合細線（原色22g）
- 針　鉤針5/0號
- 花樣尺寸　3.3×3.3cm
- 完成尺寸　23×17.5cm

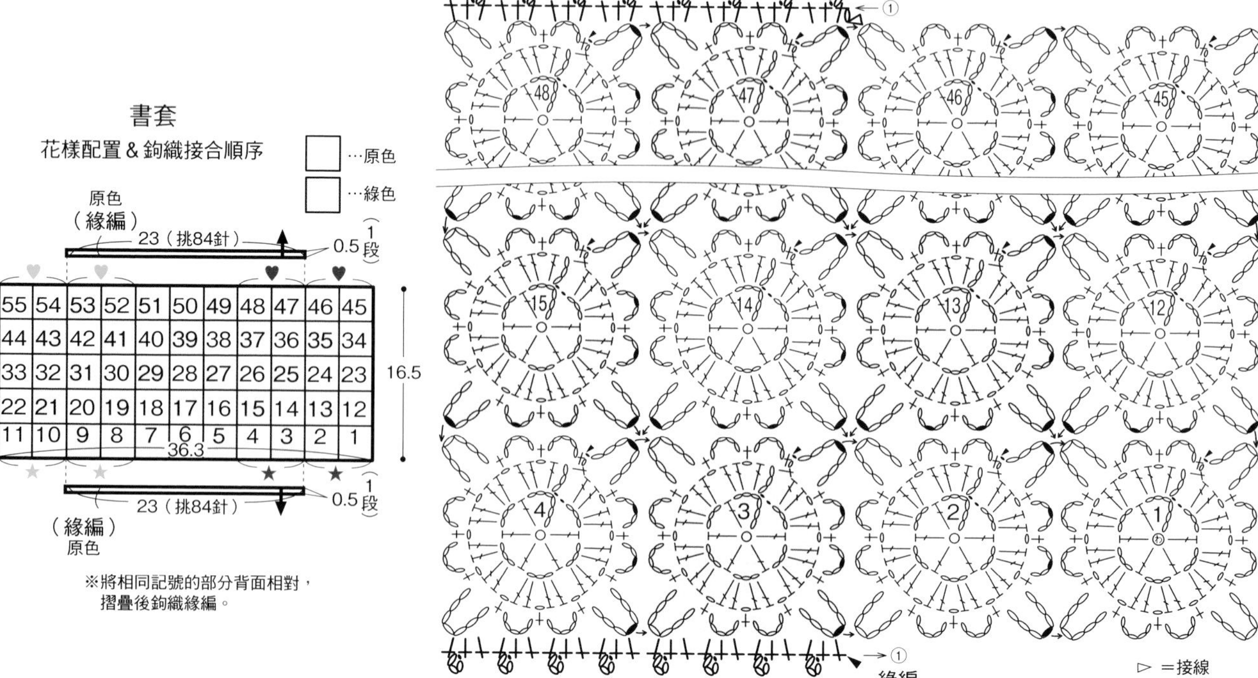

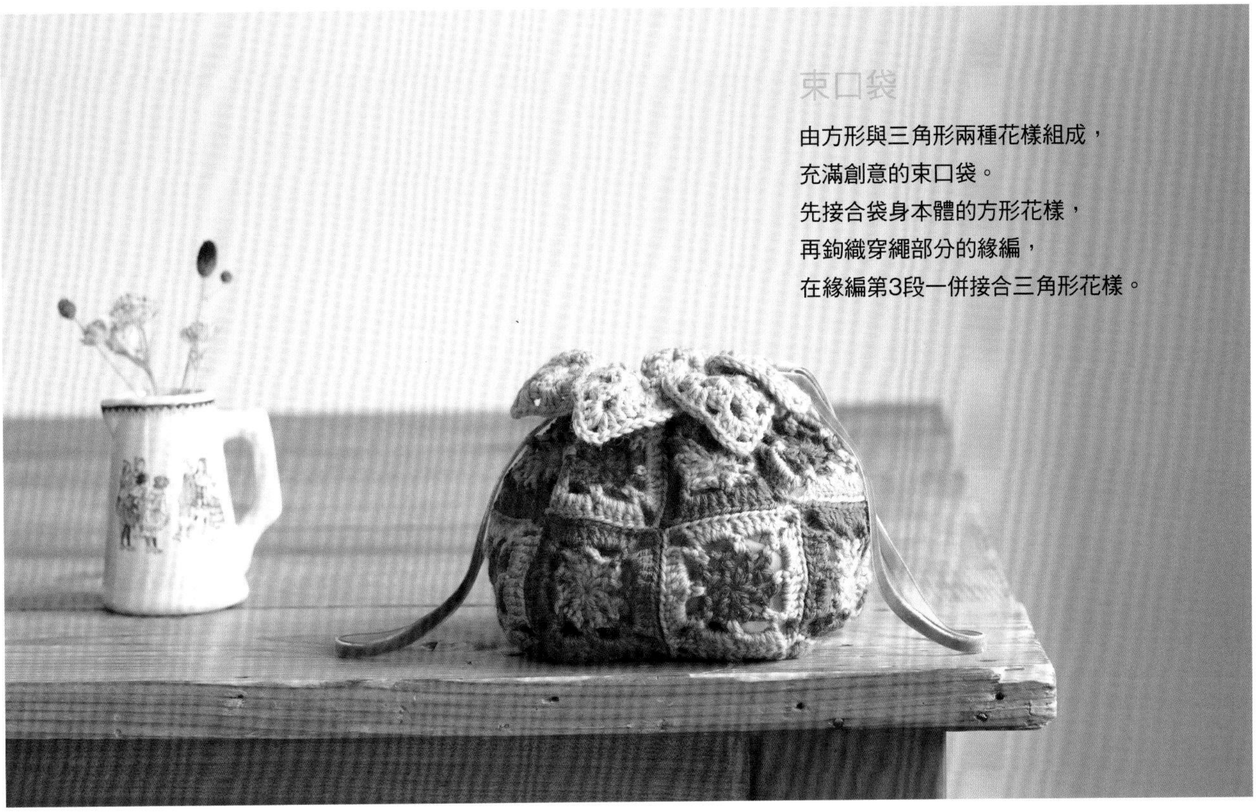

束口袋

由方形與三角形兩種花樣組成，
充滿創意的束口袋。
先接合袋身本體的方形花樣，
再鉤織穿繩部分的緣編，
在緣編第3段一併接合三角形花樣。

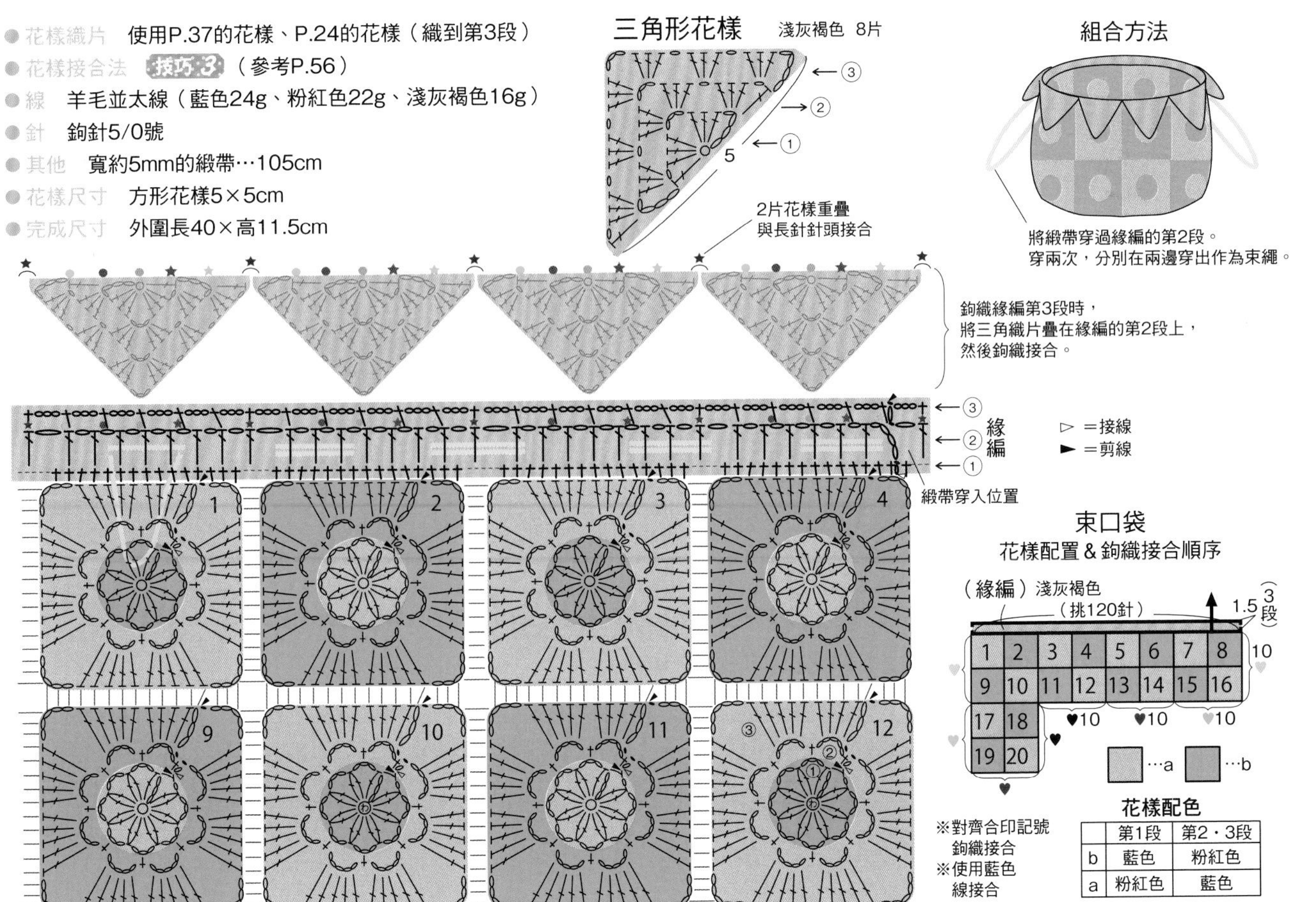

- 花樣織片　使用P.37的花樣、P.24的花樣（織到第3段）
- 花樣接合法　技巧3（參考P.56）
- 線　羊毛並太線（藍色24g、粉紅色22g、淺灰褐色16g）
- 針　鉤針5/0號
- 其他　寬約5mm的緞帶…105cm
- 花樣尺寸　方形花樣5×5cm
- 完成尺寸　外圍長40×高11.5cm

三角形花樣　淺灰褐色 8片

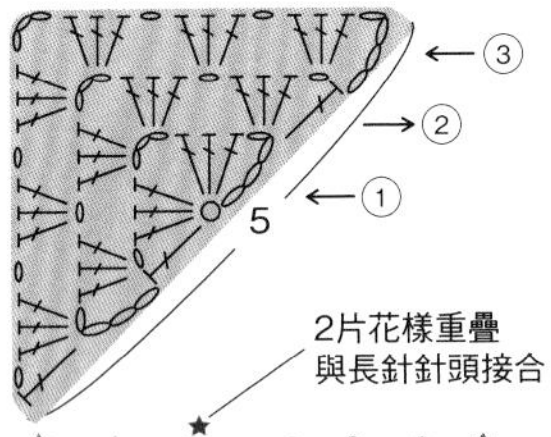

2片花樣重疊
與長針針頭接合

組合方法

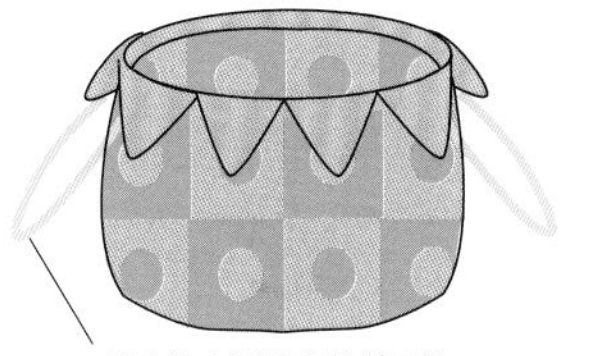

將緞帶穿過緣編的第2段。
穿兩次，分別在兩邊穿出作為束繩。

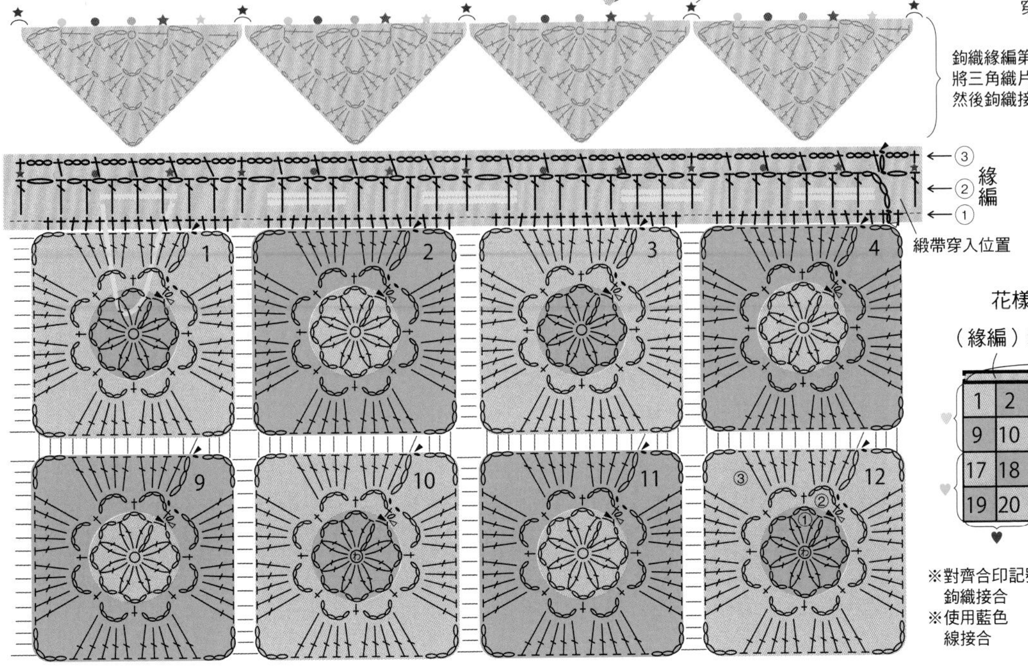

鉤織緣編第3段時，
將三角織片疊在緣編的第2段上，
然後鉤織接合。

緣編

▷ =接線
► =剪線

緞帶穿入位置

束口袋
花樣配置 & 鉤織接合順序

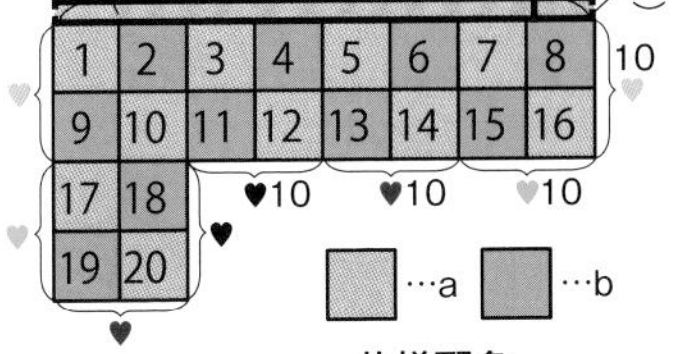

（緣編）淺灰褐色
（挑120針）
1.5 3段
10
10　10　10

…a　…b

※對齊合印記號
鉤織接合
※使用藍色
線接合

花樣配色

	第1段	第2・3段
b	藍色	粉紅色
a	粉紅色	藍色

應用花樣來鉤織看看吧！

只要充分應用本書先前教授的技巧，即便看起來很複雜的花樣或大型作品，鉤織起來也毫不困難。
接下來介紹的鉤織作品，都是以同一個花樣變化成兩件不同的小物。
就算花樣相同，只要線材種類、接合法或配置方式不一樣，就會呈現全然不同的風貌。

中央開著小花的圓形花樣織片

設計：岡本真希子

膝上毯 How to P.86

這款織成菱形的大型膝上毯，
運用配色，將爆米花針的花朵襯托得更加鮮豔。
拼接方式是以引拔針接合。

將菱形膝上毯長邊的菱角內摺，披在肩上，就成了用途廣泛的小披肩。

抱枕套

How to P.87

以兩種色線捻成的段染織線鉤織而成。
接合花樣織片後，再利用鎖針與短針填補空隙，
接著沿四周鉤織緣編即完成。

纖細的六角形
鏤空花樣織片

設計：風工房

披肩

How to P.88

以質地輕盈的毛海線，織成梯形的披肩。
使用毛海等，線材上有著長纖毛時，
萬一需要拆掉重織會很麻煩，
因此請耐心地慢慢鉤織。

領片 How to P.89

使用棉線鉤織花樣，一邊以引拔針接合成領片。
直接搭在衣服上就很漂亮，
將領口部分反摺成小領子使用，則更加出色。

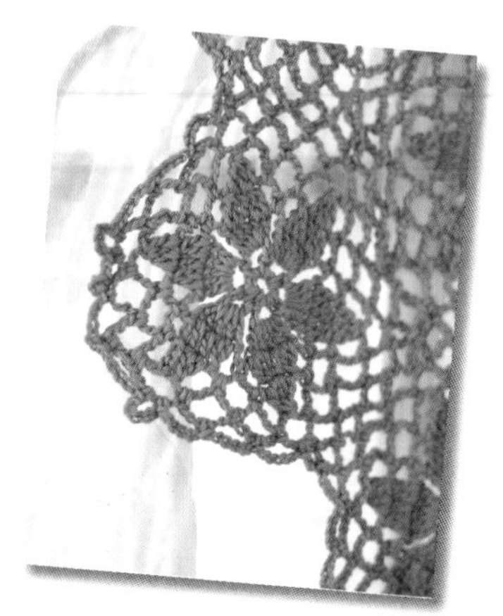

充滿排列組合樂趣的三角形花樣織片

設計：柴田 淳

小桌墊

How to P.90

將12片三角形花樣接合在一起，
就可以作出星星形狀的小桌墊。
使用稍微細一點的織線，
即可完成宛如蕾絲的織細作品。

帽子 How to P.91

以花呢毛線織成配色花樣，
再組合而成的帽子。
鉤織所有花樣織片後，以捲針縫接合，
最後再加上短針鉤織的帽緣。

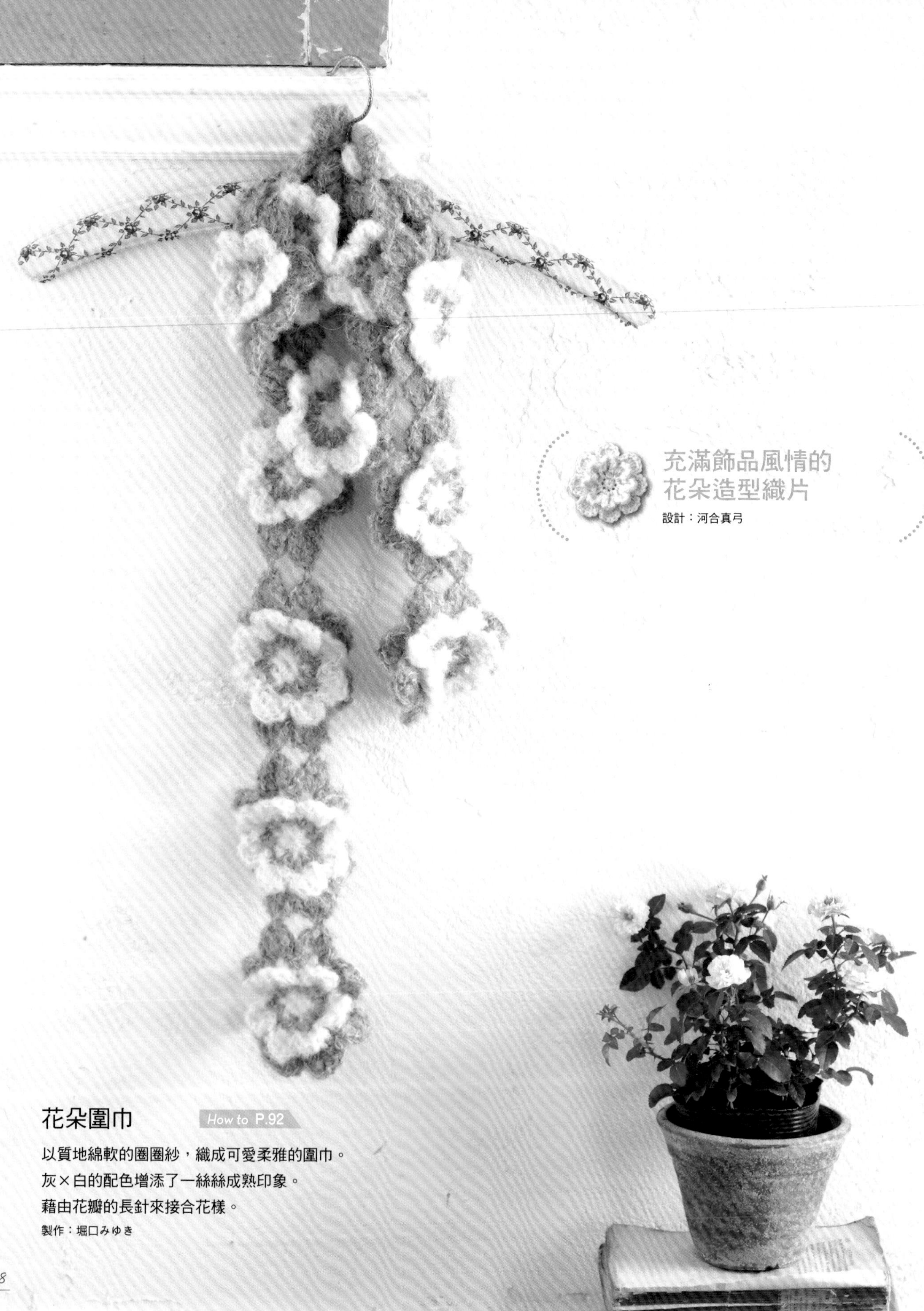

充滿飾品風情的花朵造型織片

設計：河合真弓

花朵圍巾

How to P.92

以質地綿軟的圈圈紗，織成可愛柔雅的圍巾。
灰×白的配色增添了一絲絲成熟印象。
藉由花瓣的長針來接合花樣。

製作：堀口みゆき

頸飾 How to P.93

以蕾絲線鉤織出充滿春天氣息的頸飾，
使用粉色系的配色最適合不過了。
繩狀的莖與葉，是鎖針＆長針鉤織而成。

製作：堀口みゆき

織入玉針的可愛方形花樣

設計：橫山純子

手提包 How to P.95

以色彩繽紛的段染織線鉤織而成，
充滿普普風情的手提包。
完成所有花樣織片後，再以捲針縫接合，
側幅、袋底與提把，都是以短針鉤織完成。

迷你菱格毯 How to P.94

質地輕盈的圈圈紗，搭配淺粉紅與杏色的花樣。
先完成粉紅色花樣織片的接合，
再一邊鉤織杏色織片，一邊接合至毯子上。

織入花朵造型的方形花樣織片

設計：Sachiyo＊Fukao

粗針織圍巾

How to P.97

以捻線程度較輕的鬆軟織線完成花樣，
再鉤織引拔針接合。
雪白的圍巾非常適合冬季，
搭配色彩較深沉的大衣、外套，
就是最適合的冬日穿搭。

製作：＊美羽＊

巾著風手織包

How to P.98

選用色彩典雅，加入金蔥的織線，
成功地營造出古典雅致的印象。
圓形的袋底則是以長針與短針鉤織而成。

製作：＊美羽＊

擁有立體感的花朵織片

設計：横山かよ美

立體花扁包

How to P.100

彷彿向日葵的配色鉤織包，
將原本的花樣少織一段，
在第5段就鉤織引拔針接合，
再以緣編修飾袋口，縫上皮革提把。

三角披肩 How to P.102

一邊鉤織一邊接合花樣織片，再填補空隙。
花樣與扁包相同，但接合方式略有不同，
重點是將中央的十字花樣旋轉45度才拼接。

P.72 膝上毯

● 線　並太直線［Olympus Premio 茶色（20）200g，芥末色（10）・酒紅色（17）以上各40g，Make Make Cocotte 杏色（409）60g］
● 針　鉤針6/0號
● 花樣尺寸　直徑11cm
● 完成尺寸　長邊117×短邊71cm
● 花樣接合法
技巧 7 以引拔針接合花樣（參考P.40）
● 其他要點
緣編的起點，是將鉤針穿入花樣最終段，挑鎖針束引拔接線，然後鉤織1針立起鎖針與短針。鉤織起點的位置並無特別規定。

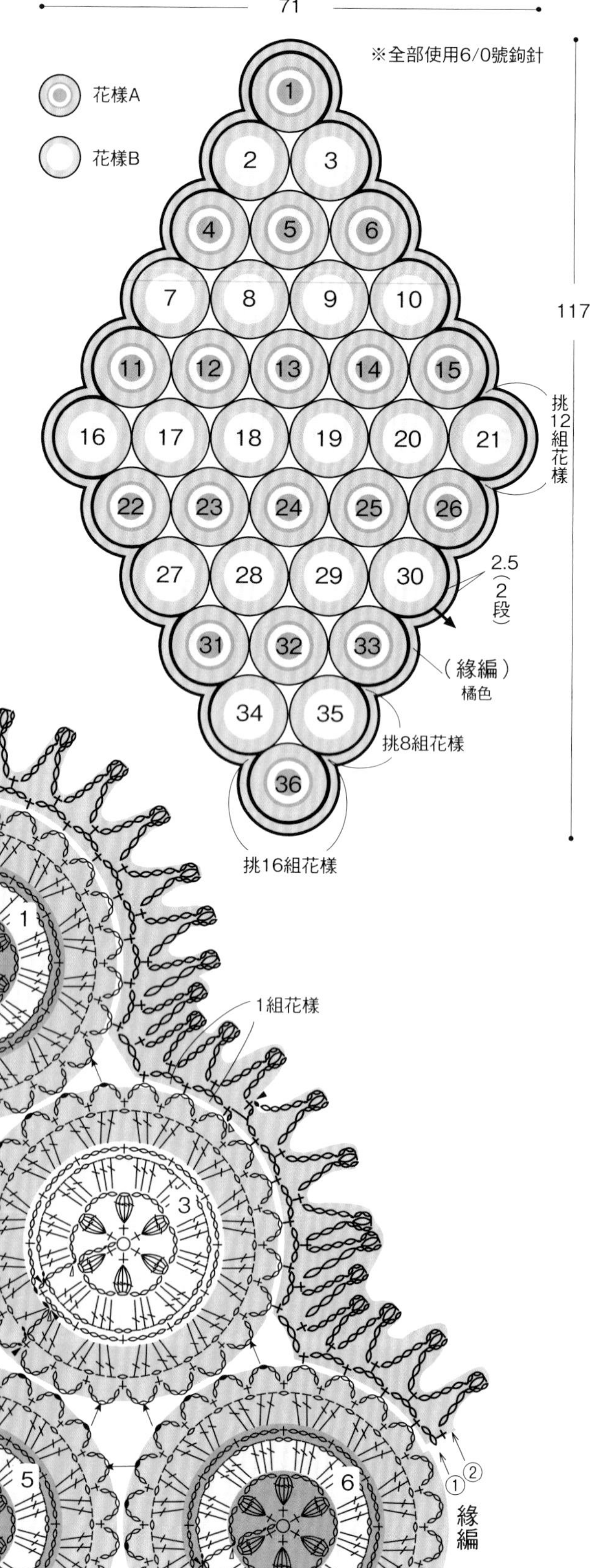

花樣接合法&緣編織法

花樣配色

	A（18片）	B（18片）
第6段	茶色	茶色
第5段	茶色	茶色
第4段	酒紅色	芥末色
第3段	杏色	杏色
第2段	酒紅色	芥末色
第1段	酒紅色	芥末色

▷ ＝接線
► ＝剪線

P.73 抱枕套

● 線　並太段染mix（40g線球・線長約127m）水藍色170g
● 針　鉤針6/0號
● 其他　抱枕枕心（45×45cm）
● 花樣尺寸　直徑10cm
● 完成尺寸　長35×寬35 厚約15cm（不含緣編）
● 花樣接合法
技巧11 接合後的空隙填補方法 （參考P.62）
● 其他要點

分別將抱枕套正、反面織片接合完成，背面相對疊合後鉤織緣編。鉤針同時穿入兩片織片後挑束接線，開始鉤織。第1段重複鉤織鎖針與短針，但2長針併針的部分，是各織1針未完成的長針再收成1針，而不是2片一起鉤織。

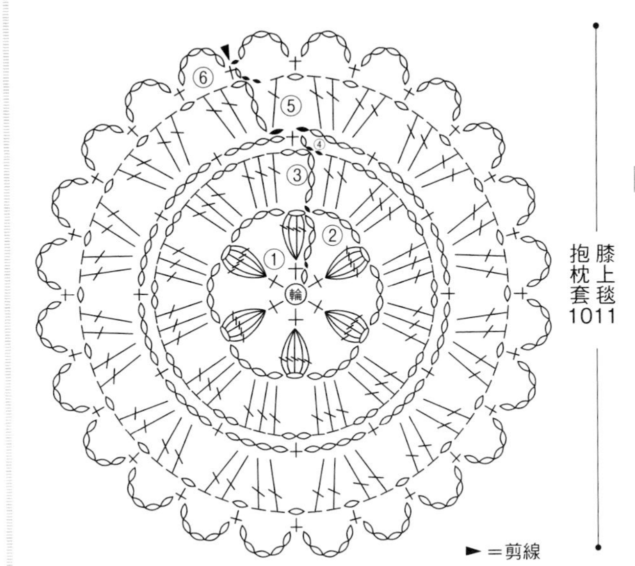

P.72・P.73的花樣（共通）

- 使用「手指繞線的輪狀起針」（參考P.12）。
- 第2段的5長針爆米花針，是挑第1段短針針頭鉤織。可參考P.103鉤織要點中的步驟。
- 第4段為重複鉤織4針鎖針與短針。

花樣配置＆鉤織接合順序

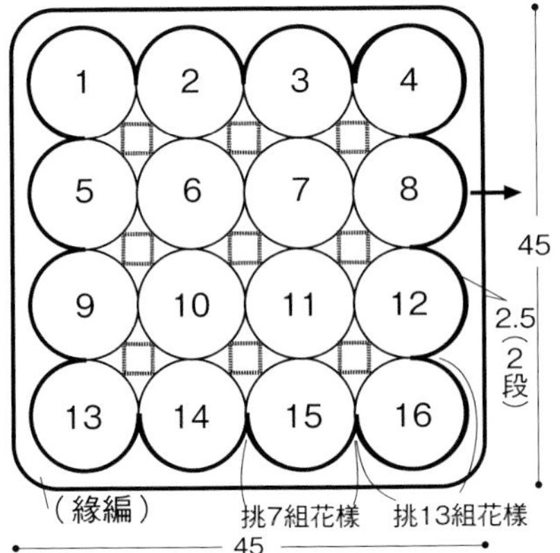

※全部使用6/0號鉤針

緣編（共通）

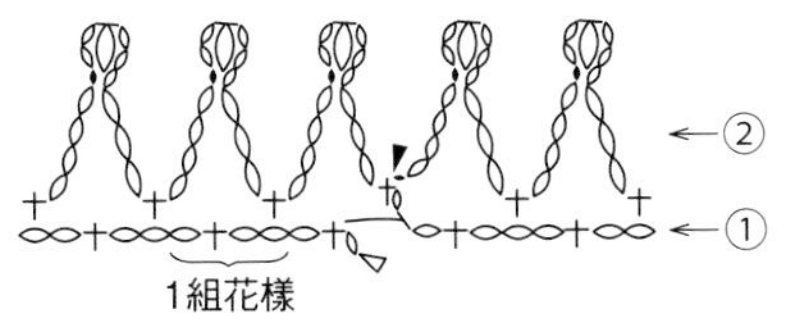

＊抱枕套緣編第1段，
在每個花樣的挑針起點與終點，
分別是將短針改鉤2長針併針。

花樣接合法＆緣編織法

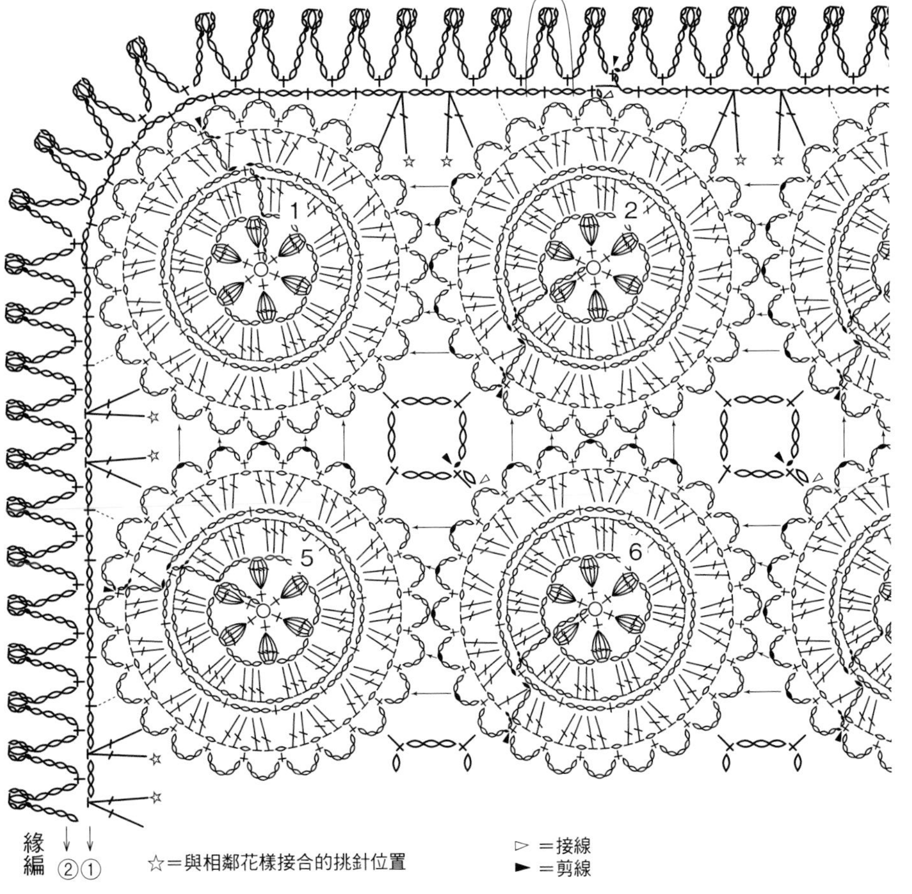

P.74・P.75的花樣（共通）

- 使用「鎖針接合成圈的輪狀起針」（參考P.16）。
- 第2段的最後1針，是引拔立起針第3針鎖針的半針與裡山。
- 第3段的最後1針，是引拔2鎖針之後的長針針頭。

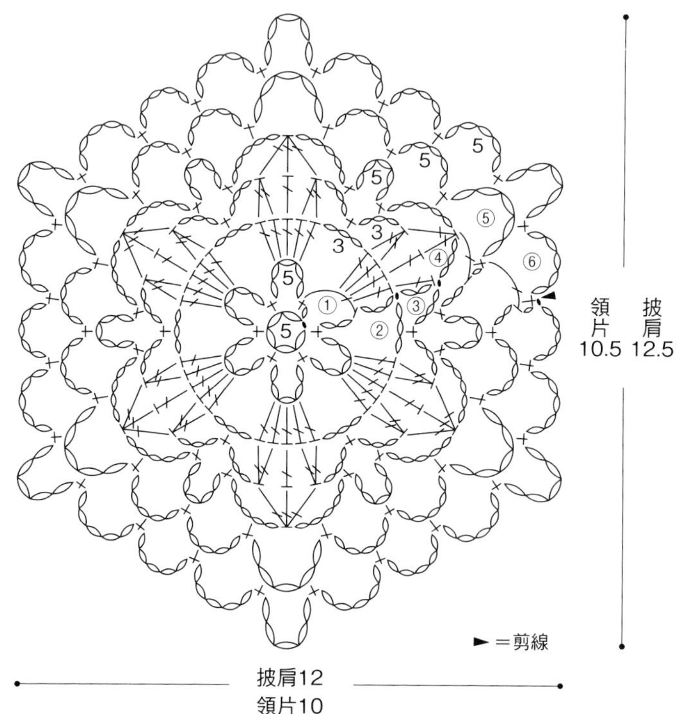

P.74 披肩

- 線　並太毛海［Diamond毛線 Diamohairdeux〈Alpaca〉灰杏色（702）180g］
- 針　鉤針5/0號
- 花樣尺寸　12.5×12cm
- 完成尺寸　寬50.5×長146（短邊98）cm

● 花樣接合技巧

技巧3 以引拔針接合多片花樣於1處（參考P.44）

● 其他要點

緣編起點是引拔花樣最終段的鎖針山形，接線後鉤織立起針鎖1針與短針。鉤織起點位置並無特別規定。

花樣配置&鉤織接合順序

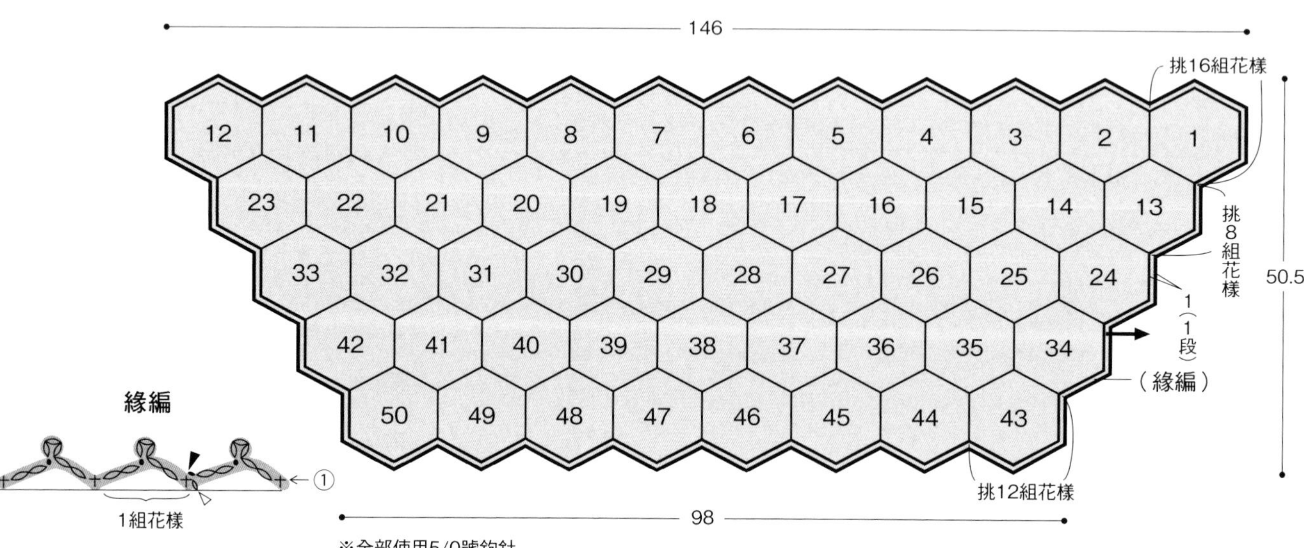

※全部使用5/0號鉤針

P.75 領片

- 線　中細直線［Hamanaka Paume Crochet〈草木染〉磚紅色（75）45g］
- 針　鉤針3/0號
- 花樣尺寸　直徑10.5×10cm
- 完成尺寸　寬17.5×寬70（短邊60）cm
- 花樣接合技巧

技巧3　以引拔針接合多片花樣於1處（參考P.44）

花樣配置＆鉤織接合順序

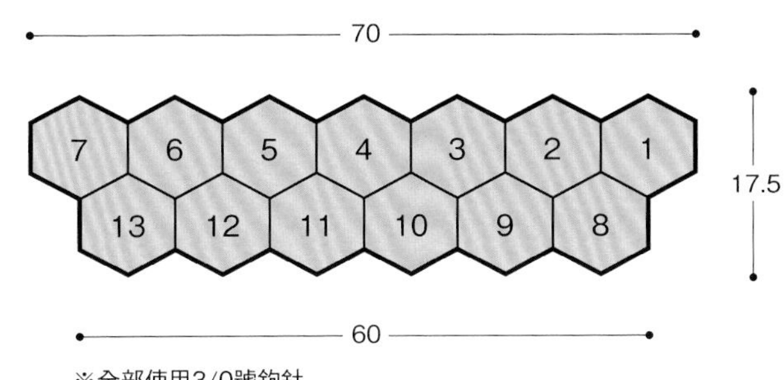

※全部使用3/0號鉤針

花樣接合法（共通）＆緣編織法（僅披肩）

P.76・77的花樣（共通）

- 使用「手指繞線的輪狀起針」（參考P.12）。
- 第1段是在起針的輪上鉤織短針與3長針的玉針。
- 第3段的3針長針，三角形頂點的部分是挑鎖針束鉤織，側邊則是將鉤針穿入短針與短針之間。
- 鉤織重點的分解步驟刊載於P.103。

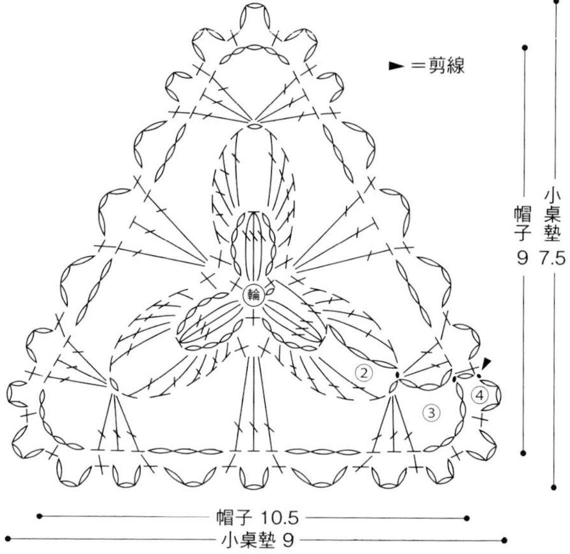

※帽子織到第3段，小桌墊織到第4段。

P.76 小桌墊

- 線　中細直線［Hamanaka Flax C 杏色（2）25g］
- 針　鉤針3/0號
- 花樣尺寸　底邊9×高7.5cm
- 完成尺寸　長邊30×短邊27cm
- 花樣接合技巧

技巧3 以引拔針接合多片花樣於1處（參考P.44）

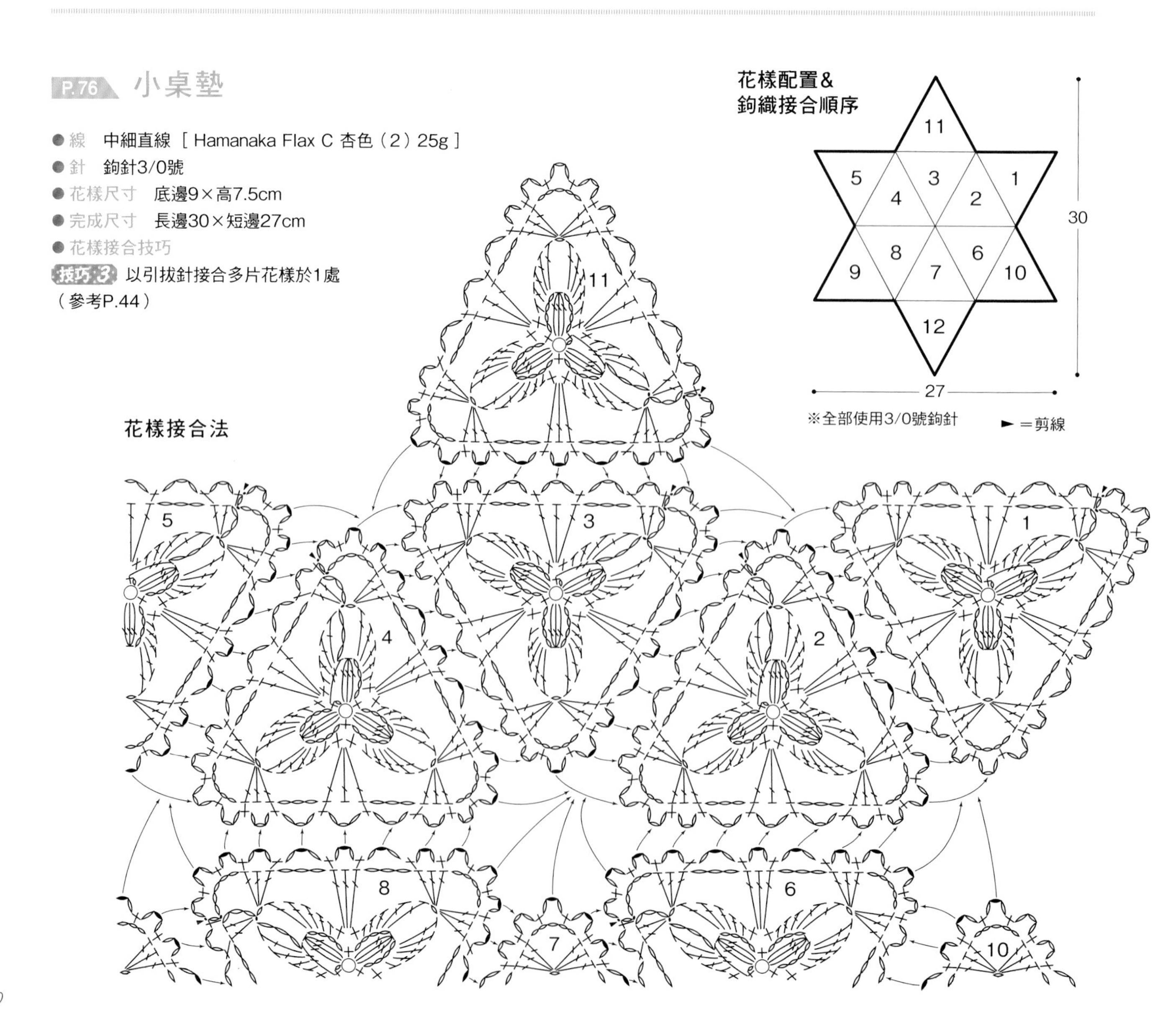

花樣配置&鉤織接合順序

30
27

※全部使用3/0號鉤針

►＝剪線

花樣接合法

P.77 帽子

● 線　中細花呢毛線［Hamanaka Tweed Bazar 焦茶色（6）30g、杏色（5）20g、卡其色（13）10g］
● 針　鉤針6/0號
● 花樣尺寸　底邊10.5×高9cm
● 完成尺寸　頭圍52.5×高23.5cm
● 花樣接合法
技巧 2 半針目捲針縫接合法（參考P.58）
● 其他要點
在接合順序上多費點心思吧！如右圖記載數字接合花樣時，先接合帽子的下半部，再處理上半部，然後拼接兩部分即可完成作品。

花樣配置&捲針縫順序

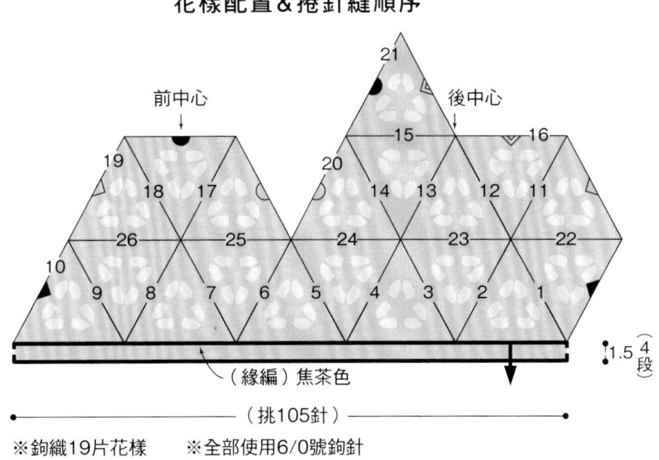

※鉤織19片花樣　※全部使用6/0號鉤針

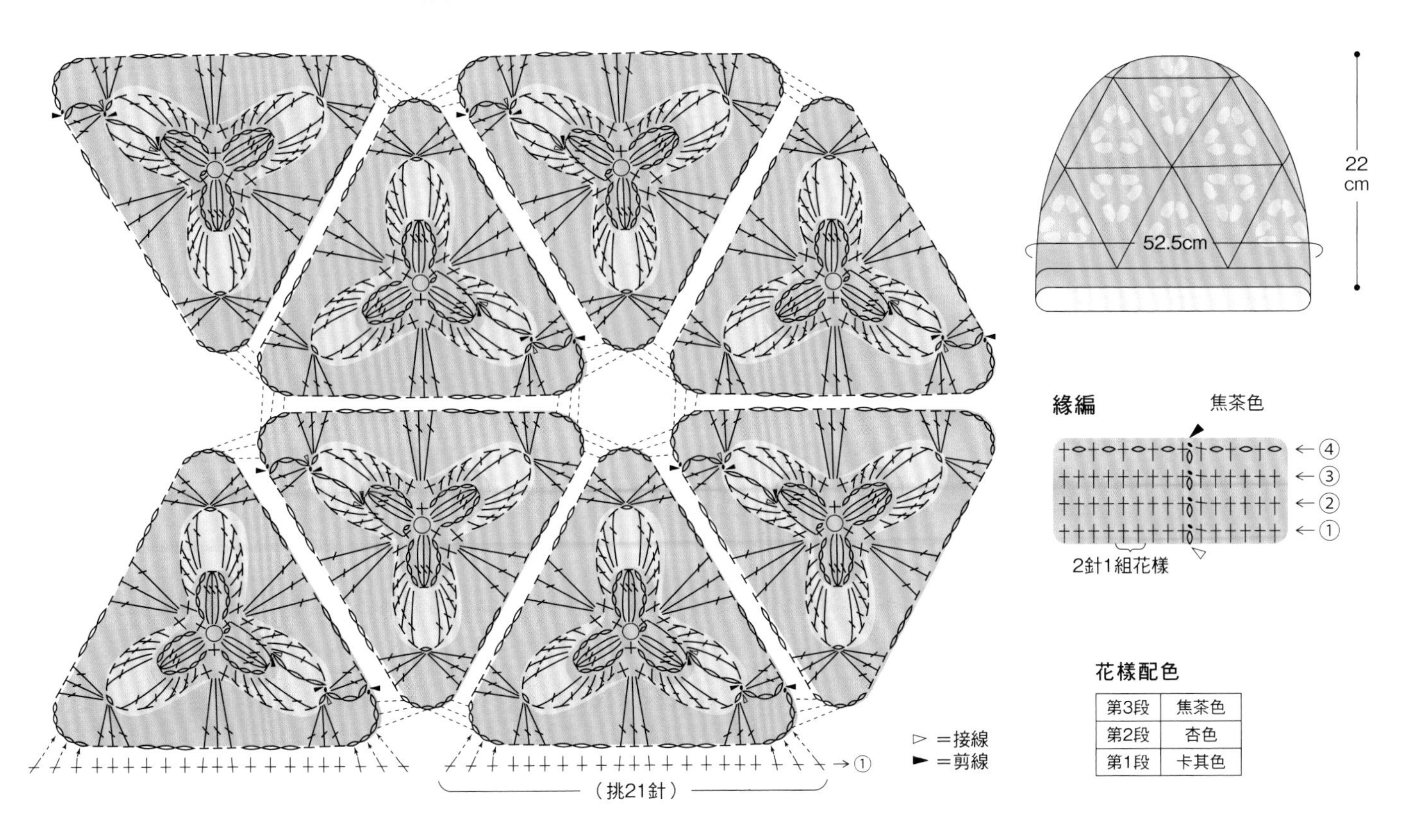

花樣接合法&緣編挑針法

（挑21針）

▷＝接線
▶＝剪線

22cm
52.5cm

緣編　焦茶色
2針1組花樣

花樣配色

第3段	焦茶色
第2段	杏色
第1段	卡其色

P.78・79的花樣（共通）

- 使用「手指繞線的輪狀起針」（參考P.12）。
- 鉤織重點的分解步驟刊載於P.103、P.104。

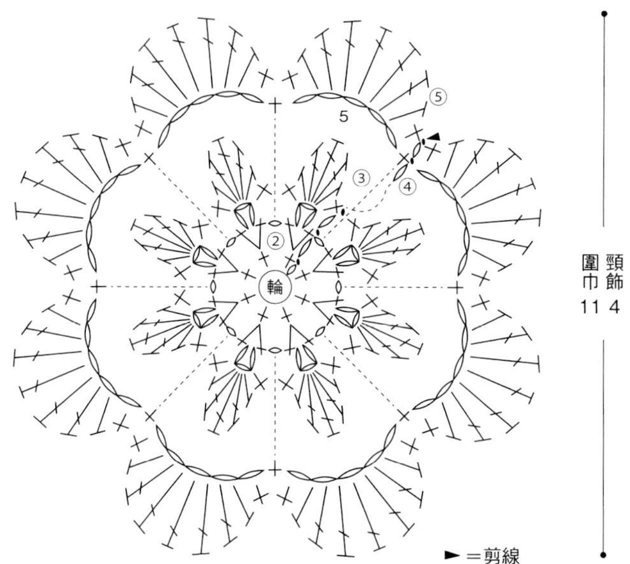

P.78 花朵圍巾

- 線　極太圈圈紗［Hamanaka Etoffe 灰色（2）55g、白色（1）30g］
- 針　鉤針8/0號
- 花樣尺寸　直徑11cm
- 完成尺寸　寬11×長132cm
- 花樣接合技巧

技巧5 暫時取下鉤針再鉤織長針接合花樣（參考P.48）

花樣配色

第5段	灰色
第4段	灰色
第3段	白色
第2段	灰色
第1段	白色

花樣接合法（共通）

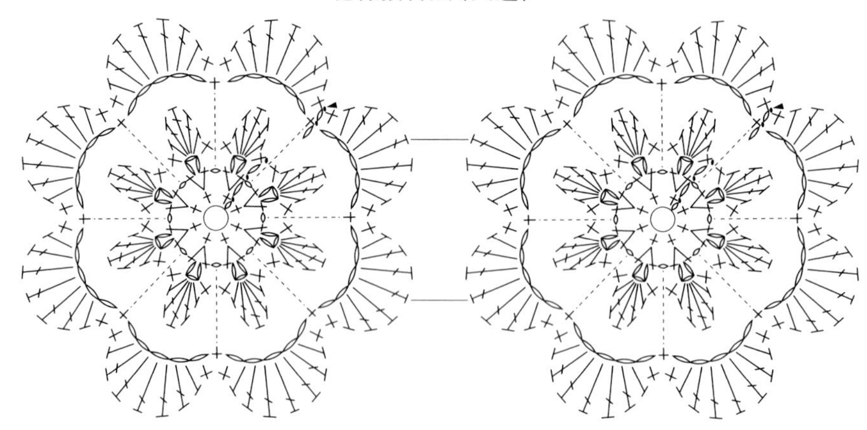

花樣配置

※全部使用8/0號鉤針

P.79 頸飾

● 線　合細直線［Olympus Emmy Grande（20）〈Herbs〉粉紅色（118）・杏色（732）以上皆20g、綠色（252）10g］

● 針　蕾絲針0號

● 花樣尺寸　直徑4cm

● 完成尺寸　寬4×長154cm

● 花樣接合技巧

技巧5 暫時取下鉤針再鉤織長針接合花樣（參考P.48）

● 其他要點

分別織好繩帶與花樣後再縫合。縫合時使用的縫線，最好與繩帶同色系。

繩帶
綠色

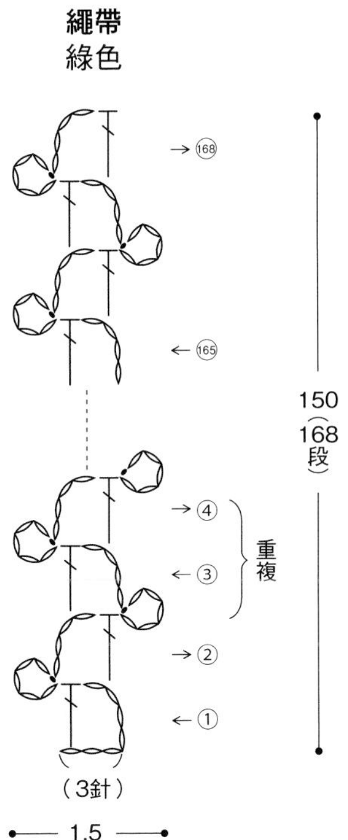

花樣配置

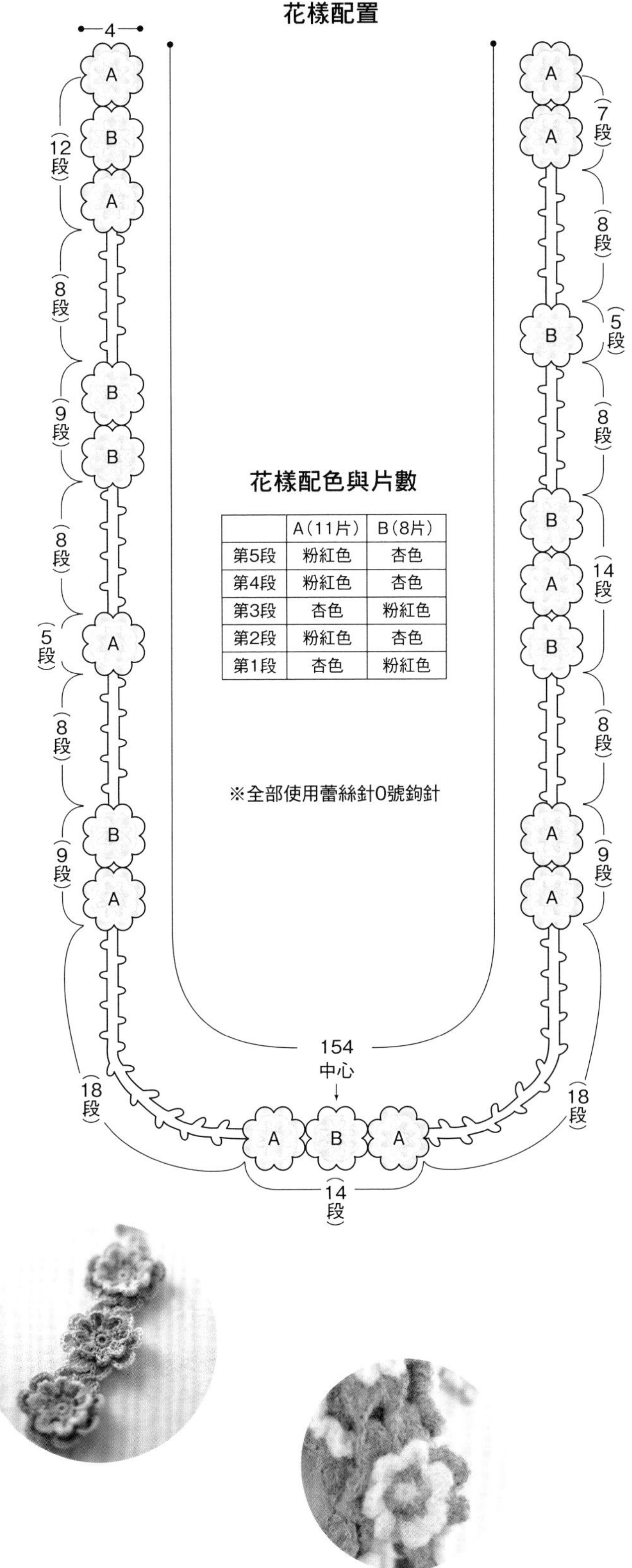

花樣配色與片數

	A（11片）	B（8片）
第5段	粉紅色	杏色
第4段	粉紅色	杏色
第3段	杏色	粉紅色
第2段	粉紅色	杏色
第1段	杏色	粉紅色

P.81 迷你菱格毯

● 線　極太圈圈紗（40g線球・約110m）粉紅色系80g、杏色系40g
● 針　鉤針7/0號
● 花樣尺寸　11×11cm
● 完成尺寸　長邊77.5×短邊46.5cm
● 花樣接合技巧

技巧5　暫時取下鉤針再鉤織長針接合花樣（參考P.48）的應用。

暫時取下鉤針再鉤織短針接合花樣。處理多片花樣的接合處時，先暫時取下鉤針，再將鉤針穿入第2片與第1片接合的短針針頭2條線，將原本離開的針目鉤出後，再繼續鉤織。

花樣配置&鉤織接合順序

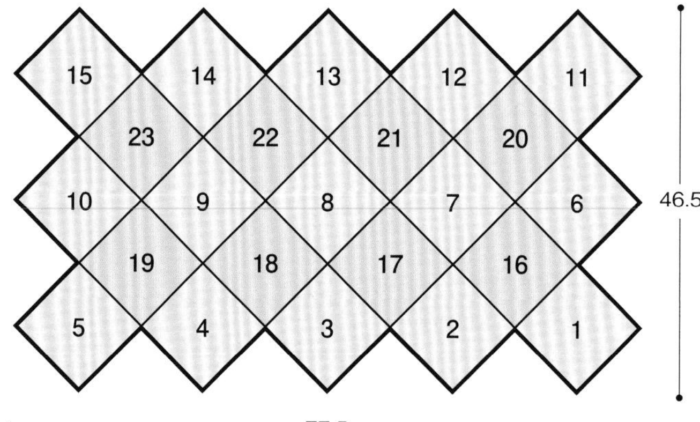

※全部使用7/0號鉤針

—— ＝先鉤織接合（粉紅色花樣）
—— ＝嵌入已完成接合的粉紅色花樣空隙中，鉤織接合。
→ ＝從接合兩片粉紅色花樣的針目中，鉤出杏色花樣的針目，鉤織接合。

花樣接合法

▶＝剪線

P.80 手提包

● 線　極太段染mix［Olympus Fleur 橘色系（4）95g、藍色系（3）40g］

● 針　鉤針6/0號

● 花樣尺寸　9×9cm

● 完成尺寸　寬28×高19.5×側幅5cm

● 花樣接合技巧

技巧5　半針目捲針縫接合法（參考P.58）

● 其他要點

接合花樣織片，再鉤織側幅・袋底與提把。

分別完成花樣織片袋身，與側幅＆袋底之後，兩者的接合則是應用花樣接合技巧7（參考P.54）。

袋身織片朝自己，側幅＆袋底朝外，背面相對疊合後，一邊挑全針目（針頭的2條線，不是半針）一邊鉤織短針。

完成與側幅＆袋底的接合後，鉤織袋口緣編，最後以同色中細線或縫線縫合提把。

P.80・P.81的花樣（共通）

- 使用「鎖針接合成圈的輪狀起針」（參考P.16）。
- 四角方向的3中長針的玉針，第2段是在1針短針上鉤織2針，第3段起則是挑束鉤織。
- 第5段的短針，除長針與3中長針的玉針是挑針鉤織，其他全都是挑束鉤織。

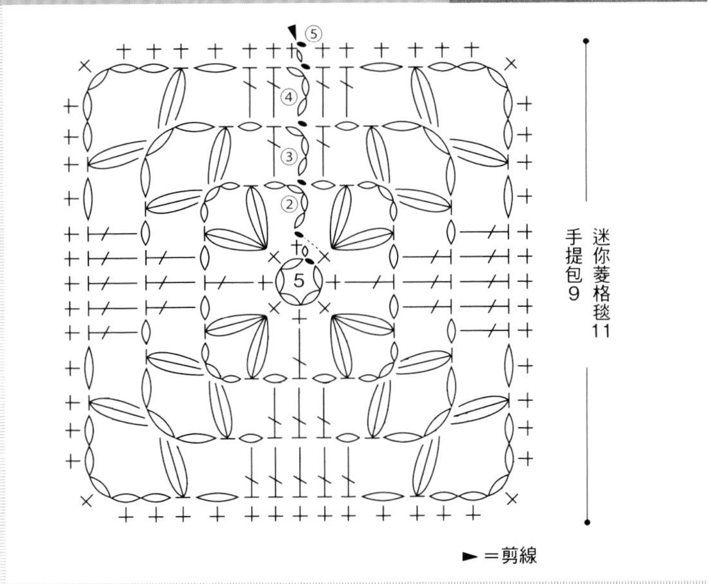

花樣接合法（拼接2片）

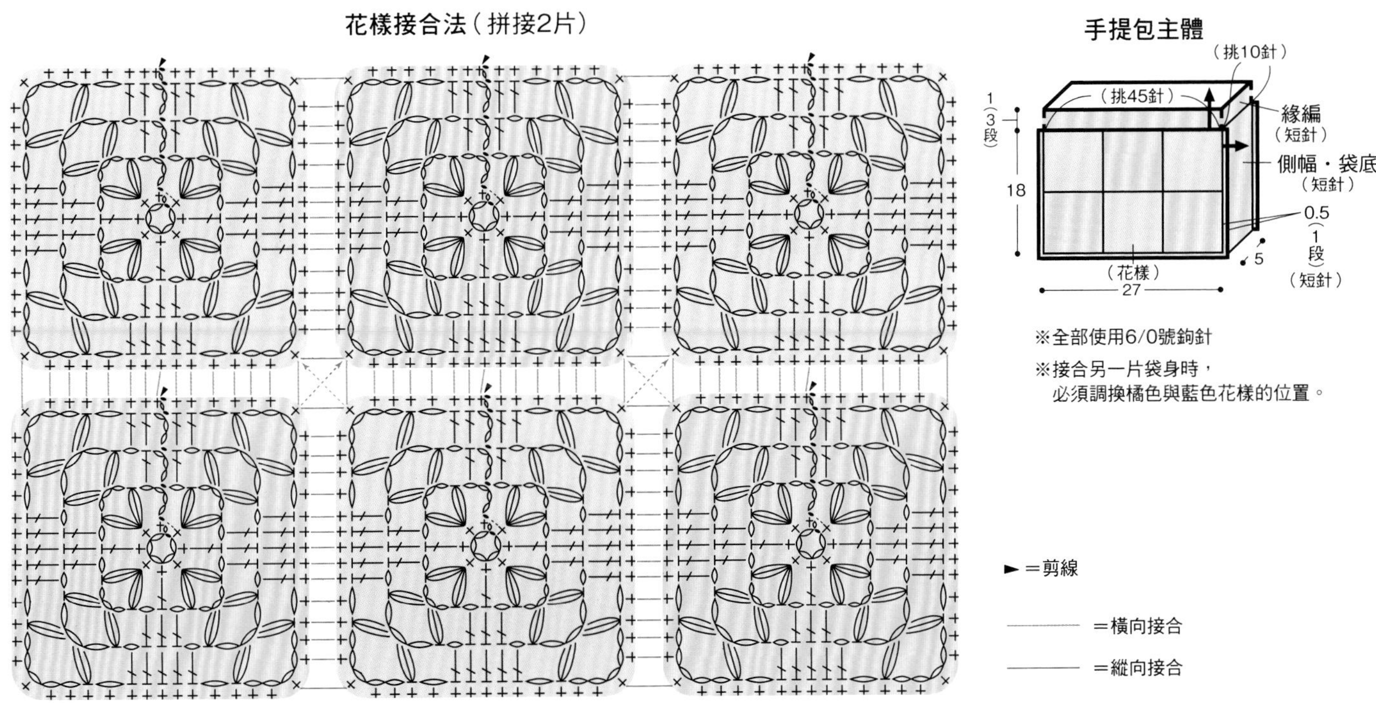

►＝剪線

————＝橫向接合

————＝縱向接合

手提包主體

（挑10針）

（挑45針）

1（3段）

18

緣編（短針）

側幅・袋底（短針）

0.5（1段）（短針）

5

（花樣）

27

※全部使用6/0號鉤針

※接合另一片袋身時，
必須調換橘色與藍色花樣的位置。

側幅・袋底　橘色系

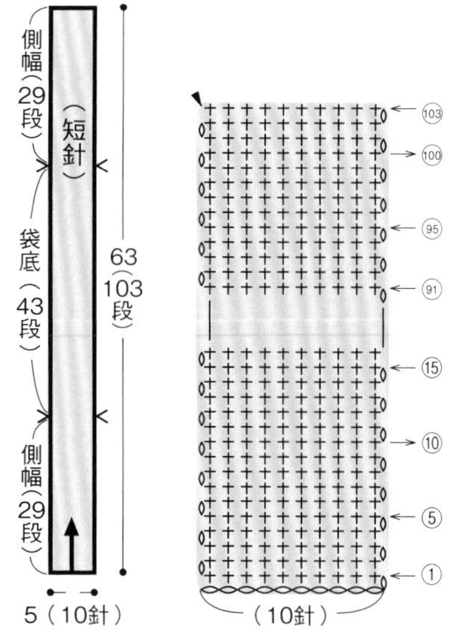

>＝在側幅與袋底的分界線，加上別線或段數環作為記號，接合時就能看得很清楚。

提把　橘色系　2條

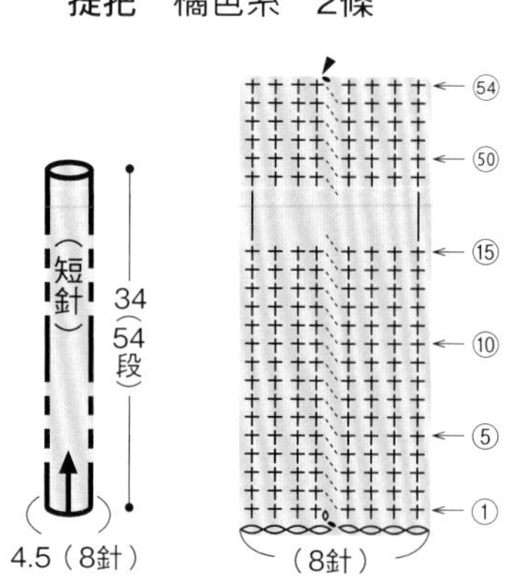

※鎖針起針接合成圈，鉤織成筒狀。

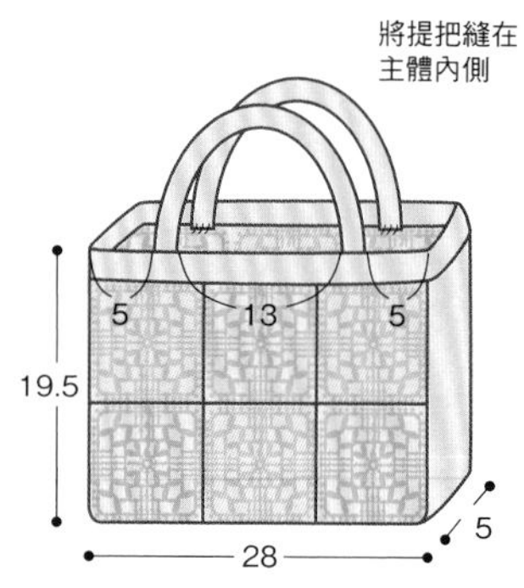

緣編　（袋口）橘色系

側幅・袋底、緣編的挑針法

▷＝接線
►＝剪線

緣編

側幅

側幅

袋底

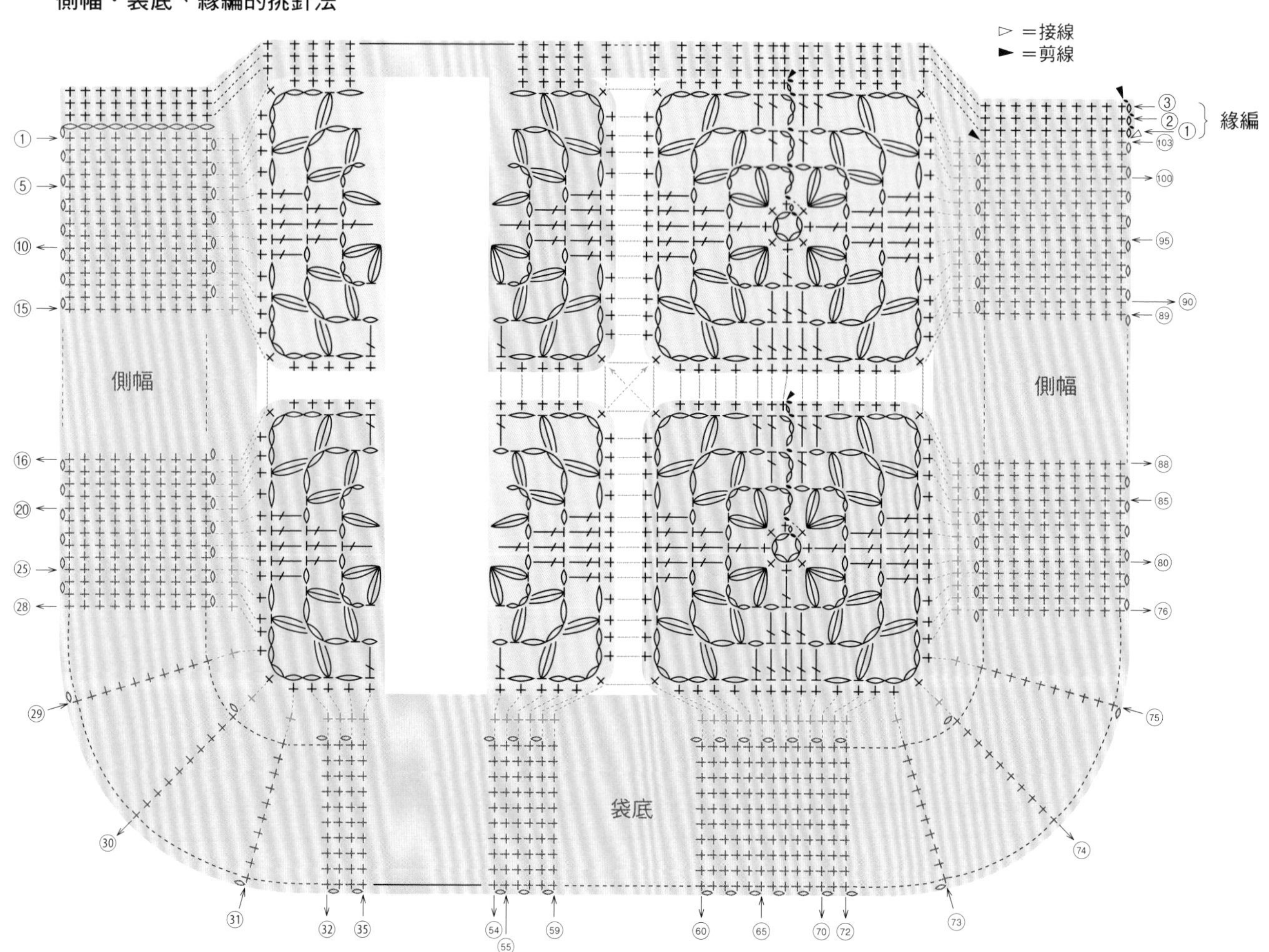

P.82 粗針織圍巾

● 線　並太直線［Daruma 近似原毛的美麗諾羊毛線 原色（1）115g］
● 針　鉤針7.5/0號
● 花樣尺寸　10.5×10.5cm
● 完成尺寸　寬21×長136.5cm
● 花樣接合技巧

技巧3 以引拔針接合多片花樣於1處（參考P.44）

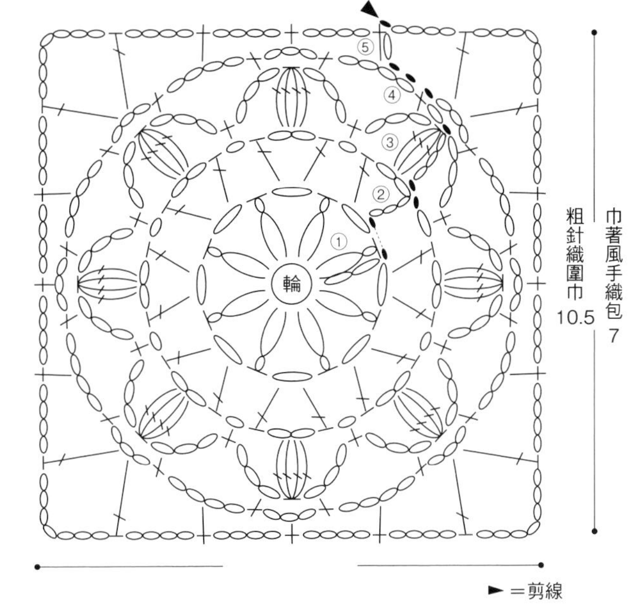

P.82・P.83的花樣（共通）

- 使用「手指繞線的輪狀起針」（參考P.12）。
- 第1段的最後1針，是挑2中長針的變化玉針鉤織引拔。
- 第3段4長針的玉針，是挑第2段的鎖針束鉤織。
- 第3段的最後1針，是挑玉針針頭鉤織引拔。

花樣接合法

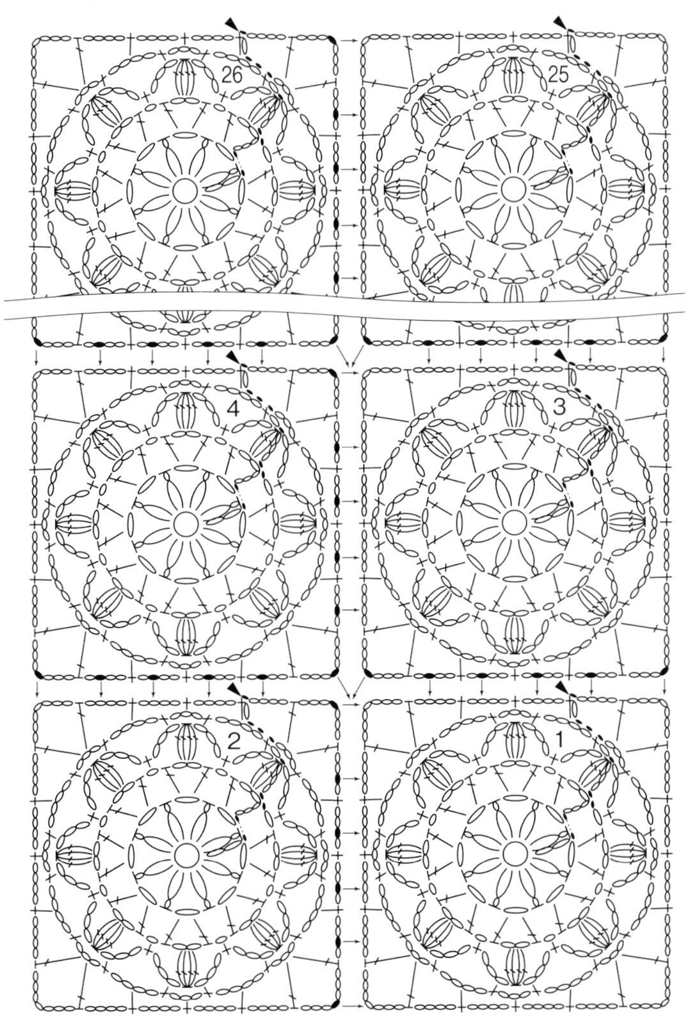

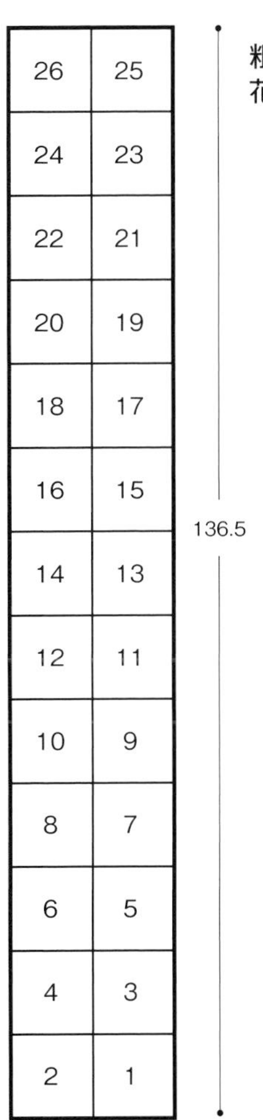

粗針織圍巾
花樣配置&鉤織接合順序

P.83 巾著風手織包

● 線 合太直線［Olympus Silky Grace 藍色系（5）60g］
● 針 鉤針4/0號
● 花樣尺寸 直徑7×7cm
● 完成尺寸 寬21×高20cm
技巧3 以引拔針接合多片花樣於1處（參考P.44）
● 其他要點
鉤織緣編B時，要將袋身的★與袋底的★背面相對疊合，然後在看著袋身的狀態下鉤織。接著參考織圖鉤織提把、束繩、束繩裝飾，再分別縫於袋身。

巾著風手織包 花樣配置&鉤織接合順序

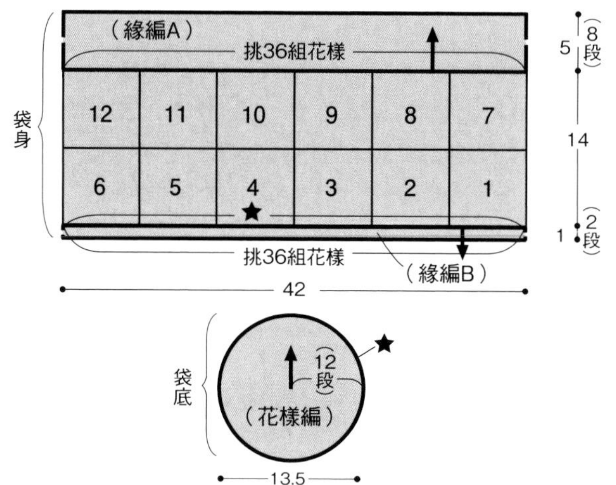

※鉤織緣編B時，要將袋身（★）與袋底（★）背面相對疊合，然後看著袋身鉤織。

組合方法

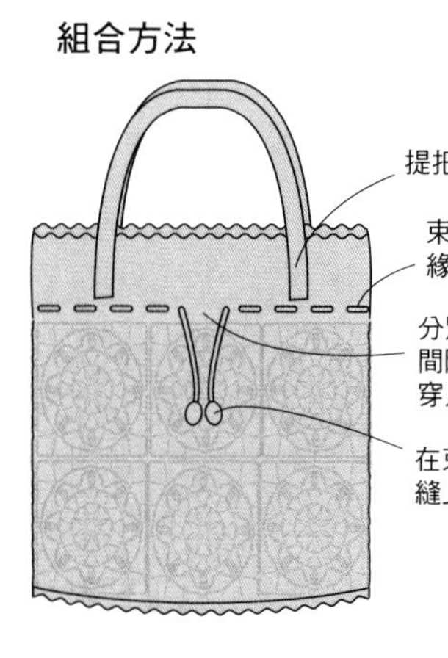

花樣編（袋底）

▷＝接線
►＝剪線

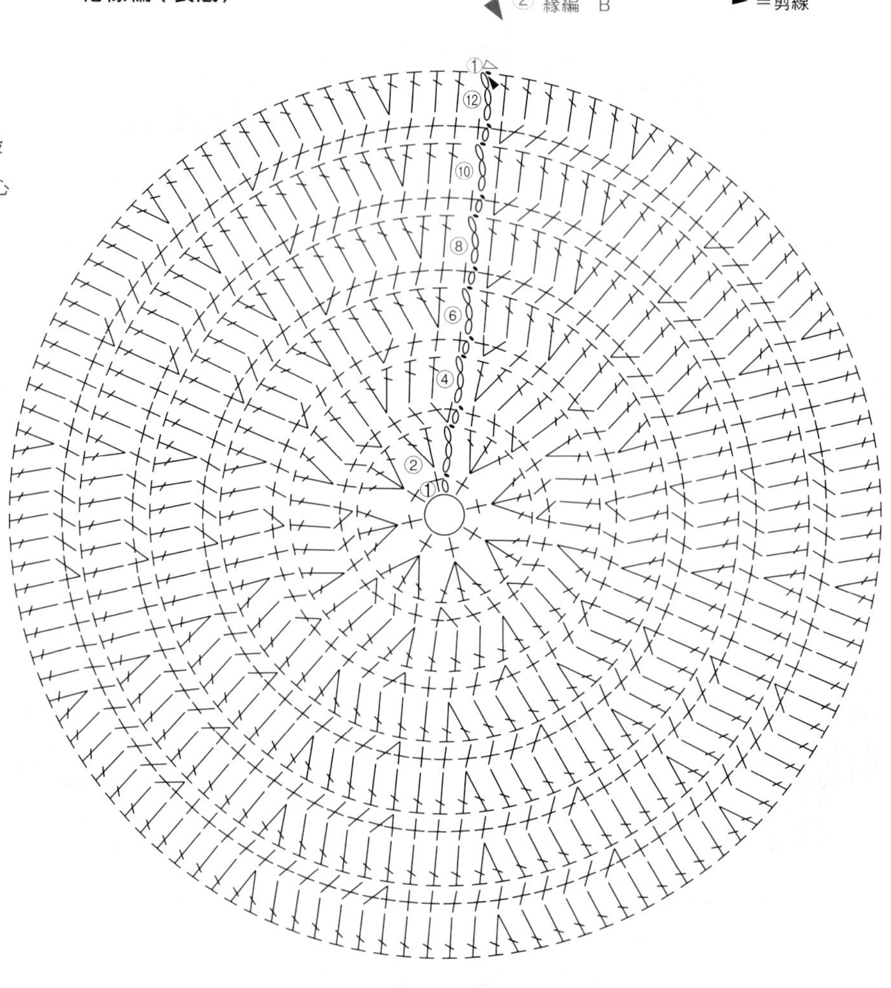

袋底針數表

段	針數	
12段	120針	（+10針）
11段	110針	（+10針）
10段	100針	（+10針）
9段	90針	（+10針）
8段	80針	（+10針）
7段	70針	（+10針）
6段	60針	（+10針）
5段	50針	（+10針）
4段	40針	（+8針）
3段	32針	（+8針）
2段	24針	（+16針）
1段	8針	

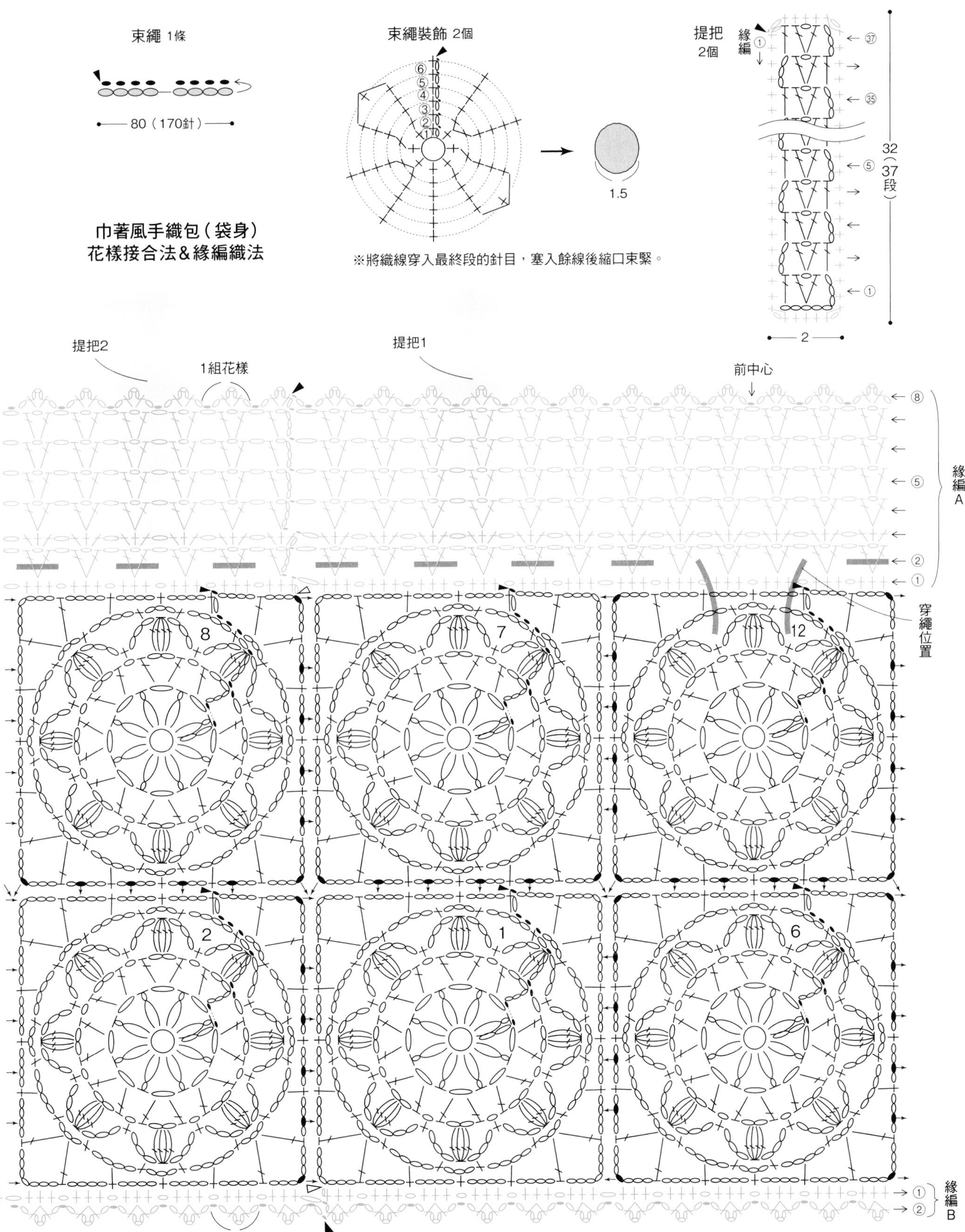
束繩 1條
80（170針）
束繩裝飾 2個
⑥
⑤
④
③
②
①
1.5
※將織線穿入最終段的針目，塞入餘線後縮口束緊。
提把
2個
緣編
①
㊲
㉟
⑤
①
32（37段）
2
巾著風手織包（袋身）
花樣接合法&緣編織法
提把2
1組花樣
提把1
前中心
⑧
⑤
②
①
緣編A
穿繩位置
8
7
12
2
1
6
①
②
緣編B
1組花樣

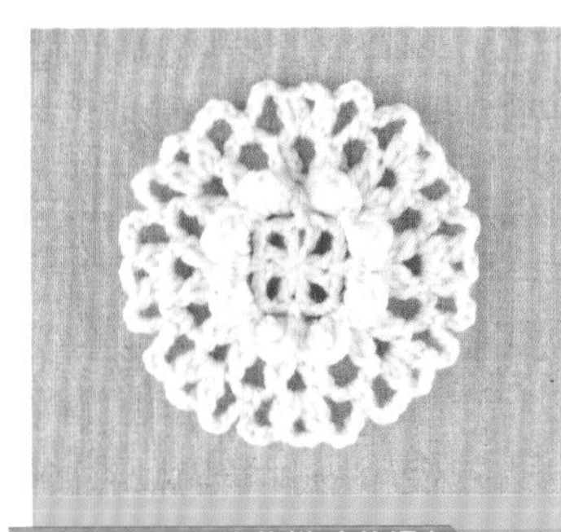

P.84・P.85的花樣（共通）

- 使用「鎖針接合成圈的輪狀起針」（參考P.16）。
- 第2段的短針，是依序在第1段的2長針（立起針鎖3針）之間挑束鉤織，以及在第1段的鎖針挑束鉤織。
- 第4段的短針，是鉤針由織片背面穿入第3段爆米花針的第2、第3針長針之間，再挑第2段的鎖針束鉤織。
- 鉤織重點的分解步驟刊載於P.104。

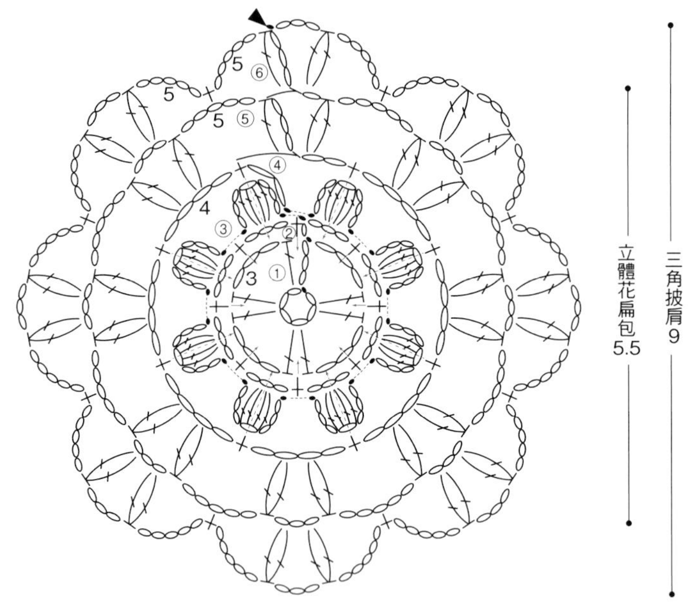

※扁包織到第5段，三角披肩織到第6段。

※鉤織扁包的花樣織片時，將鉤織終點（第5段最後）的中長針換成2針鎖針，然後挑第5段的第一個長針針頭引拔即完成。

P.84 立體花扁包

- 線　合太直線［Puppy Cotton Cona黃色（52）60g、茶色（70）44g、綠色（51）37g、杏色（41）24g］
- 針　鉤針4/0號
- 其他　皮革提把（48cm）…1組
- 花樣尺寸　5.5×5.5cm
- 完成尺寸　寬22×高28.5cm
- 花樣接合技巧

技巧3 以引拔針接合花樣（參考P.40）

- 其他要點

緣編的鉤織起點，是將織線接在花樣最終段的鎖針束上，再以來回編鉤織成環狀。

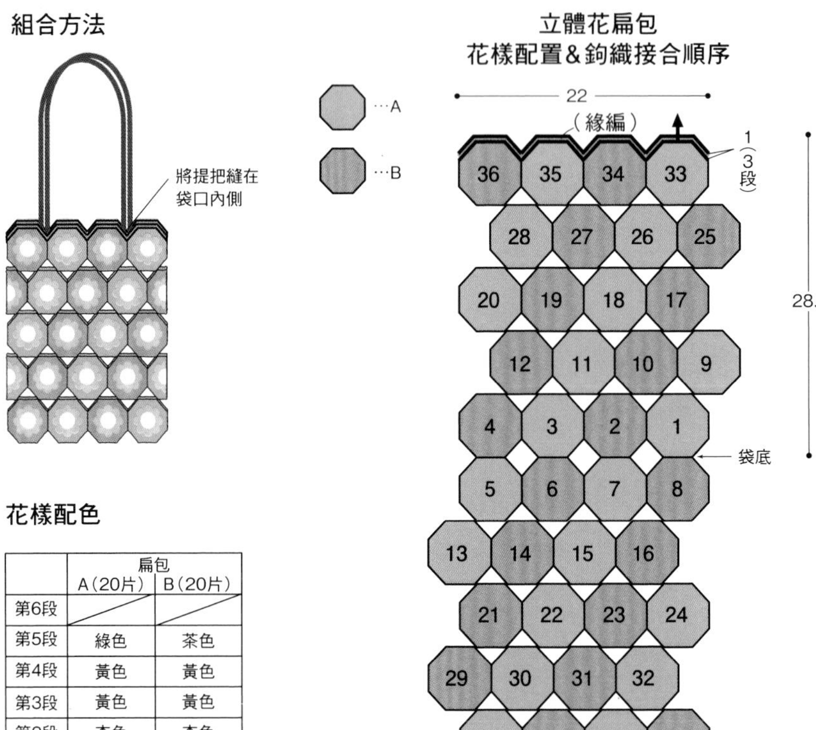

花樣配色

	扁包	
	A（20片）	B（20片）
第6段		
第5段	綠色	茶色
第4段	黃色	黃色
第3段	黃色	黃色
第2段	杏色	杏色
第1段	杏色	杏色

花樣接合法＆緣編織法

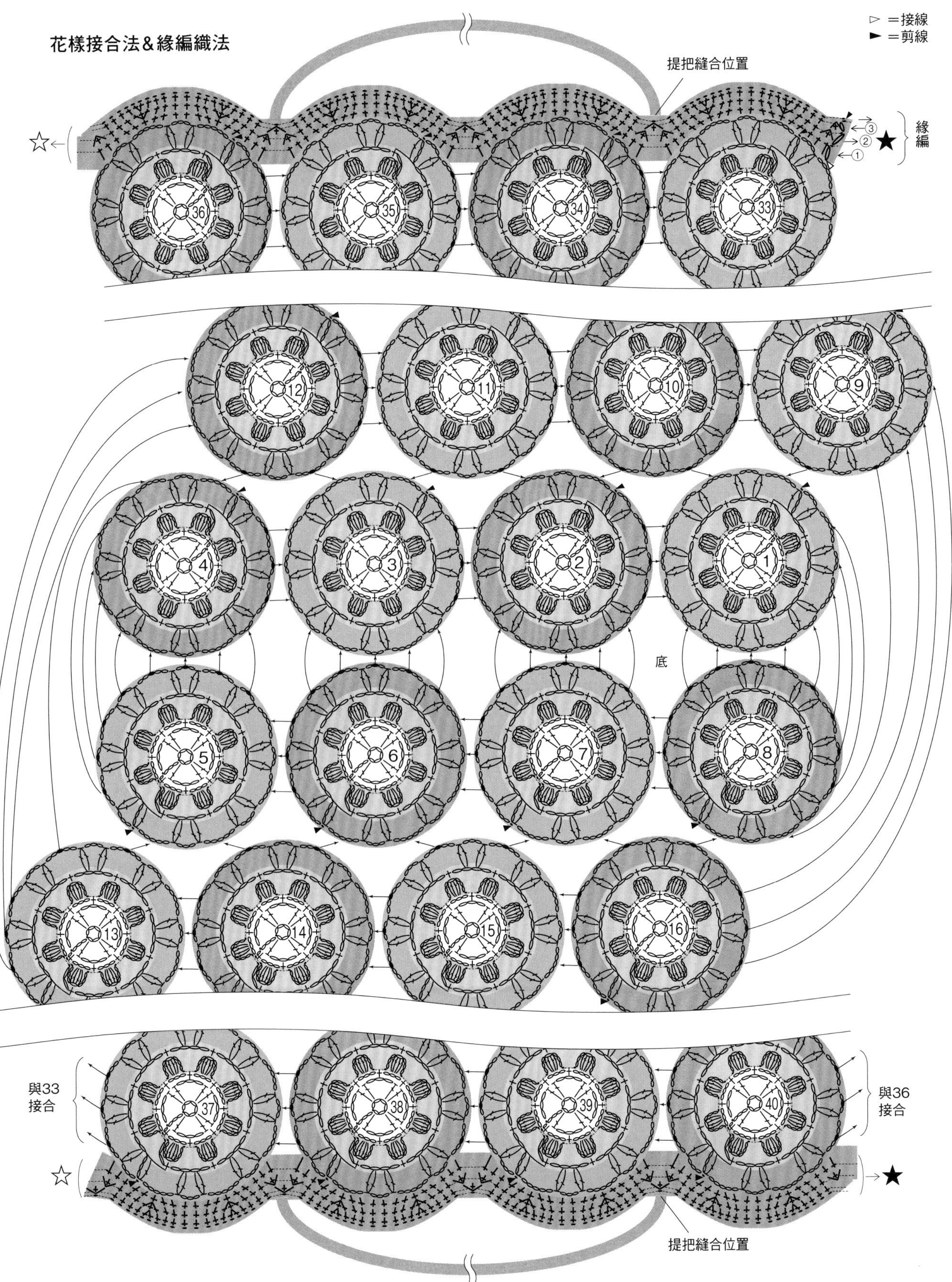

▷＝接線
►＝剪線
提把縫合位置
緣編
③
②
①
36
35
34
33
12
11
10
9
4
3
2
1
底
5
6
7
8
13
14
15
16
與33
接合
37
38
39
40
與36
接合
提把縫合位置

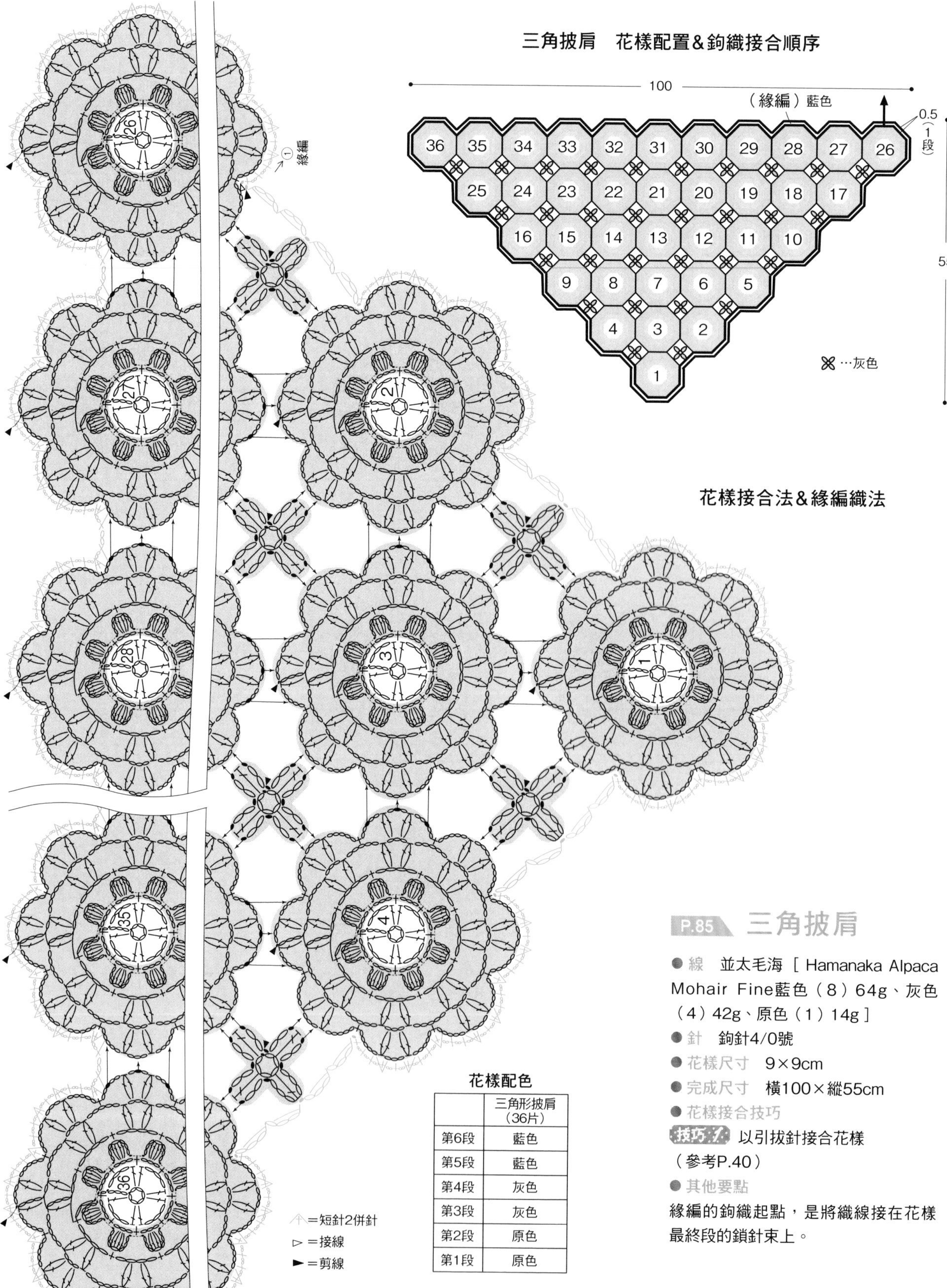

花樣配色

	三角形披肩（36片）
第6段	藍色
第5段	藍色
第4段	灰色
第3段	灰色
第2段	原色
第1段	原色

P.85 三角披肩

● 線　並太毛海［Hamanaka Alpaca Mohair Fine藍色（8）64g、灰色（4）42g、原色（1）14g］

● 針　鉤針4/0號

● 花樣尺寸　9×9cm

● 完成尺寸　橫100×縱55cm

● 花樣接合技巧

技巧 以引拔針接合花樣（參考P.40）

● 其他要點

緣編的鉤織起點，是將織線接在花樣最終段的鎖針束上。

花樣鉤織要點

P.72至P.85的花樣織法
疑惑大解析

圓形花樣織片（P.72至73）

第2段的第一個「5長針的爆米花針」

1. 鉤織立起針鎖3針後，繼續在同一個針目（第1段的第1個短針）挑針鉤織4針長針。

2. 暫時取下鉤針，將鉤針穿入立起針第3鎖針的半針與裡山。

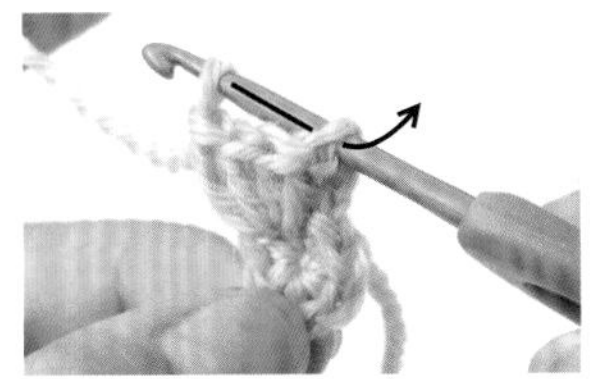

3. 鉤針再度穿回原本抽離的針目後引拔。

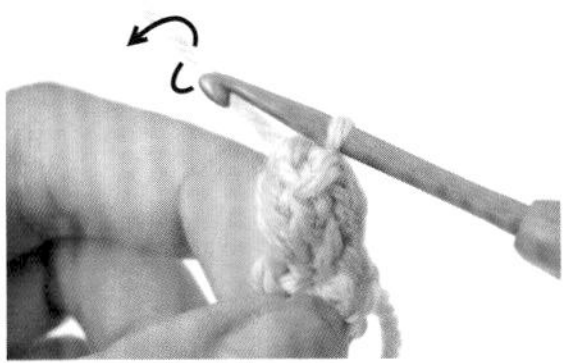

4. 鉤針掛線，鉤織1針鎖針收緊針目即完成。

第2段鉤織終點的引拔位置

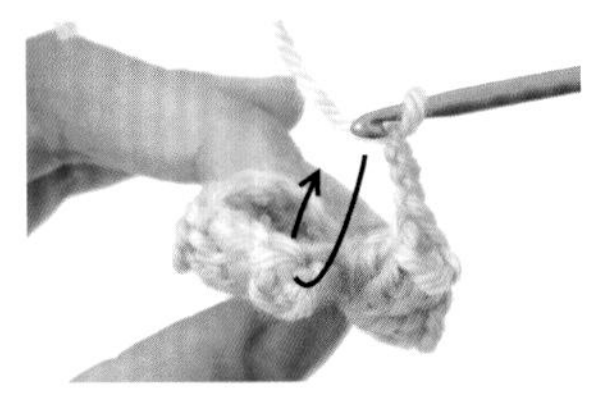

1. 收緊爆米花針的針目就是引拔位置。

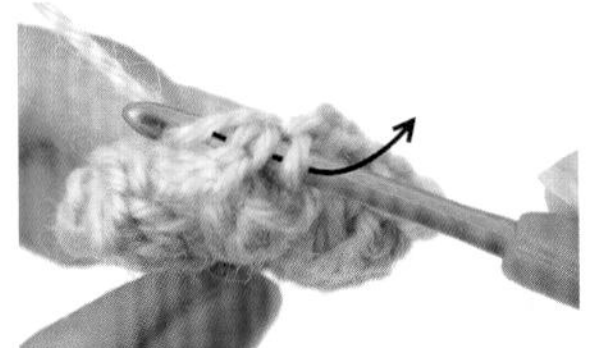

2. 挑鎖針針頭的2條線，掛線引拔。

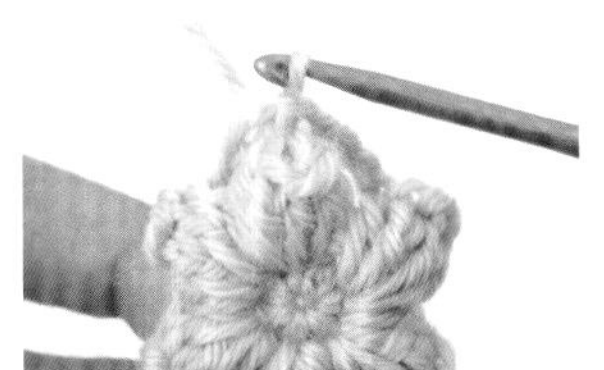

3. 完成引拔的模樣。

三角形花樣織片（P.76至77）　第2段的鉤織起點

1. 第1段完成的模樣（最後為長長針）。

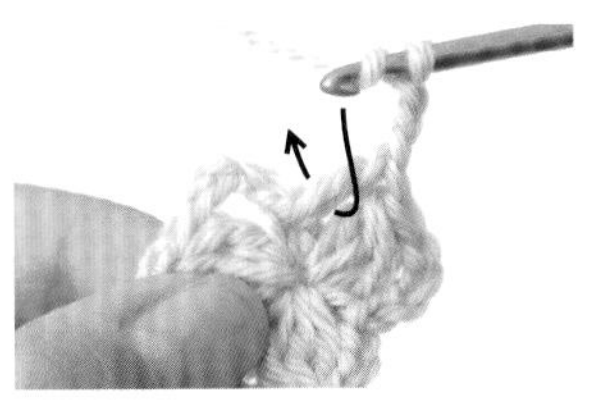

2. 鉤織立起針鎖3針後，挑第1段長長針的針柱鉤織長針。

3. 完成長針的模樣。

4.鉤針繼續在同一位置挑束，依記號圖鉤織2針長針、中長針、短針。

花朵造型織片（P.78至79）　第2段的織法

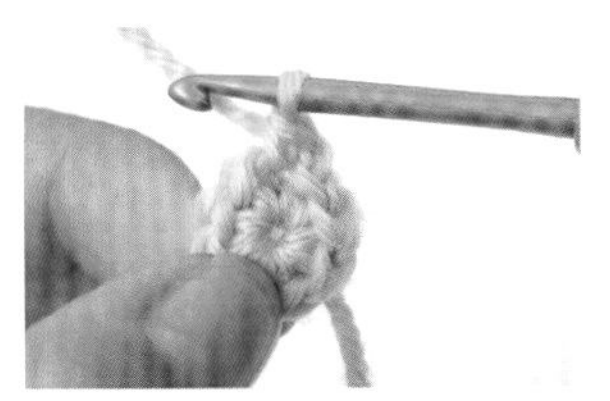

1. 鉤織立起針鎖1針與短針。

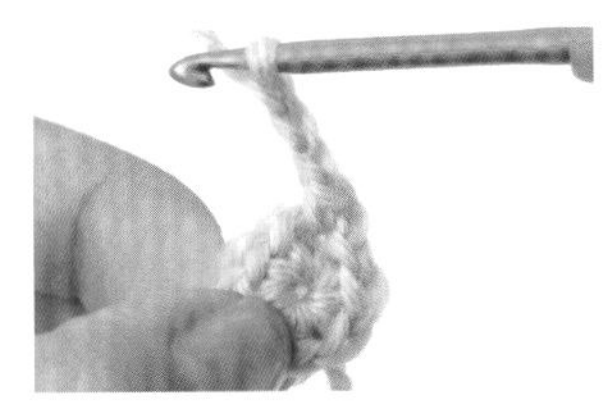

2. 鉤織3針鎖針。

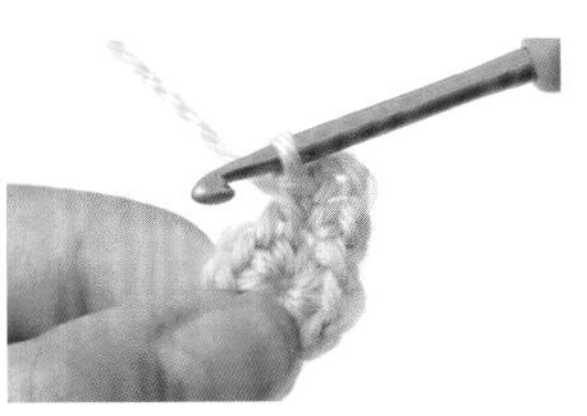

3. 鉤針在鉤織第1個短針的相同針目上挑針，再鉤1針短針。接著依記號圖重複鉤織1針鎖針、1針短針、3針鎖針、1針短針。

4. 完成第2段。鉤織第2段後，第1段的每1針短針上都鉤織了2針短針。

第4段的織法

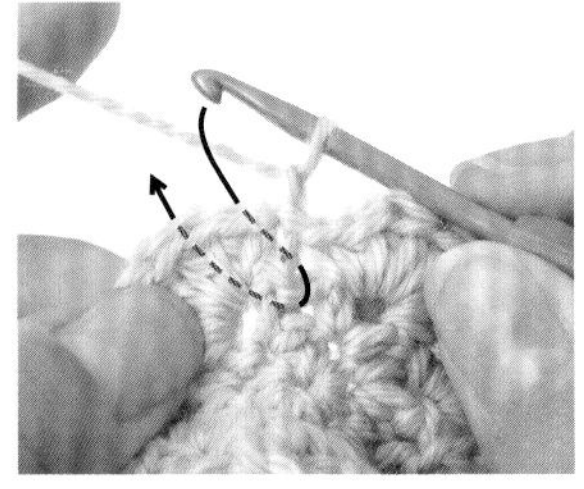
1. 先鉤織立起針鎖1針，下一針短針的挑針法，是從織片外側穿入鉤針，挑第2段的1針鎖針。

2. 鉤針穿入的模樣。

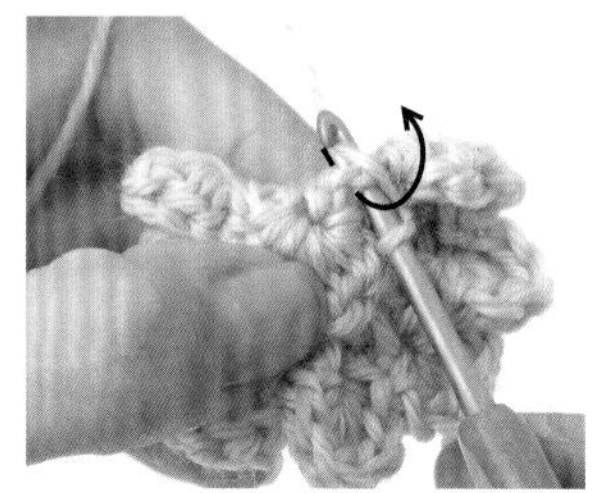
3. 將織片往前壓下，鉤針掛線鉤出。

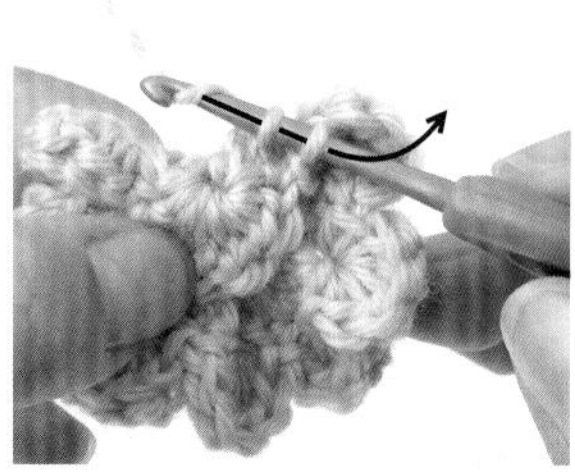
4. 鉤針再度掛線引拔。

5. 完成短針的模樣。

6. 鉤織5針鎖針。

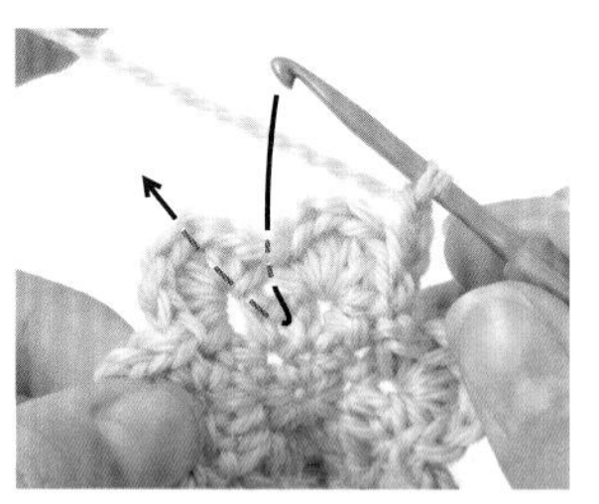
7. 下一針鎖針同樣如箭頭指示，從織片外側挑鎖針鉤織。看不清楚針目時，建議以手指拉開織片看仔細。

8. 完成的模樣。

立體花朵織片（P.84至85）

第2段短針的織法

1. 鉤織第2段的立起針鎖1針。

2. 將鉤針穿入第1段立起針的3鎖針與長針之間。

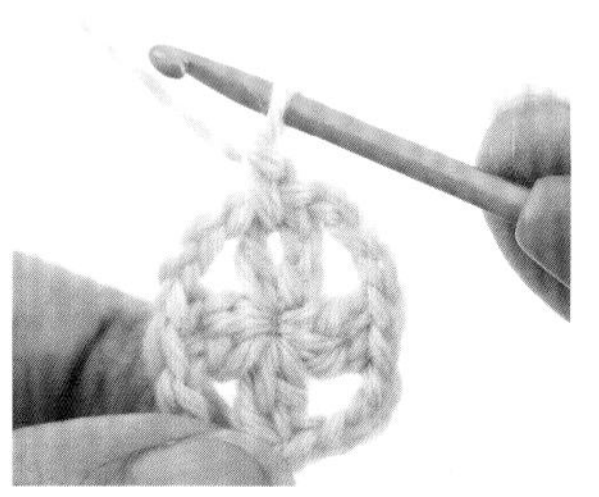
3. 鉤出織線後鉤織短針（鉤織3針鎖針再鉤下一個短針）。

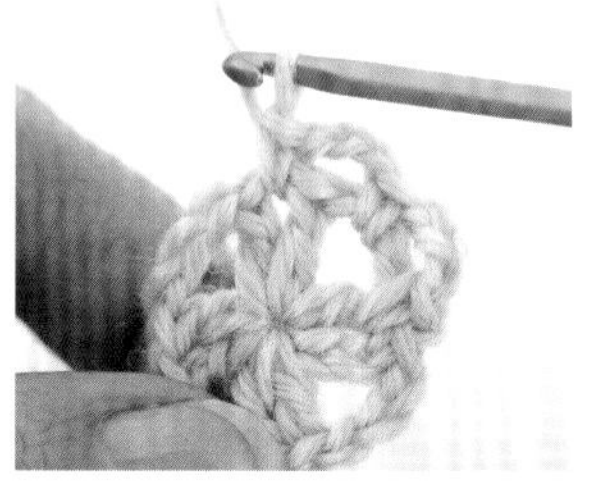
4. 下一個短針是在第1段的鎖針挑束鉤織，再下一個短針則是挑第1段的2針長針之間，以此挑針法依序重複進行。

第4段短針的織法

1. 鉤織第4段的立起針鎖2針。

2. 往前側壓倒花瓣，鉤針從織片背面穿入第3段爆米花針的中心（第2與第3針之間）。

3. 挑第2段的鎖針束，鉤出織線。

4. 鉤織短針。第4段的短針都以相同要領鉤織。

本書刊載針目記號織法

本書介紹的花樣織片，都是以最常見的鉤織針法編織而成。
建議試著練習到完全不看織法也會鉤織為止。

○ 鎖針

最基本的鉤織針法。
鉤針掛線後，從掛在針上的針目中鉤出織線。

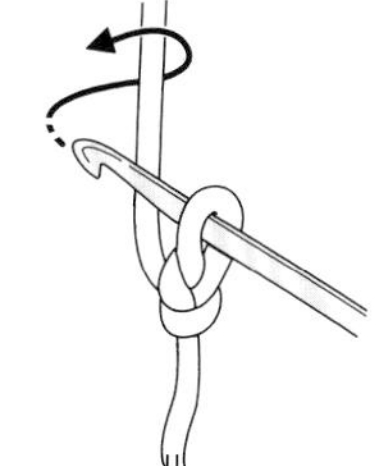

1. 依箭頭指示，轉動鉤針掛線。

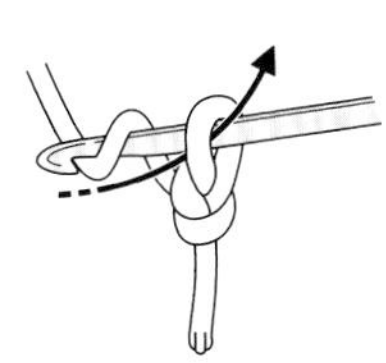

2. 從掛在鉤針上的針目中鉤出織線。

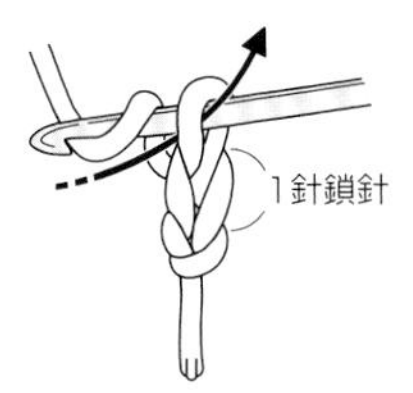

3. 完成1針鎖針。下一針也是以鉤針掛線鉤出。

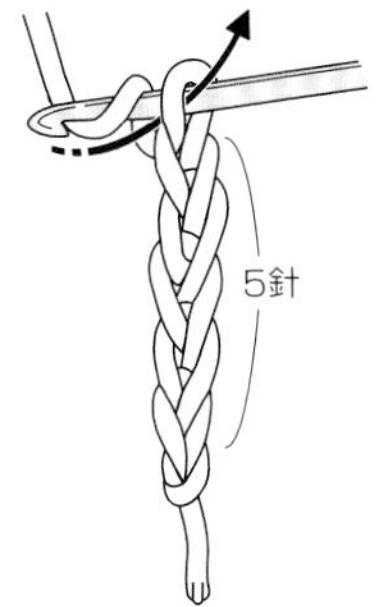

4. 重複「鉤針掛線鉤出」的步驟，鉤織必要針數。

● 引拔針

沒有高度的針目。鉤織花樣時，最常用於接合段的鉤織終點與起點。
織法為「鉤針穿入前段針目後掛線鉤出」。

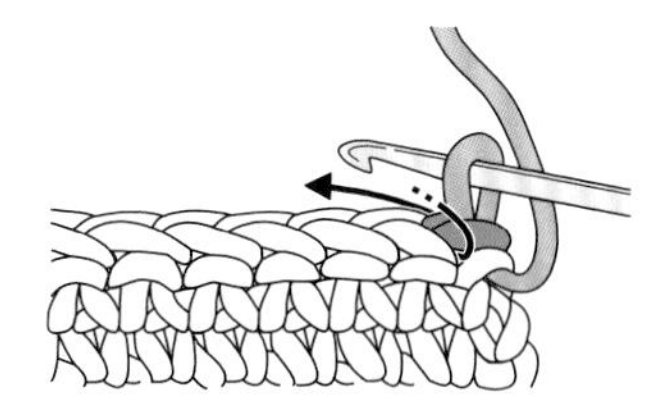

1. 鉤針穿入要鉤織引拔針的部分（圖為前段短針針頭的2條線）。

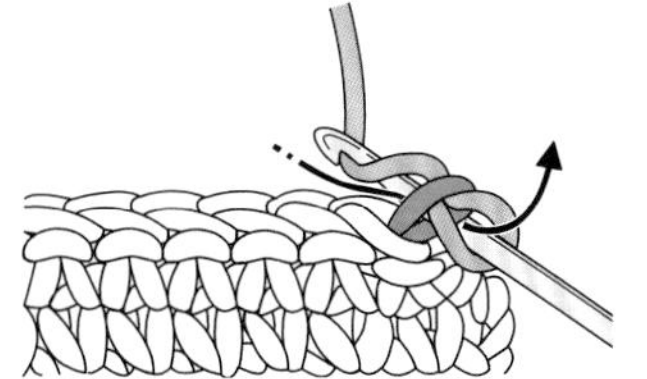

2. 鉤針掛線，如箭頭指示鉤出織線。

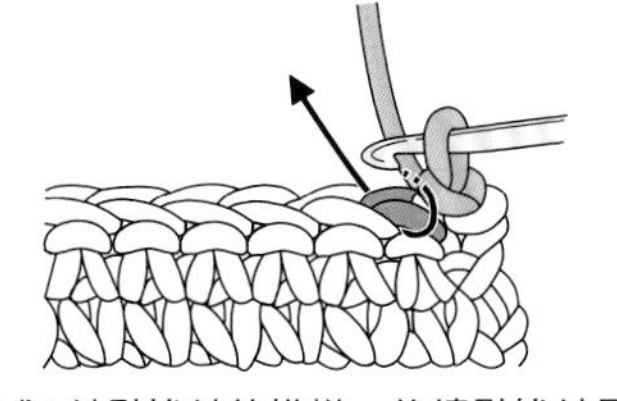

3. 完成1針引拔針的模樣。後續引拔針目也以相同要領鉤織。

本社記號　JIS記號

＋（╳）短針

相當於1針鎖針高度的針目。鉤針穿入前段針目後，掛線鉤出織線，
接著再度掛線，一次引拔掛在針上的2線圈。

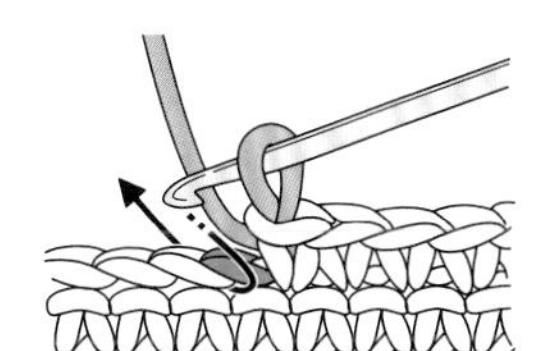

1. 鉤針穿入前段短針針頭的2條線。

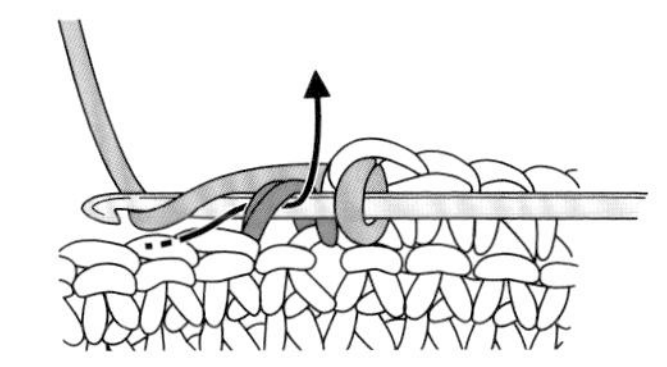

2. 鉤針掛線，依箭頭指示鉤出織線。

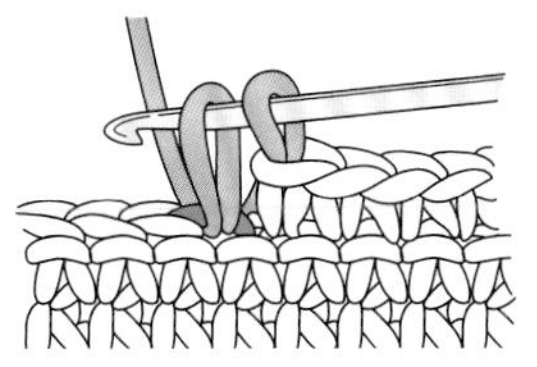

3. 鉤出線長相當於1針鎖針的高度。

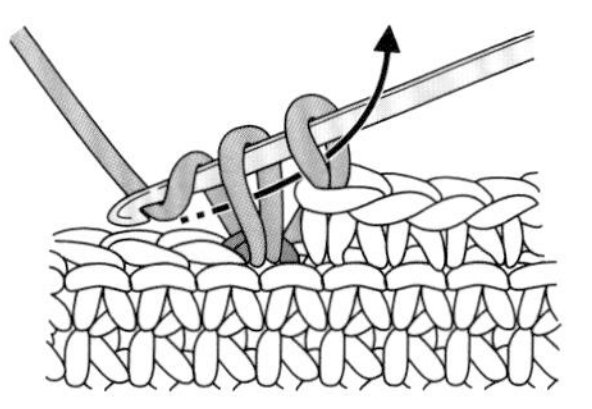

4. 鉤針再度掛線，織線一次引拔掛在針上的2個線圈。

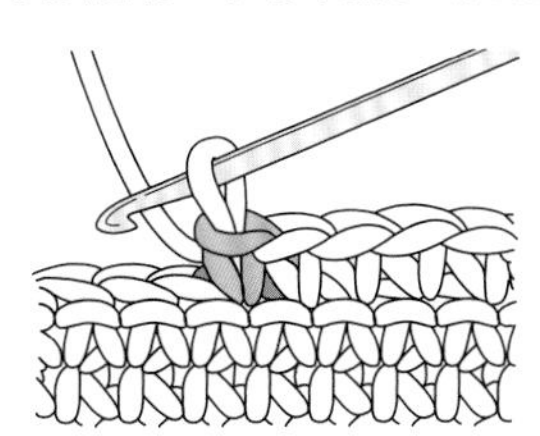

5. 完成1針短針。

中長針

相當於2針鎖針高度的針目。鉤針掛線後穿入前段針目，掛線後鉤出，再次掛線後一次鉤出，引拔掛在針上的所有線圈。

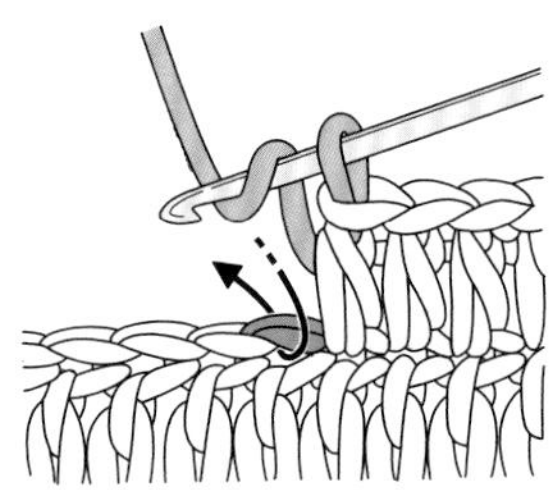

1. 鉤針掛線，穿入前段中長針針頭的2條線。

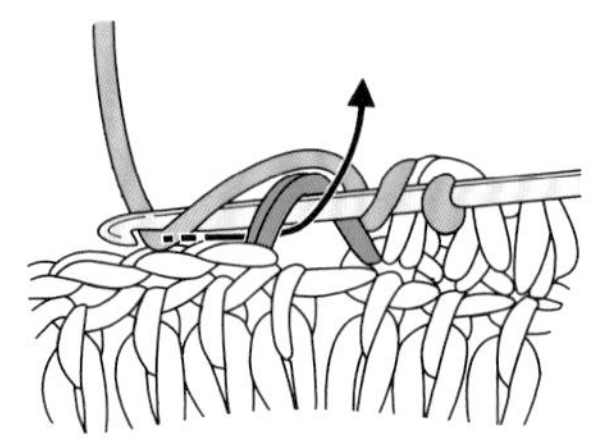

2. 鉤針再次掛線，依箭頭指示鉤出。鉤出線長相當於2針鎖針的高度。

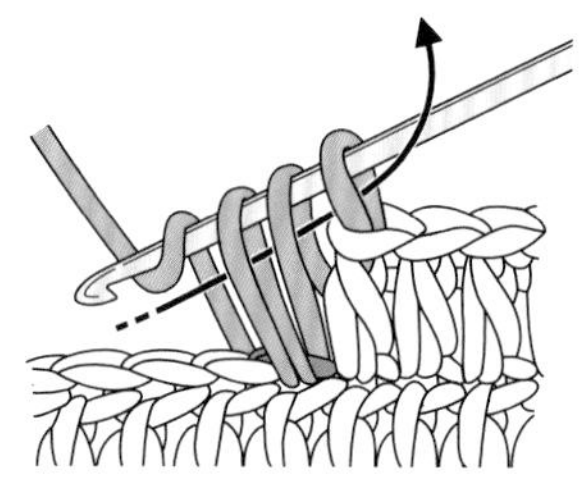

3. .鉤針再次掛線，一次引拔掛在針上的3線圈。

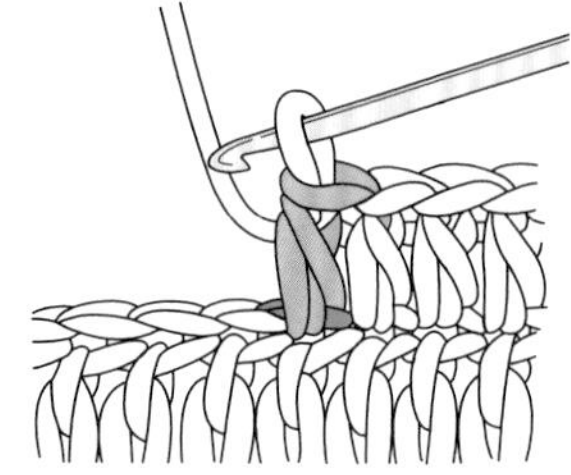

4. 完成1針中長針。

長針

相當於3針鎖針高度的針目。鉤針掛線後穿入前段針目。掛線鉤出後，再次掛線引拔2個線圈，此步驟重複操作2次。

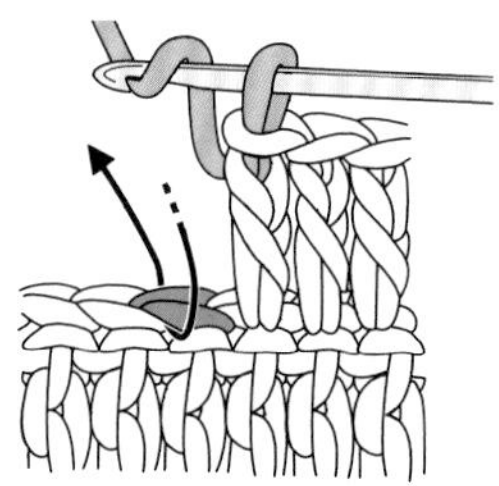

1. 鉤針掛線後穿入前段長針針頭的2條線。

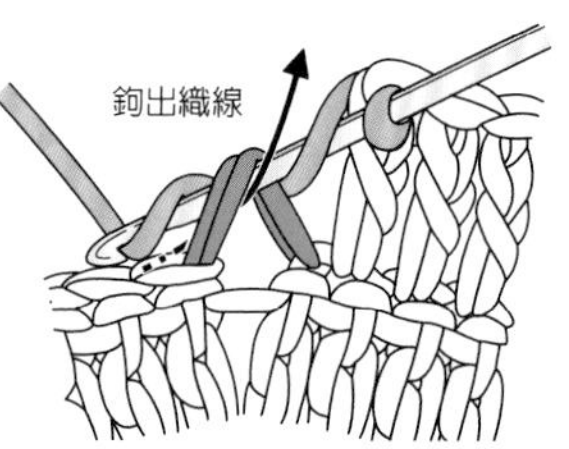

2. 鉤針掛線後依箭頭指示鉤出，鉤出線長相當於2針鎖針的高度。

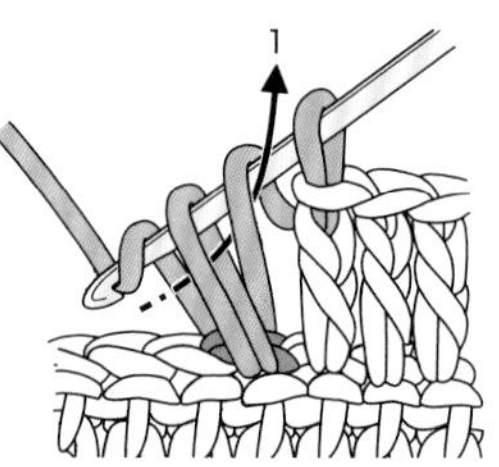

3. 鉤針掛線後依箭頭指示，一次引拔左邊的2個線圈。

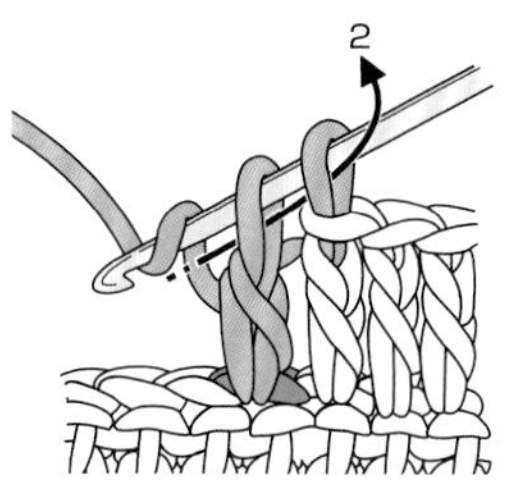

4. 鉤針再次掛線，一次引拔剩下的2個線圈。

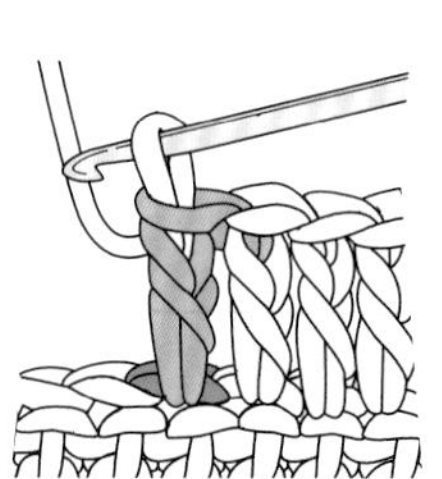

5. 完成1針長針。

長長針

相當於4針鎖針高度的針目。鉤針掛線2次才穿入前段的針目。掛線鉤出後，再次掛線引拔2個線圈，此步驟重複操作3次。

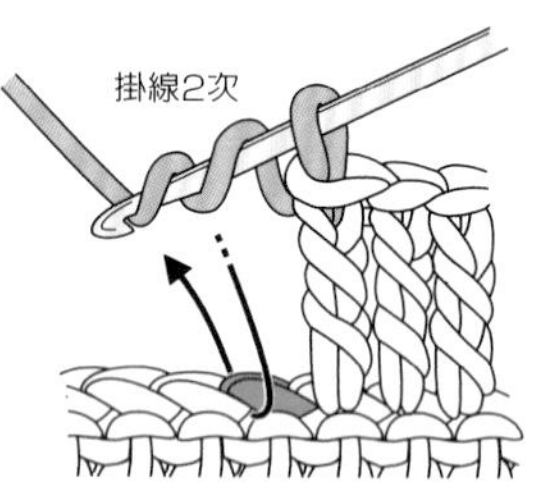

1. 鉤針掛線2次後，穿入前段長長針針頭的2條線。

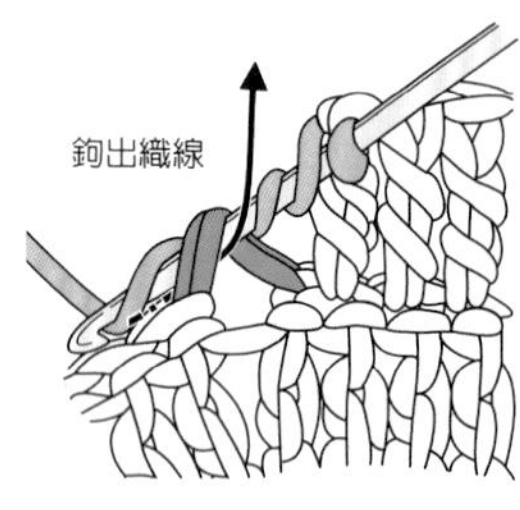

2. 鉤針掛線後依箭頭指示鉤出，鉤出線長相當於2針鎖針的高度。

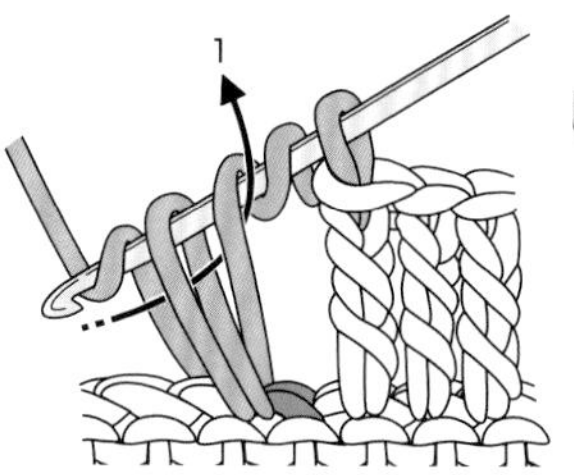

3. 鉤針掛線後依箭頭指示，一次引拔左邊的2個線圈。

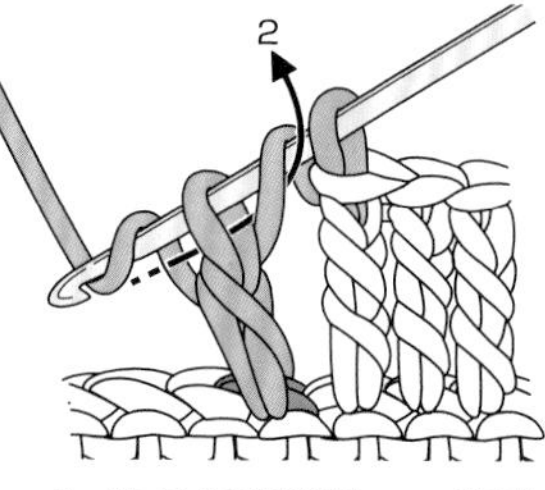

4. 鉤針再次掛線，一次引拔左邊的2個線圈。

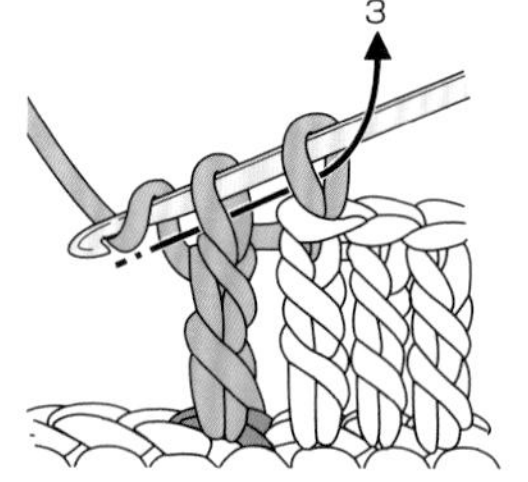

5. 鉤針再次掛線，一次引拔剩下的2個線圈。

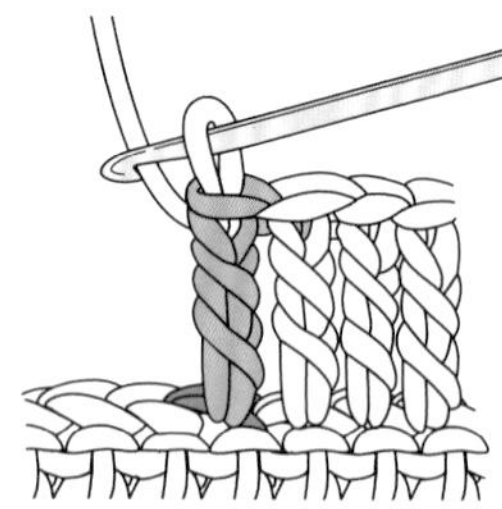

6. 完成1針長長針。

V 2短針加針

在前段的同一個針目，鉤織2針短針以增加針數（加針）。

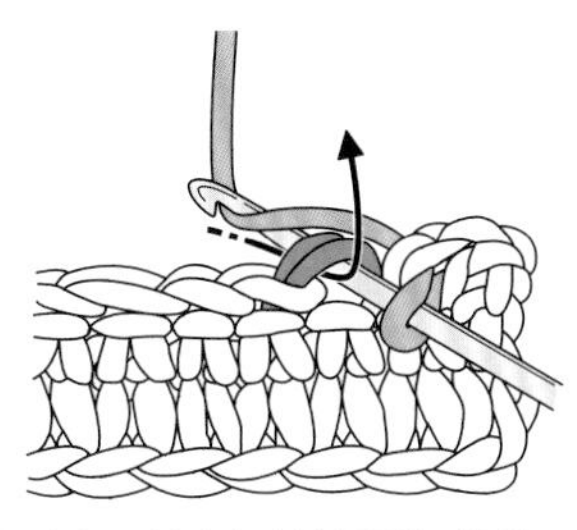
1. 鉤針穿入前段短針針頭的2條線，掛線後鉤出，線長相當於1針鎖針的高度。

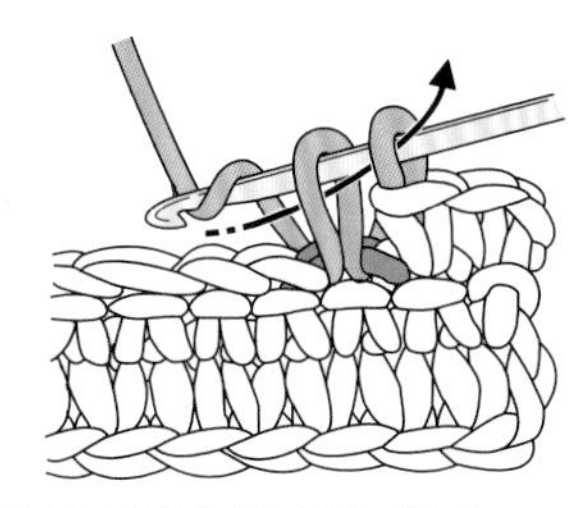
2. .再次掛線後引拔（1針短針）。

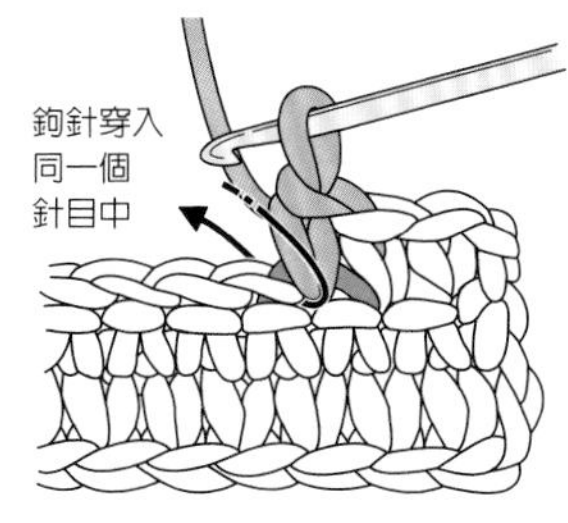

3. 鉤針再次穿入同一個位置。

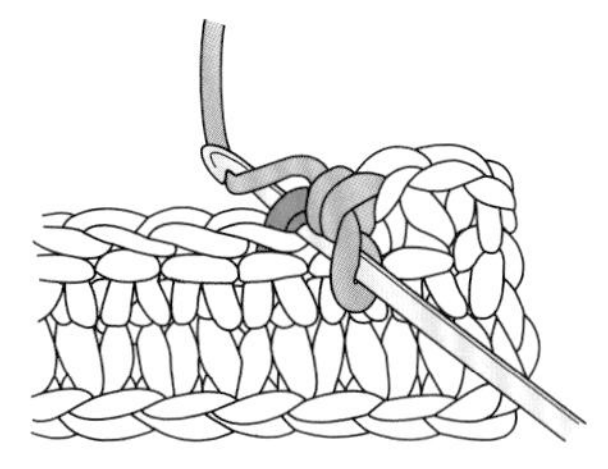
4. 鉤針掛線鉤出，線長相當於1針鎖針的高度。

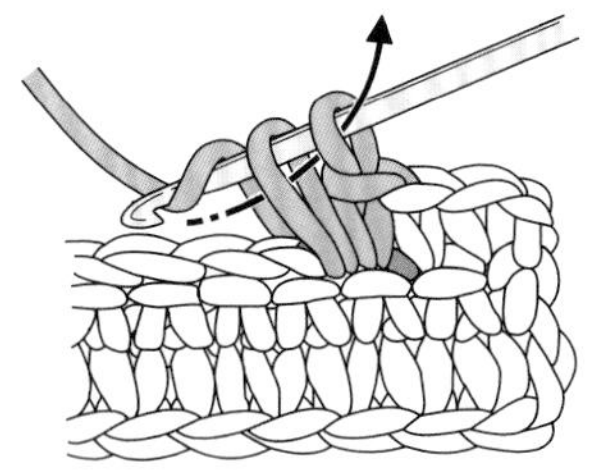
5. 再次掛線後，一次引拔2個線圈。

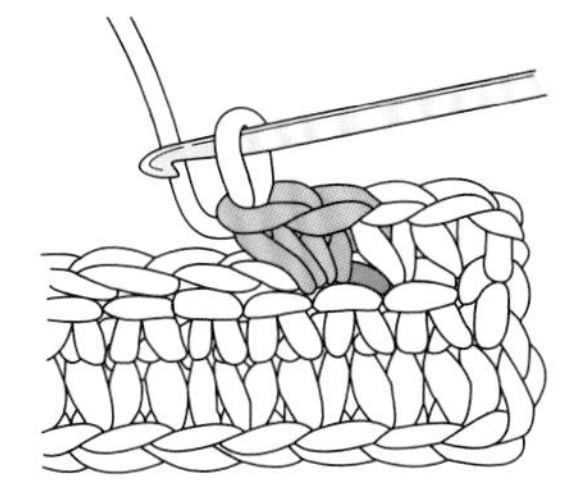
6. 在同一個針目鉤入2針短針。

2長針併針

將前段的2針合併織成1針（減針）的織法。
鉤織2針未完成的長針，再一併引拔收針即完成。

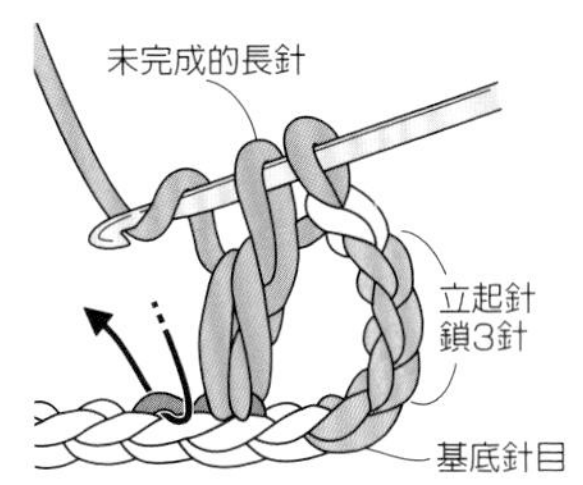

1. 鉤針先掛線再穿入前段針目（圖為穿入鎖針裡山的情況）鉤織長針，但不鉤織最後的引拔（未完成的長針）。

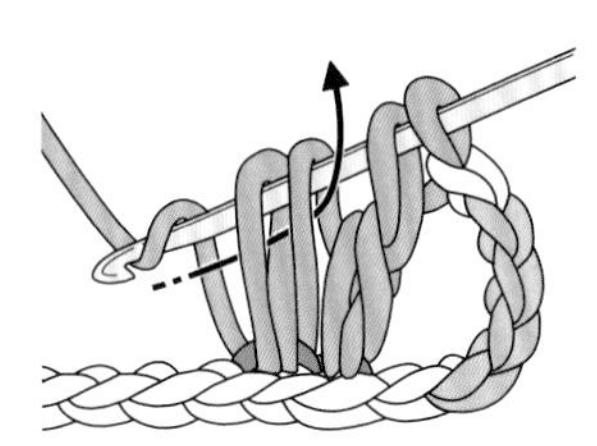
2. 鉤針直接掛線，穿入下一個針目鉤織長針，但同樣不鉤織最後的引拔。

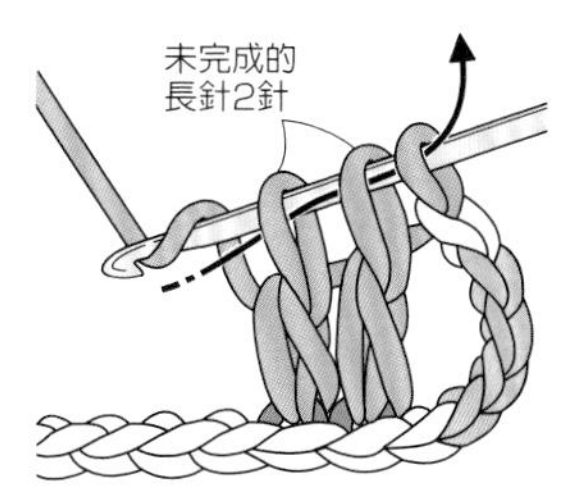

3. 鉤針掛線，一次引拔掛在針上的3線圈。

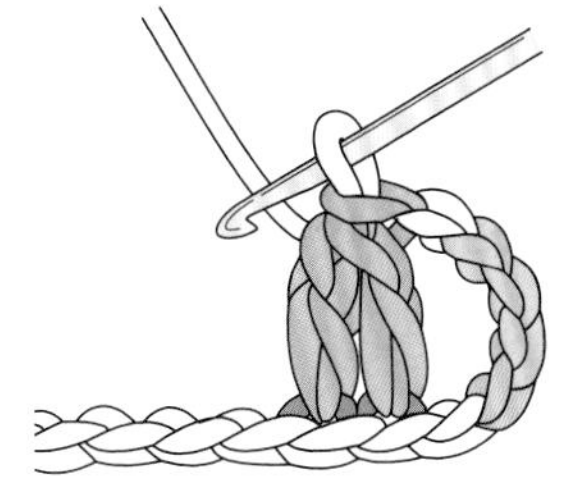
4. 完成2長針併針。

＊鉤織P.74、P.75的花樣時，鉤針穿入前段長針針頭的2條線。
＊鉤織P.85的2短針併針時，以相同要領將長針改鉤短針即可。

3長針併針

將前段的3針織成1針（減針）的織法。技巧同2併針，將3針合併。

1. 以上述「2長針併針」的步驟1、2，挑針鉤織。

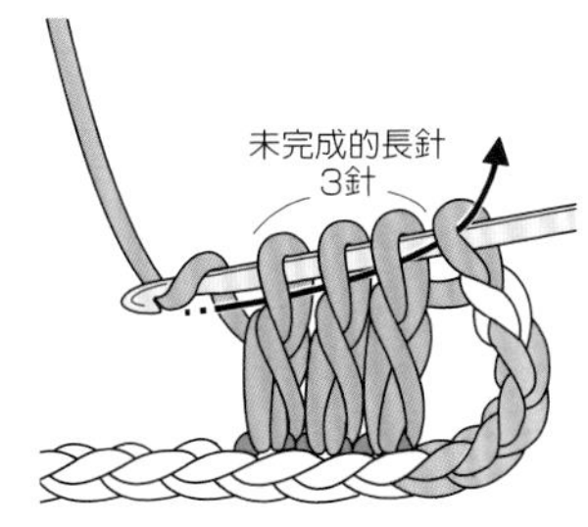

2. 以相同要領再織1針未完成的長針後，鉤針掛線，一次引拔掛在針上的4線圈。

3. 完成3長針併針。接著繼續依記號圖鉤織下一針。

3中長針的玉針

在同一處鉤織3針未完成的中長針後一次引拔，
織成渾圓立體的針目。
挑針鉤織與挑束鉤織時的記號不一樣。

挑針鉤織時

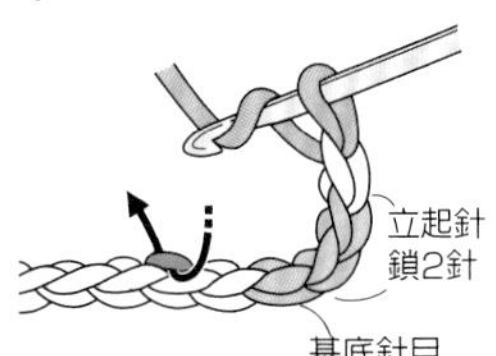

1. 鉤針掛線後穿入前段針目（圖為穿入鎖針裡山的情況），鉤出線長相當於2針鎖針的高度。

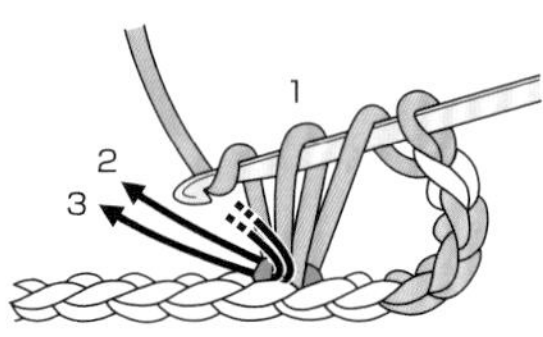

2. 重複步驟1兩次，在同一位置鉤織3針未完成的中長針。

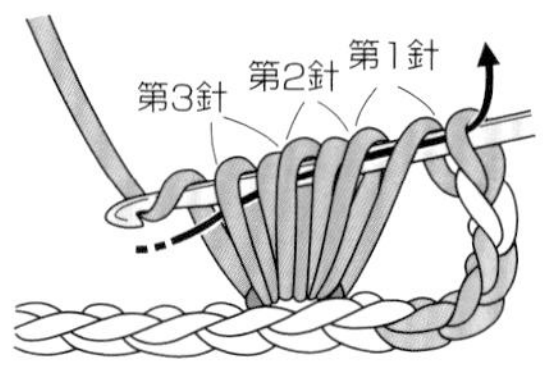

3. 此時鉤針上掛著7個線圈。鉤針掛線後一次引拔。

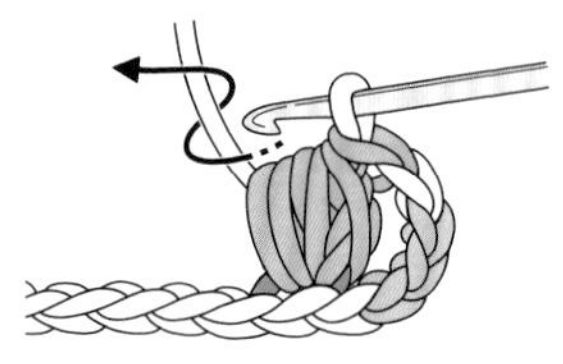

4. 完成3中長針的玉針，接著鉤織鎖針，即可穩定針目。

＊鉤織P.80至P.81的花樣時，鉤針是穿入前段短針針頭的2條線，再以此針法鉤織。

挑束鉤織時

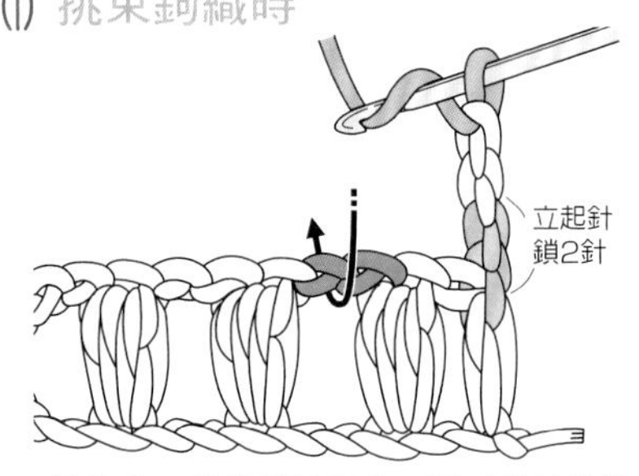

1. 鉤針穿入前段鎖針下方，再以挑針鉤織的技巧織入未完成的中長針。

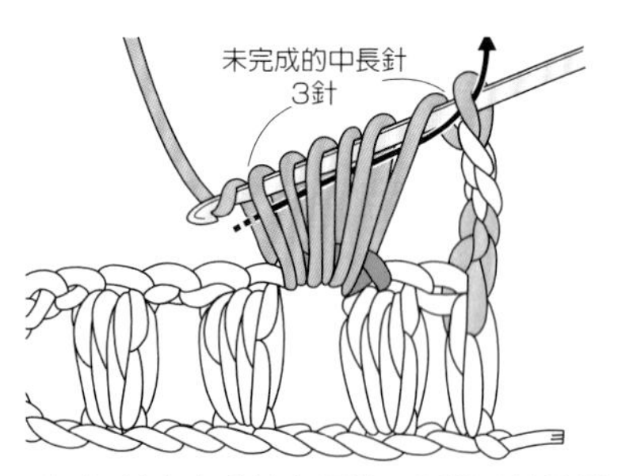

2. 完成3針未完成的中長針。同樣以鉤針掛線一次引拔。

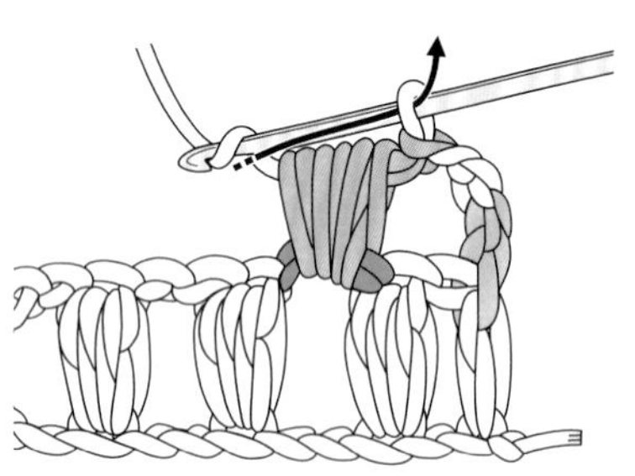

3. 完成3中長針的玉針，接著鉤織鎖針，即可穩定針目。

2中長針的玉針

在同一處鉤織2針未完成的中長針後一次引拔。
織法同3中長針的玉針。

1. 參考「3中長針的玉針」，在同一處挑針鉤織2針未完成的中長針。

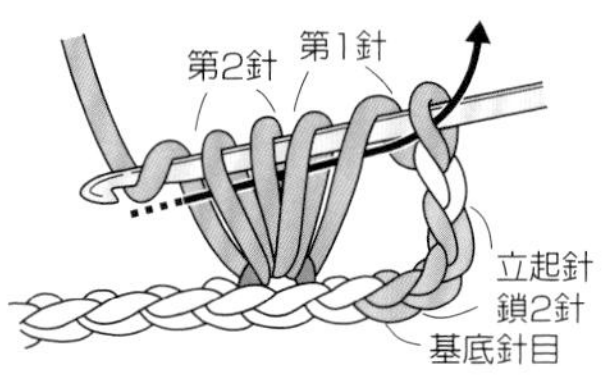

2. 鉤針掛線後，一次引拔掛在針上的5個線圈。

3. 完成2中長針的玉針。

＊鉤織P.72至P.73作品的緣編時，是挑短針之後的第4個鎖針半針與裡山，再以此針法鉤織。

變化的2中長針玉針

鉤織至2針未完成的中長針部分為止，
都與2中長針的玉針一樣，
差異是留下1個線圈再引拔一次。

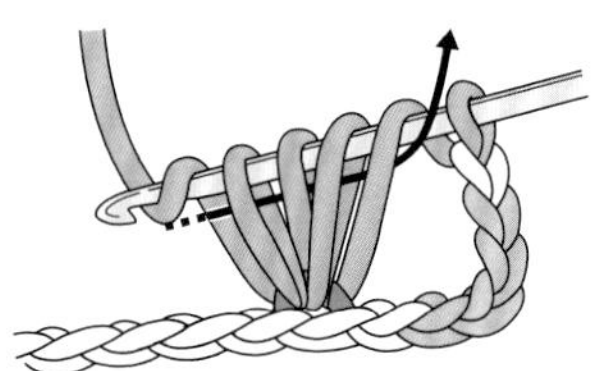

1. 在同一處鉤織2針未完成的中長針後，鉤針掛線一次引拔掛在針上的4個線圈（留下最右邊的線圈）。

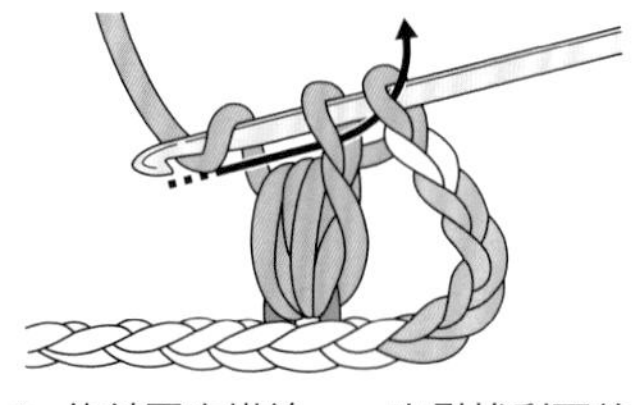

2. 鉤針再次掛線，一次引拔剩下的2個線圈。

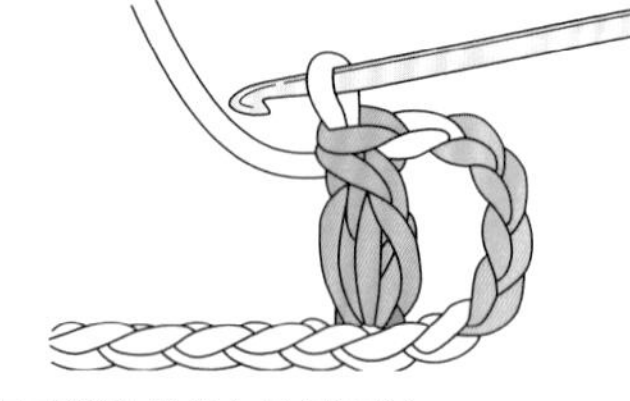

3. 完成變化的2中長針玉針。

＊鉤織P.82、P.83的花樣時，鉤針是穿入起針輪再以此針法鉤織。

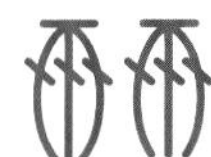

3長針的玉針

在同一處鉤織3針未完成的長針後一次引拔，織成渾圓立體的針目。
挑針鉤織與挑束鉤織時的記號不一樣。

挑針鉤織時

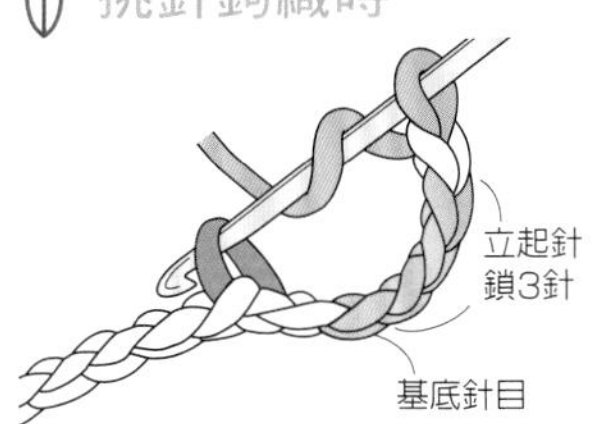

1. 鉤針掛線後穿入前段針目（圖為穿入鎖針裡山的情況），鉤出線長相當於2針鎖針的高度。

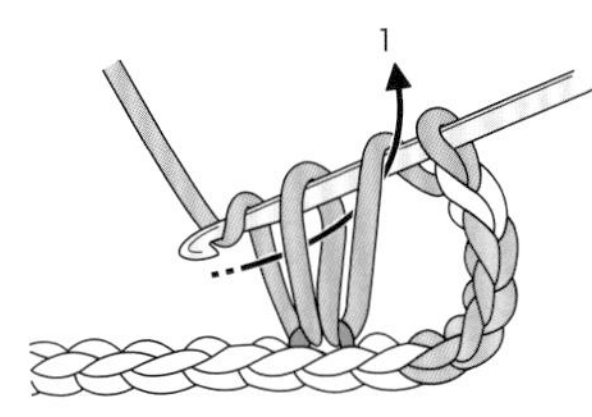

2. 鉤針掛線，一次引拔左邊的2個線圈。

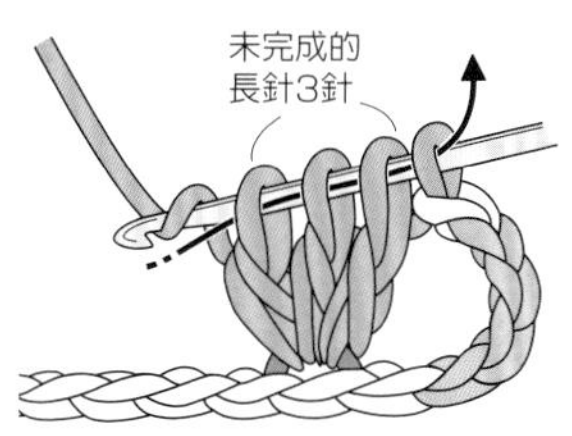

3. 重複步驟**1**、**2**兩次，在同一位置鉤織3針未完成的長針，鉤針掛線一次引拔。

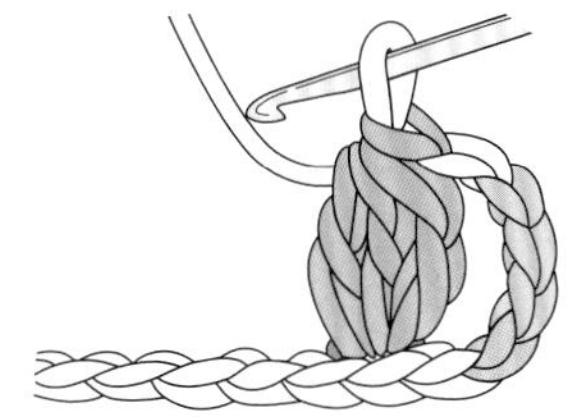

4. 完成3長針的玉針。

挑束鉤織時

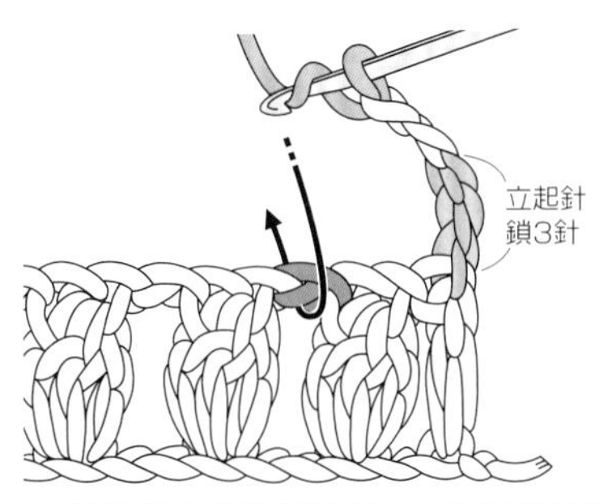

1. 鉤針穿入前段鎖針下方，再以挑針鉤織的技巧織入未完成的長針。

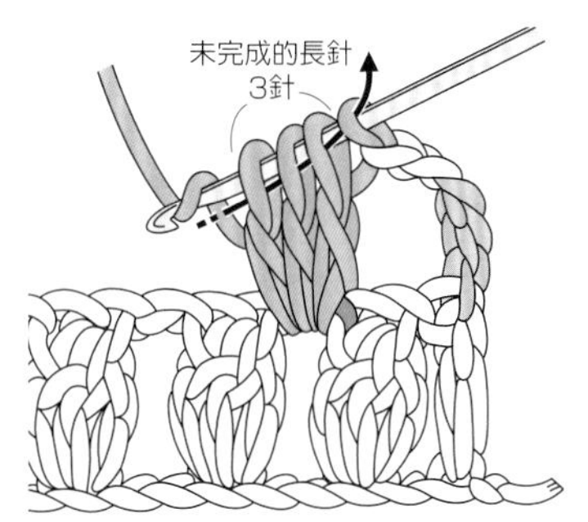

2. 完成3針未完成的長針。同樣以鉤針掛線一次引拔。

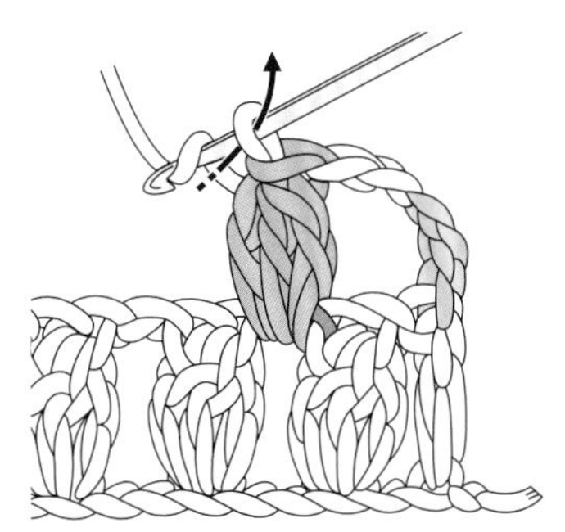

3. 完成3長針的玉針。繼續依記號圖鉤織下一針。

＊鉤織P.76、P.77的花樣時，鉤針是穿入起針輪再以此針法鉤織。

2長針的玉針

在同一處鉤織2針未完成的長針後一次引拔。
織法同3長針的玉針。

1. 參考「3長針的玉針」，在同一處挑針鉤織2針未完成的長針。

2. 鉤針掛線後，一次引拔掛在針上的3個線圈。

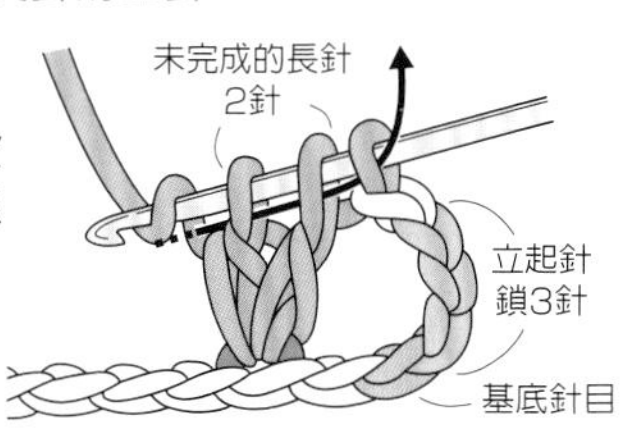

3. 完成2長針的玉針。

5長針的爆米花針

狀似玉針卻更加立體，
是渾圓飽滿又可愛的針目。

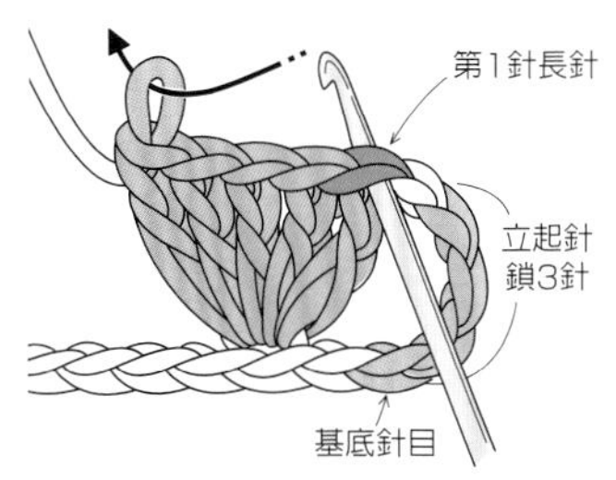

1. 在前段的同一個針目（圖為穿入鎖針裡山的情況）鉤織5針長針後，暫時取下鉤針，將鉤針穿入第1針長針針頭的2條線，再穿回取下鉤針的針目。

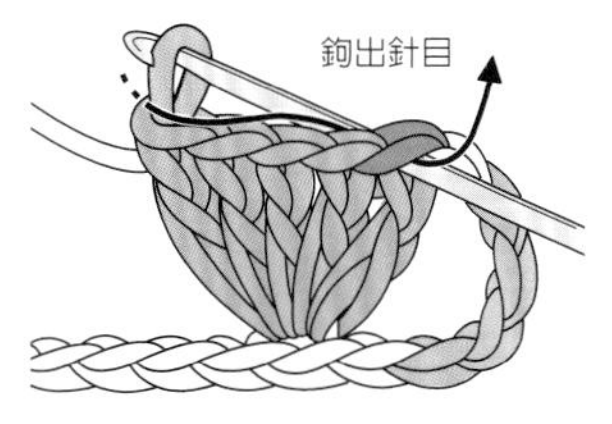

2. 依箭頭指示抽出鉤針，將第5針的針目從第1針鉤出。

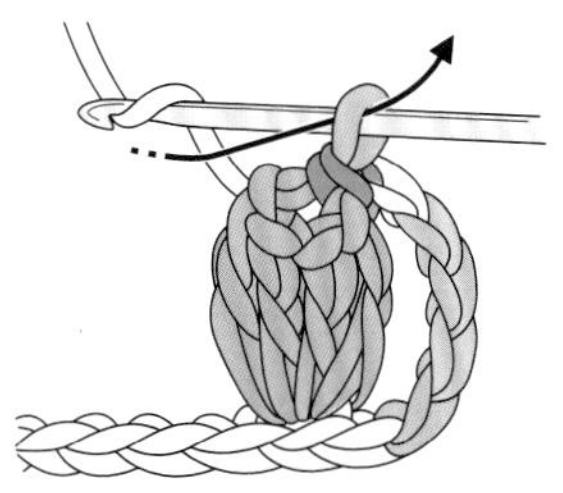

3. 鉤織1針鎖針收緊針目，完成5長針的爆米花針。

＊鉤織P.72、P.73的花樣時，鉤針是挑前段短針針頭的2條線，再以此針法鉤織。

3鎖針的引拔結粒針

鉤織鎖針時，中途以鎖針鉤織圓形的顆粒狀針目。即使針數增加，鉤織要領也一樣。

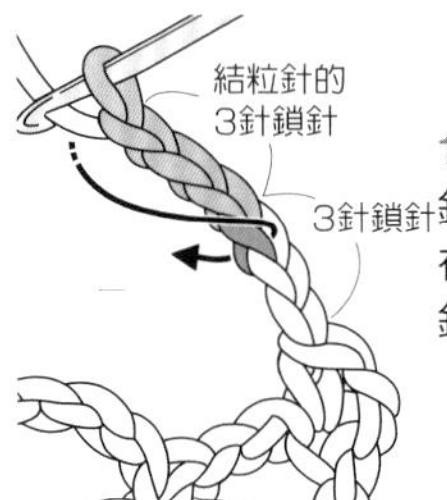

1. 鉤織引拔結粒針的3針鎖針後，在前一個鎖針的半針與裡山挑針。

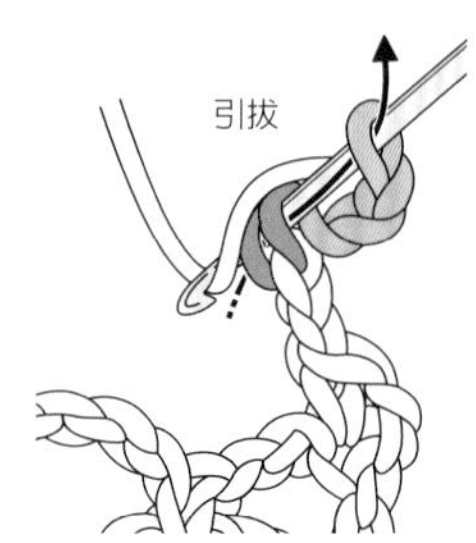

2. 鉤針掛線引拔。

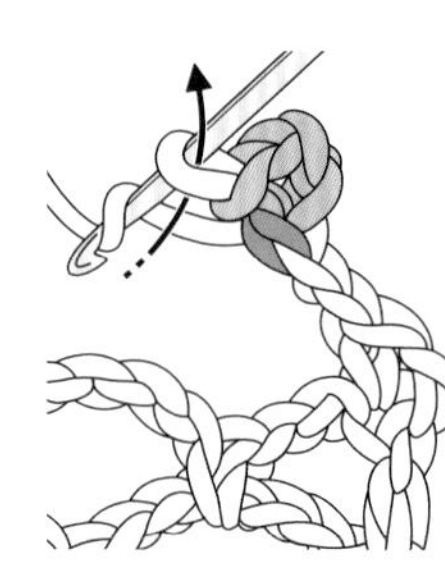

3. 完成3鎖針的引拔結粒針。接著繼續鉤織。

3鎖針的引拔結粒針（在長針上鉤織）

在長針針頭上，以鎖針鉤織出圓形的結粒針。即使針數增加，鉤織要領也一樣。

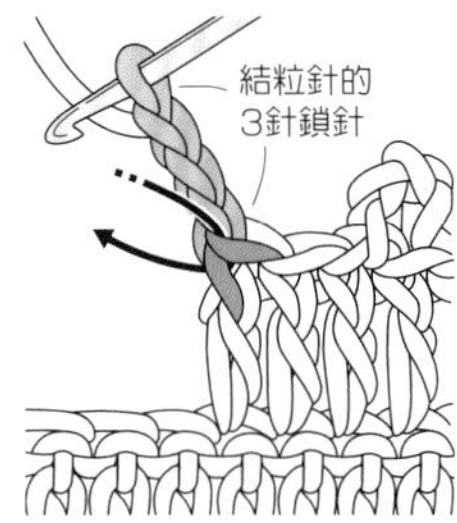

1. 完成長針後，直接鉤織3針鎖針，然後在長針針頭的內側半針，與針腳的1條線挑針。

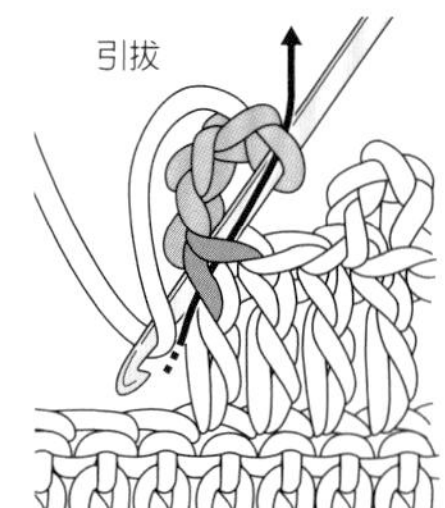

2. 鉤針掛線後引拔。

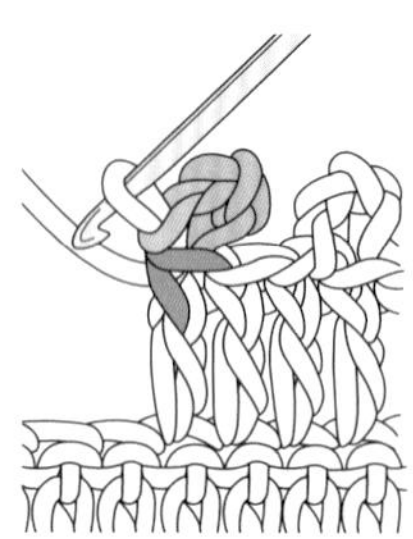

3. 完成3鎖針的引拔結粒針。

表引短針

基本鉤織方法同短針，但鉤針穿入位置不同。鉤織時是由下往上拉。

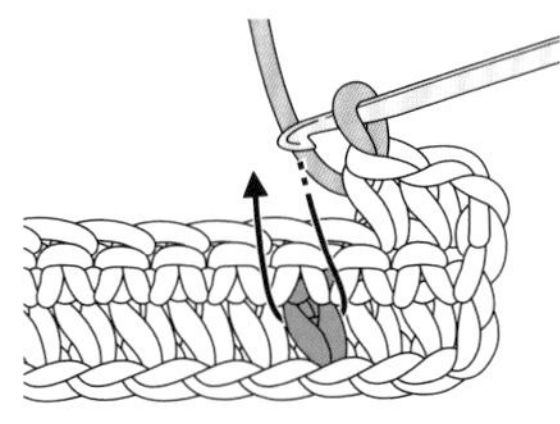

1. 鉤針從織片內側橫向穿入引上針段（此為前二段）的針腳。

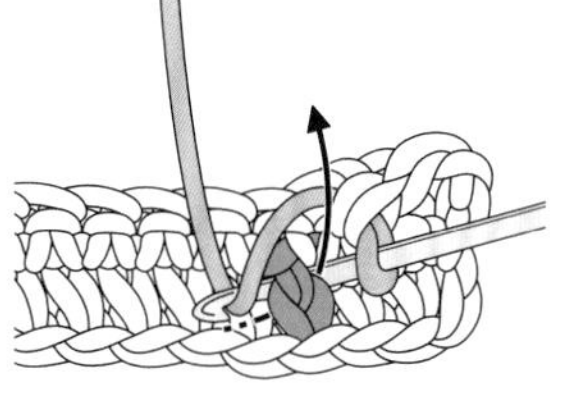

2. 鉤針掛線鉤出長一點的針目。

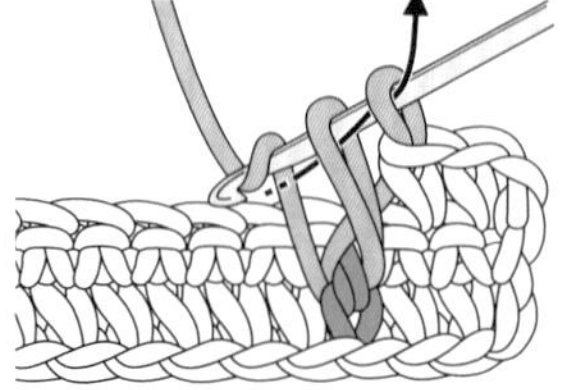

3. 再次掛線後，一次引拔掛在針上的2個線圈。

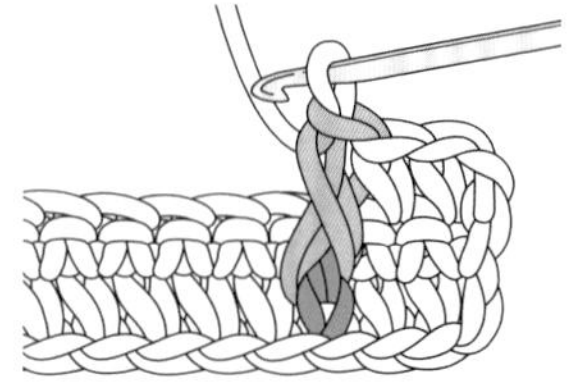

4. 完成1針表引短針。

裡引短針

鉤針穿入方向與「表引短針」不同的織法。

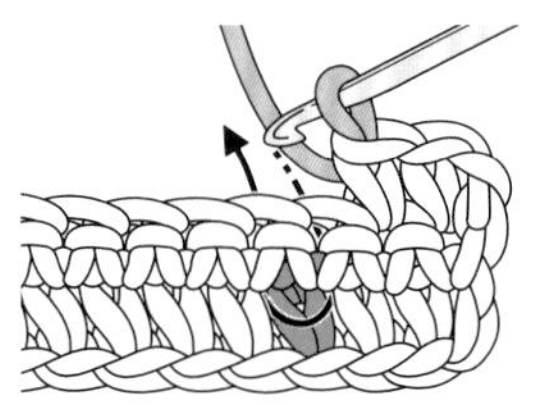

1. 鉤針從織片外側橫向穿入引上針段（此為前二段）的針腳。

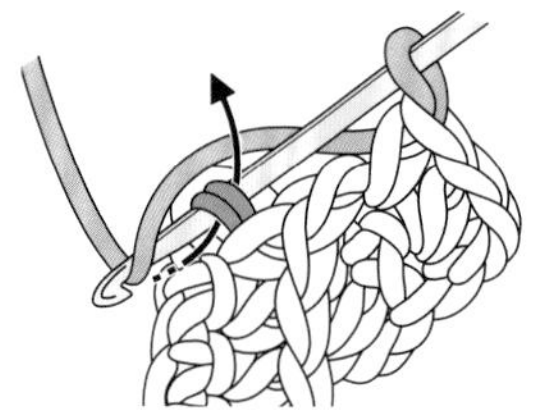

2. 鉤針掛線後鉤出長一點的針目。

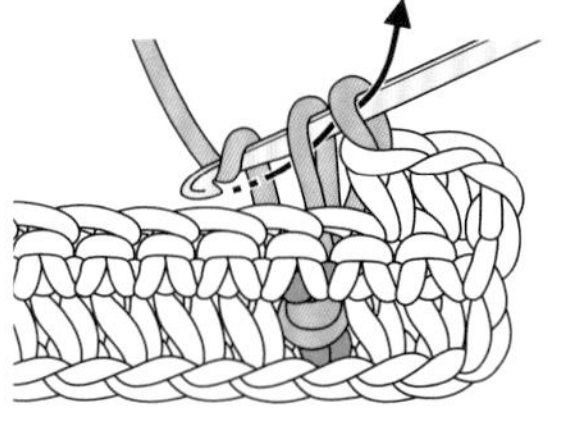

3. 再次掛線後，一次引拔掛在針上的2個線圈。

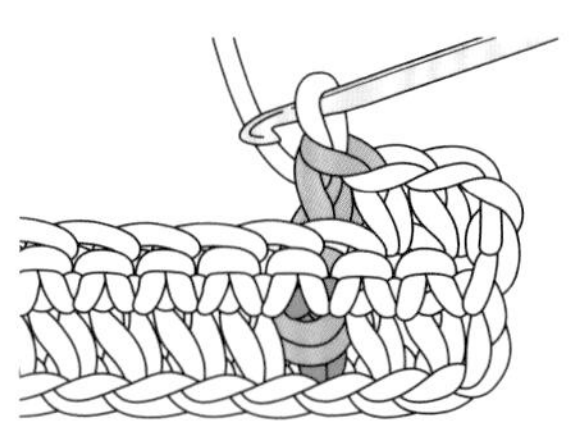

4. 完成1針裡引短針。

＊P.20花樣的鉤織記號為「裡引短針」，但因織片是翻至背面鉤織，因此實際上是鉤織「表引短針」。

本書鉤織技巧索引

花樣接合法

針目記號織法

樂・鉤織 11

鉤針初學者の花樣織片拼接聖典（經典版）

授　　權／日本 Vogue 社
譯　　者／林麗秀
發 行 人／詹慶和
執行編輯／蔡毓玲・詹凱雲
編　　輯／劉蕙寧・黃璟安・陳姿伶
特約編輯／蘇方融
封面設計／周盈汝
美術編輯／陳麗娜・韓欣恬
內頁排版／造極
出 版 者／ Elegant-Boutique 新手作
發 行 者／悅智文化事業有限公司
郵政劃撥帳號／ 19452608
戶　　名／悅智文化事業有限公司
地　　址／新北市板橋區板新路 206 號 3 樓
網　　址／ www.elegantbooks.com.tw
電子郵件／ elegant.books@msa.hinet.net
電　　話／ (02)8952-4078
傳　　真／ (02)8952-4084

2014 年 09 月初版一刷
2019 年 10 月二版一刷
2023 年 11 月三版一刷　定價 380 元

Photographer: Satomi Ochiai, Martha Kawamura, Yukari Shirai
Designers of the projects: Makiko Okamoto, KAZEKOBO, Jun Shibata, Mayumi Kawai, Junko Yokoyama, Kayoko Tateno, Sachiyo Fukao, Kayomi Yokoyama

經銷／易可數位行銷股份有限公司
地址／新北市新店區寶橋路 235 巷 6 弄 3 號 5 樓
電話／ (02)8911-0825　傳真／ (02)8911-0801

國家圖書館出版品預行編目 (CIP) 資料

鉤針初學者の花樣織片拼接聖典 / 日本 Vogue 社授權 ; 林麗秀譯 .
-- 三版 . -- 新北市 : Elegant-Boutique 新手作出版 : 悅智文化事業有限公司發行 , 2023.11
面 ;　公分 . -- (樂 . 鉤織 ; 11)
ISBN 978-626-97141-4-8(平裝)

1.CST: 編織 2.CST: 手工藝

426.4　　112016413

Staff
書籍設計／岡村真美・遠藤 紅・田代直美・千田汐香（Concent. Inc.）
攝　　影／落合里美・川村真麻・白井由香里
視覺呈現／前田かおり・西森 萌
作法・製圖／安藤能子・中村洋子
編輯協力／岡本真希子・comomo・仲山沙惠・山口陽子・太田麻衣子・藤村啓子・館野加代子
編　　輯／宇佐美基子・竹岡智代